高等职业教育通信类专业系列教材

程控交换设备安装、调试、运行与维护项目教程

主　编　王　莹
副主编　郭　涛　于正永
参　编　陈莉莉　杨　薇　孙世菊

机械工业出版社

本书以工作岗位应用为目标，以程控交换设备硬件配置、调试以及设备的运行维护等工作任务为主线，结合华为C&C08交换机，采用“项目引导—知识准备—任务实施”的结构来编写，以任务实施为导向，突出应用性，重在任务的完成过程，学生可在任务实施中掌握知识和技能。

本书分为8个项目：初识交换机与电话网、交换机硬件配置、本局用户互通、局间用户互通、交换机新业务开通、计费数据设定、交换机的运行与维护及交换新技术。

本书可作为高职高专通信类专业的教材，也可供广大工程技术人员参考使用。

为方便教学，本书有电子课件、自我测试答案、模拟试卷及答案等教学资源，凡选用本书作为授课教材的老师，均可通过电话（010-88379564）或QQ（2314073523）索取，有任何技术问题也可通过以上方式联系。

图书在版编目（CIP）数据

程控交换设备安装、调试、运行与维护项目教程/王莹主编.
—北京：机械工业出版社，2014.8（2021.3重印）
高等职业教育通信类专业系列教材
ISBN 978-7-111-47457-9

Ⅰ.①程…　Ⅱ.①王…　Ⅲ.①程控交换机-高等职业教育-教材　Ⅳ.①TN916.428

中国版本图书馆CIP数据核字（2014）第168284号

机械工业出版社（北京市百万庄大街22号　邮政编码100037）
策划编辑：曲世海　责任编辑：曲世海　冯睿娟
版式设计：霍永明　责任校对：佟瑞鑫
封面设计：陈　沛　责任印制：常天培
固安县铭成印刷有限公司印刷
2021年3月第1版第3次印刷
184mm×260mm·15.75印张·381千字
标准书号：ISBN 978-7-111-47457-9
定价：49.80元

电话服务　　网络服务
客服电话：010-88361066　　机　工　官　网：www.cmpbook.com
010-88379833　　机　工　官　博：weibo.com/cmp1952
010-68326294　　金　书　网：www.golden-book.com
封底无防伪标均为盗版　　机工教育服务网：www.cmpedu.com

前　言

现代通信离不开交换设备，交换设备是通信网的核心组成部分。

本书以工作岗位应用为目标，以程控交换设备硬件配置、调试以及设备的运行维护等工作任务为主线，结合华为 C&C08 交换机，采用“项目引导—知识准备—任务实施”的结构来组织教材内容，以任务实施为导向，突出应用性。

本书分为 8 个项目，项目 1 属于认知范畴，介绍了电话网的基础知识，为后续的工作奠定基础；项目 2～项目 7 主要介绍 C&C08 交换机的相关内容，其中项目 2 介绍了 C&C08 交换机的系统结构及如何进行硬件数据配置，为软件调试做好准备，项目 3～项目 6 介绍了 C&C08 交换机的软件数据调试，项目 7 介绍了 C&C08 交换机的运行与维护工作及故障判断与定位的常用方法；项目 8 介绍了交换新技术。

本书的理论知识和操作实践紧密结合，重在任务的完成过程，学生可在任务实施中掌握通信网组网等相关概念、交换设备软硬件的基本构成、信令系统等方面的基本知识，从而具备程控交换机安装、调试、运行维护等技能，为今后从事相关工作打下良好的专业基础。学生学习结束后，可参加通信行业的电话交换机务员或通信专业技术人员初级职业水平考试，取得相关领域的职业资格证书。

本书由王莹组织编写，并邀请企业资深技术专家郭涛、于正永作为副主编参加本书的编写，参加编写的还有陈莉莉、杨薇、孙世菊，另外华为技术有限公司的几位工程师也参与了编写和审阅。本书在编写过程中，得到了华为技术有限公司的大力支持和帮助，在此表示衷心的感谢。

由于编者水平有限，书中难免存在疏漏与错误之处，敬请广大读者批评指正，以便进一步提高和完善。

编　者

目　　录

项目3　本局用户互通

项目4　局间用户互通

项目5　交换机新业务开通

项目6　计费数据设定

项目7 交换机的运行与维护

项目8 交换新技术

项目1　初识交换机与电话网

本项目为程控交换技术涉及的专业基础内容，不涉及技能训练。通过本项目的学习，为后续程控交换设备的学习和技能的培养奠定基础。

【教学目标】

1）能叙述通信系统的构成及各部分的功能。
2）能叙述通信网组网的拓扑结构。
3）能解释电话交换机在电话网中的作用。
4）了解电话交换机发展，能叙述电话交换机的基本功能。
5）认识我国电话网的基本组成，能阐述我国电话网的结构。
6）认识电话网编号方案，能叙述电话号码的组成。
7）能够利用网络查阅相关基础知识并进行总结。
8）通过讨论交流，能够熟练阐述相关基础知识。

任务1　交换的认识

电话是人们日常交流信息的重要工具。那么怎样解决任意地点任意两个用户能随时通话的问题呢？

本次任务的重点在于建立电话交换概念及理解交换的必要性，是程控交换设备的入门知识，为后续学习 C&C08 数字程控交换机做好准备。

1.1　知识准备

1.1.1　通信与通信系统

通信是通过某种媒体进行的信息传递。在古代，人们通过驿站、飞鸽传书、烽火狼烟等方式进行信息传递。到了现代，随着电报、电话的发明，通信进入了电话通信时代，通信的发展有了质的飞跃。今天，随着科学技术的飞速发展，相继出现了移动电话、互联网甚至可视电话等各种通信方式。通信技术拉近了人与人之间的距离，提高了经济效益，深刻地改变了人类的生活方式和社会面貌。

在通信领域，人们常将完成信息传递所需的技术设备和传输媒质称为通信系统，其中包

括构成系统的硬件、软件，甚至是操作或使用系统的人。现代通信系统种类繁多、形式各异，但无论是哪种通信系统，都要完成从一地到另一地的信息传递。在这样一个总的目的下可以把通信系统概括为一个统一的模型，如图 1-1 所示。

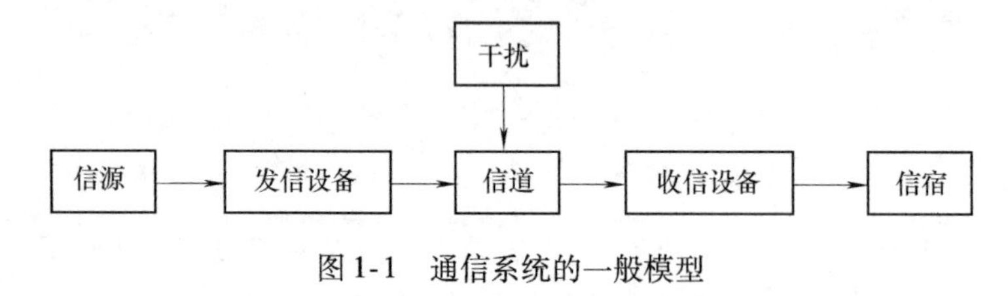

图 1-1　通信系统的一般模型

信源是发出信息的信息源，简单地说就是信息的发送者。在人与人之间通信的情况下，信源是发出信息的人；在机器与机器之间通信的情况下，信源可以看做是发出信息的机器，如计算机或其他机器。

发信设备将信源发出的信息变换和处理成适合在信道上传输的信号，如电话通信系统中的电话机能将语音变换成电信号。

信道是指传输信号的物理媒质。不同信源形式所对应的信道形式不同。从大的类别来分，传输信道的类型有两种：一种是有线信道，如双绞线、同轴电缆、光纤等；一种是无线信道，如可以传输无线电磁信号的自由空间。

收信设备是完成发信设备的反变换。由于发信设备的功能是将信源发出的信息变换处理成适合在信道上传输的信号，但是一般情况下这种信号是不能被信息接收者直接接收的，因此需要利用收信设备进行反变换，把从信道上接收的信号变换成接收者可以接收的信号。

信宿是信息传递的终点即信息接收者。它可以与信源一致，构成人—人通信或机—机通信，也可以与信源不一致，构成人—机通信或机—人通信。

信源提供的语音、数据、图像等信息，由发信设备变换成适合于在传输媒质上传送的通信信号并发送到传输媒质上进行传输，当该信号经过传输媒质进行传输时，被叠加上了各种噪声干扰，收信设备将接收到的信号经过反变换，恢复成信宿适用的信息形式。

1.1.2　何为交换

语音信息的交换仍然是当今社会信息交换的主要内容之一，而实现语音信息转换的工具是电话机。

电话机设置在电话通信起点和终点的用户侧，是电话网的用户终端设备。电话通信是通过声能与电能相互转换并利用“电”这个媒介来传输语言的一种通信方式。电话通信的最基本原理就是每个用户使用一部电话机，用导线将话机连接起来，通过“声”、“电”转换，使两地用户可以互相通话。

两个用户要进行通信，最简单的形式就是将两部电话机用一对线路连接起来，如图 1-2 所示。

随着电话机的用户逐渐增多，出现多个用户之间互通的需要。为保证任意两个用户间都能通话，很自然我们会想到每两个用户用一对线路连起来。依次类推，如果该用户与外面 n 个用户联系就需要 n 对电话线，工程实现会存在困难。图 1-3 是 5 个电话用户之间互通，所用线路就需要 10 对。

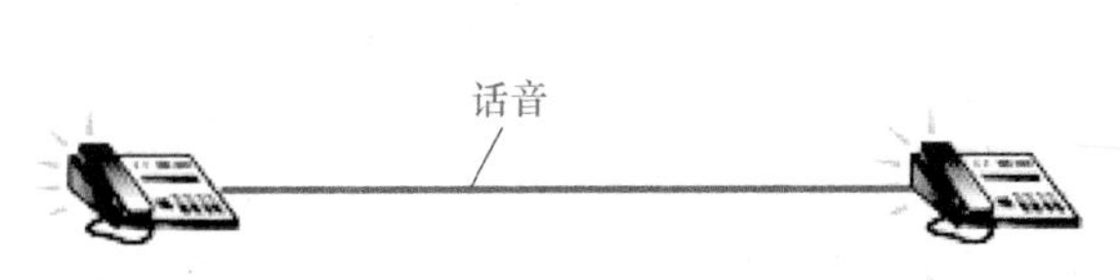

图 1-2　两个用户间最简单的电话通信形式

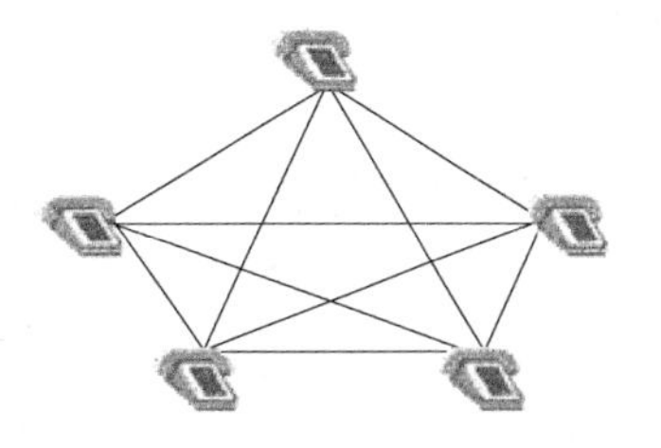

图 1-3　5 个用户间的连接情况

如果有 n 个用户，为保证任意两个用户都能通话，n 个用户连接所用线路则需$\frac{n(n-1)}{2}$对。因此，当用户数不断增加时，所需电话线对数随之猛增。想想看，对每个用户来说，家中则需接入 $n-1$ 对线，打电话前还需将自己话机和接收一方的电话线连起来，那就太麻烦了！

当然，随着用户 n 不断增加，还会产生以下几个问题：

1）线路投资很大，但线路的利用率低。

2）使用不方便，话机与许多对线连接起来非常困难。

3）维护困难。

怎样解决这个难题呢？我们需要一个既能减少电话线数量，又能保证用户之间电话通信正常进行的装置，这就是电话交换机的基本概念。

具体做法是：在用户分布的密集中心，安装一台设备，这好比是一个多路开关接点，开关接点平时是打开的，当任意两个用户之间需要通话时，设备就把连接两个用户的接点接通，让这两个用户通过一对电话线通话。由此可以看出，这个设备可根据发话者的要求，完成与另外一个用户之间交换信息的任务，所以这种设备就叫做电话交换机，其示意图如图1-4 所示。实际的交换机是相当复杂的，但有了电话交换设备，一部电话机只需要连接一对电话线，n 个用户之间只需 n 对线就可以满足要求，使线路的费用大大降低。尽管增加了交换机的费用，但它将为 n 个用户服务，提高了线路利用率。

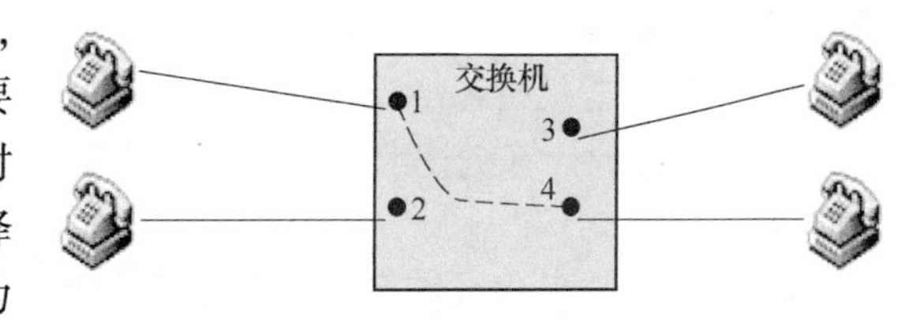

图 1-4　电话交换机

1.1.3　电话交换机的发展

通过上面的学习，我们已经了解了电话通信中的必备设备——电话交换机，认识到电话交换机伴随着电话通信的出现而产生。电话交换机是一种使许多电话用户在需要时能及时进行通话的专门设备。

自 1876 年美国人贝尔发明电话以来，电话通信技术取得了巨大的进步和发展，电话交换机完成了由人工到自动的过渡，归纳起来可分为四个时代：

1. 人工交换机

最早的电话交换机是人工交换机。在人工交换机中，通信的接续必须由话务员来完成。每个用户的电话机通过用户线路连接到交换机用户的塞孔上，每个用户塞孔上都装置一个信号灯。当用户欲打电话时，手摇电话机手柄，发出呼叫信号，使人工交换机上用户接口线路指示灯亮，话务员通过耳、目、口来接收用户的呼叫信息，经过大脑的思维活动进行分析判断，再通过人的神经系统控制手来操作带插头的塞绳将主叫与被叫间的线路接通，被叫方振铃，被叫用户摘机后通话，通话结束后，用户挂机，指示灯灭，话务员拆除塞绳，完成一次通话。可以看出，为了完成电话交换功能，交换机必须具有用户间通话的话路系统，比如塞绳、塞孔、信号灯等设备；除此之外，还必须有相当于控制系统进行接续的话务员。

人工交换机的特点是设备简单，容量小，需占用大量人力，话务员工作繁重，速度又慢，越来越无法满足急剧增长的通话需求。因此，人工交换机逐渐被自动交换机所取代。

2. 机电式自动交换机

机电式自动交换机是靠使用者发送号码来进行自动选线的。世界上第一部自动交换机是1898年由美国人A. B. 史端乔（Almon B. Strowger）发明的，这是一台步进制电话交换机。步进制电话交换机是由电动机的转动系统带动自动选择器（又叫接线器）通过垂直和旋转的双重运动来实现主叫和被叫用户的接续的，用自动选择器代替了话务员。步进制电话交换机的特点是选择机键的动作幅度大、噪声大、磨损快、故障率高、传输杂音大和维护工作量大，而且不能用于长途自动电话交换。

随着自动电话交换机的迅速发展，出现了许多改进的机型。1926年，瑞典研制出了第一台纵横制电话交换机。该交换机话路系统和控制系统是分开的，使用电磁力建立和保持接续。“纵横”是指它的选择器采用交叉的“横棒”和“纵棒”选择接点。由于纵横制电话交换机采用了机械动作轻微的纵横接线器并采用了间接控制技术，克服了步进制电话交换机的许多缺点，尤其是可用于长途自动电话交换，在世界范围内得到了广泛的推广和使用。

无论是步进制电话交换机还是纵横制电话交换机，其主要元件都采用具有机械动作的电磁元件构成，通过机械动作来完成通话接续工作。因此，它们都属于机电式自动交换机，以区别于后来出现的电子式交换机。

3. 模拟程控交换机

半导体器件和计算机技术的诞生与迅速发展，猛烈地冲击着传统的机电式自动交换机，使之走向电子化。

1960年，美国贝尔系统把电子计算机技术引入交换机的控制系统中，试用储存程式控制交换机（Stored Program Controlled Switching）取得成功，1965年5月世界第一部程控电话交换机开始运作，首次将存储程序控制原理应用于电话交换机的控制系统，其话路系统沿用了纵横制原理交换网络，交换的仍为模拟语音信号。这一成果标志着电话交换机从机电时代跃入电子时代，使交换技术发生时代的变革。这种程控交换机的最大特点是由预先存放在存储器中的程序来控制交换网络的接续，即所谓的软件控制。

4. 数字程控交换机

数字传输系统以其优良的通信质量和性能改变了长期以来使用模拟信号进行通信的局面。数字传输设备与模拟交换机衔接时需要进行数-模、模-数转换，要简化系统，充分发挥数字通信的优势，就必须对交换机进行数字化，这极大地促进了数字程控交换机的研制。

1970年，法国研制和开通了世界上第一部数字程控交换机E10，该交换机采用时分复用技术和大规模集成电路。随后世界各国都大力开发、完善和更新这种交换机，许多新的数字程控交换机相继问世，诸如英国的X系统，日本的D60、D70、NEAX-61和F150，瑞典的 AXE-10，德国的 EWSD，美国的 ESS4 和 ESS5 等。数字程控交换机在话路中对 PCM 数字语音编码直接进行交换，控制部分则由存储程序控制的数字计算机或微计算机承担。这类交换机的体积小、工作速度快、可靠性高，具有明显的优越性，因此数字程控电话交换机开始在世界上普及。

知识窗

我国程控交换机的发展：

- 引进交换机

AXE10（瑞典爱立信）、FETEX-150（日本富士通）、E10B（法国阿尔卡特）、5ESS（美国 AT&T）、NEAX61（日本 NEC）、EWSD（德国西门子）。

- 引进生产线

上海：S1240；北京：EWSD；天津：NEAX61。

- 自行研制程控交换机

巨龙 HJD-04、大唐 SP30、华为 C&C08、中兴 ZXJ10。

1.1.4　电话交换机的分类

前面介绍了电话交换机的发展历程，本节再来介绍一下电话交换机的分类。

1. 根据信息传递方式分类

（1）模拟交换机　模拟交换机是指对模拟信号进行交换的电话交换机。步进制、纵横制等电话交换机属于模拟交换机。对于电子交换机来说，属于模拟交换机的有空分式电子交换机和脉幅调制（PAM）时分式交换机。

（2）数字交换机　数字交换机是指对数字信号进行交换的电话交换机。目前最常用的是对脉冲编码调制（PCM）数字信号进行交换的数字交换机。

2. 根据控制方式分类

（1）布控交换机　交换机的控制部件是将机电器件（如继电器）或电子元器件做在一定的印制板上，通过机架布线制作而成。这种交换机的控制部件制作成后不易修改，灵活性小。

（2）程控交换机　交换机的控制部分类似计算机，采用的是计算机中常用的“存储程序控制”方式，即把各种控制功能、步骤、方法编成程序，利用存储器内所存储的程序来控制整个交换机的工作。需要改变交换机功能或增加新业务时，只需要修改程序或数据就能实现。这种方式极大地提高了交换机的灵活性。

3. 根据使用范围分类

（1）局用交换机　它包括市话交换机、汇接市话交换机、国内长话交换机、国际长话交换机和县内电话（农话）交换机。

（2）用户小型交换机（PABX）　它用于组建企事业单位内部的电话系统。

1.1.5　电话交换机的基本功能

笼统地说，不论哪种电话交换机，其根本目的是完成任意两个电话用户之间的通话接续。那么电话交换机具体要实现哪些功能呢？

以人工交换机的接续为例，为了完成一次通话接续，其交换和通话过程可简述如下：

1）主叫用户发出呼叫信号，这种呼叫信号通过信号灯显示。主叫用户摘机，电路接通，信号灯亮。

2）话务员看见信号灯亮，即将应答插塞插入主叫用户塞孔，并询问被叫用户的号码。

3）得知被叫用户的号码后，找到被叫用户的塞孔，进行忙闲测试，当确认被叫空闲后，即将呼叫塞子插入被叫用户塞孔，并向被叫用户送铃流，向主叫用户送回铃音。

4）被叫用户应答后，即可通过塞绳将主、被叫之间的话路接通。

5）通话完毕，用户挂机，话务员发现话终信号灯亮后，随即进行拆线。

通过上面叙述呼叫接续的过程可以看出，一部电话交换机的基本功能如下：

1）呼叫检测功能，能及时发现用户呼叫。

2）接收被叫用户号码。

3）对被叫用户进行忙闲检测。

4）向被叫振铃，向主叫送回铃音。

5）被叫应答，接通话路，建立主、被叫的通话回路，双方通话。

6）及时发现话终，进行拆线，使话路复原。

1.2 学习活动页

通过参观电信博物馆（或综合电信实训基地），查找网络、图书资料等方式，基于课堂引导和学生课余自学相结合的方式，使学生能够认识电话交换机在电话网中的作用、了解交换机的发展历程并能正确回答下列问题：

1）为什么需要引入交换机？

2）从通话的过程来看，电话交换机的基本功能是什么？

3）试简单说明电话交换机的发展历程及分类。

最后通过自我测试题来检验学习成果。

1.3 引申与拓展

当今的信息时代，交换的信息除了语音信号外，还包括图像、数据等多种信息。对于语音交换常用的交换方式为电路交换，而对于图像、数据等信息的交换，常用的交换方式有报文交换和分组交换。

1. 电路交换

电路交换是指呼叫双方在开始通话之前，必须先由交换设备在两者之间建立一条专用电路，并在整个通话期间由呼叫双方独占这条电路直到通话结束为止的一种交换方式。

电路交换的优点是实时性好、传输时延很小，特别适合语音通信类的实时通信场合，其缺点是电路利用率低、电路建立时间长，不适用于实发性强的数据通信。

📖提示

让我们用保龄球来理解一下电路交换的特点。

假设你想去一个保龄球馆打保龄球，这个保龄球馆有10个球道，看看这时候会发生什么……

你向管理员订一个球道，管理员查看了一下球道使用记录，然后将4号球道分配给你；这在电路交换理论中称为“接续”。随后，在4号球道上，你一个又一个地把保龄球扔向球道另一端的瓶子，在这一过程中，球道是电路，保龄球是信息（如果是电话通信，就是语音信息）。在你投掷的过程中，你独占了4号球道，即使你中间休息了几分钟，其他人也不能使用这条球道。你玩累了，通知管理员本次游戏结束，管理员就收回了4号球道，并且随时准备把4号球道分配给其他人，这在电路交换理论中叫做“拆线”。当然，保龄球是热门的运动，如果你在周末晚上向管理员申请一条球道，那么你很可能会失望的，因为所有的球道都被分配出去了，这叫做“呼损”。

2. 报文交换

为了克服电路交换方式中电路利用率低等缺点，人们发明了报文交换方式，该方式也称为信息交换方式，用于电报、信函、文本文件等消息报文的交换。在这种交换方式中，收、发用户之间不存在直接的物理信道，因此用户之间不需要先建立呼叫，也不存在拆线过程。它是将接收到的用户消息报文先存储在交换机的存储器中（报文中除了用户要传送的信息以外，还有目的地址和源地址），然后再根据报文头中的地址信息计算出路由，确定输出线路，当所需要输出的线路空闲时，即将存储的消息报文转发出去，因此报文交换系统又称存储转发系统。电信网中的各中间节点的交换设备均采用此种方式进行报文的接收、存储、转发，直至报文到达目的地，如图1-5所示。

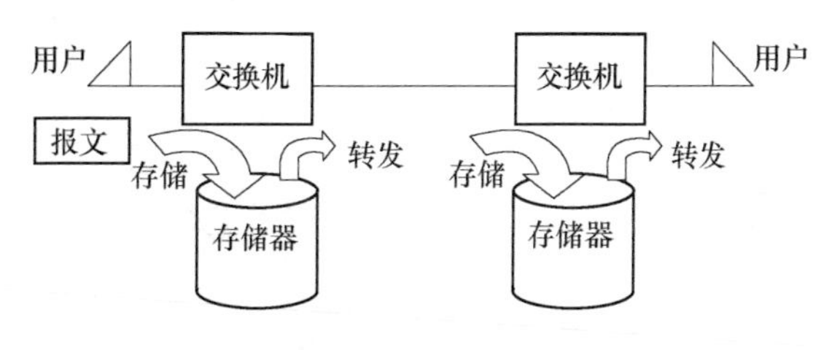

图1-5　报文交换示意图

（1）报文交换的优点：报文交换的优点是不需要事先建立电路，也不必等待接收方空闲，发送方就可实时发出消息，因此电路的利用率高而且各中间节点交换机还可进行速率和代码转换，同一报文可转发至多个收信站点。

（2）报文交换的缺点：由于报文交换采用存储转发方式，因此交换机需配备容量足够大的存储器。网络中的传输时延较大且时延不确定，故报文交换只适合于数据传输，不适合语音通信等实时交互通信。

3. 分组交换

分组交换也称包交换。分组交换的思想是从报文交换而来的，采用存储转发方式的分组交换与报文交换的不同在于：分组交换将用户要传送的信息划分为一定长度的数据分组（Packet），也称为数据包，并在每个分组的前面加上一个分组头，如图1-6所示。

分组交换的工作原理如图1-7所示。在分组交换网络中，同一报文的各个数据分组可能经过不同的路径到过终点，由于中间节点的存储时延不一样，各个数据分组到达终点的先后与源节点发出的顺序可能不同，因此目的节点收齐所有数据分组后，尚需先经排序、解包等

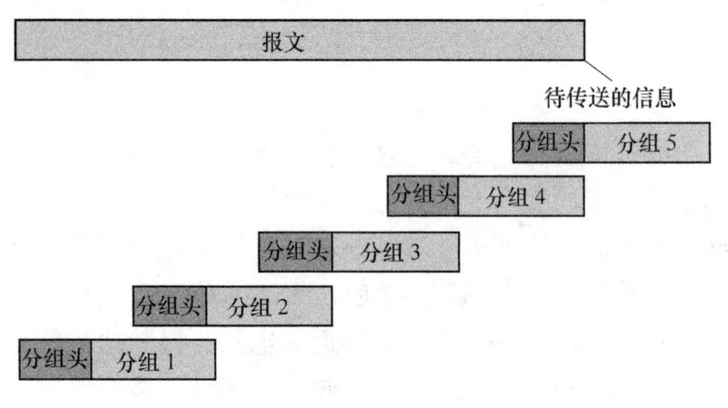

图1-6 分组的形成

过程才能将正确的数据送给对方。

分组交换的优点是可高速传输数据，实时性比报文交换好，传输延时比报文交换小得多，能实现交互通信（包括语音通信），电路利用率高，而且所需的存储器容量也比报文交换小得多；缺点是节点交换机的处理过程复杂。

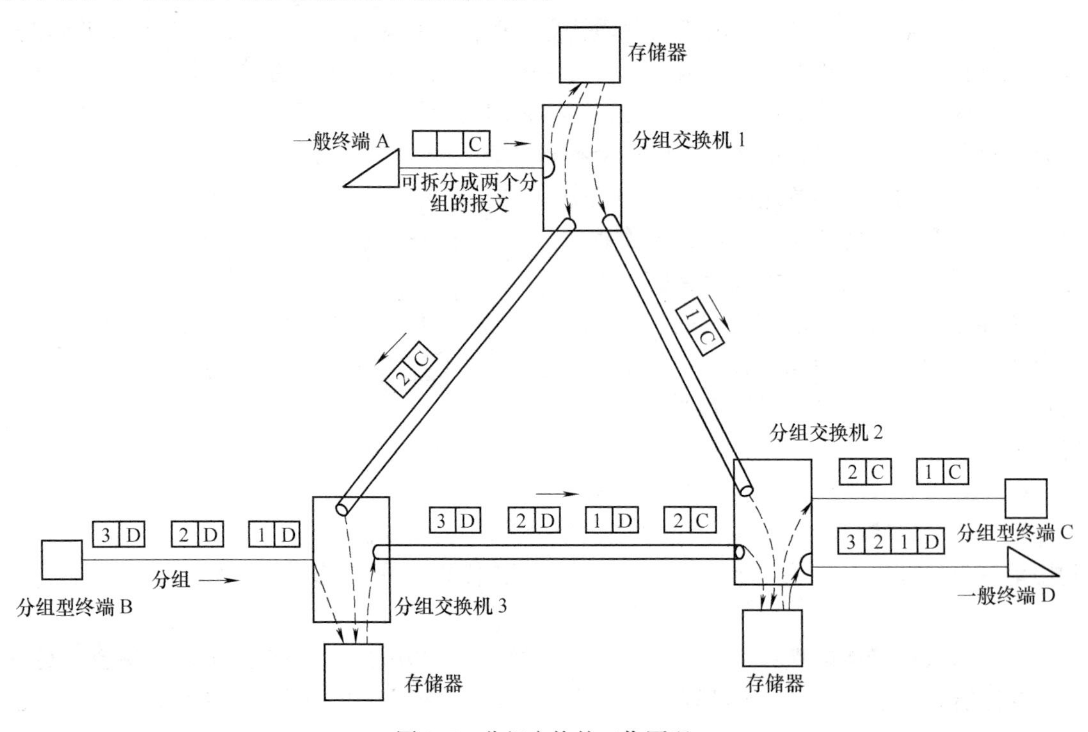

图1-7 分组交换的工作原理

提示

让我们用城市公路系统理解一下分组交换的特点。

分组交换系统很像一个城市公路系统，在公路上奔驰的汽车是分组，很显然，没有哪一辆车可以独占一个路段，它总是与其他车辆共享一条路。当你开车（或是骑自行车）上路时，你会发现，车少的时候，你可以走得快一些；车多的时候，你只能排着队

慢慢走。路宽的时候，堵车的机率就小；路窄的时候，堵车的机率就大。分组交换也是这样，网络的空闲带宽多的时候，一个分组的传送效率就会高一些；网络的空闲带宽少的时候，一个分组的传送效率就会低一些，甚至会丢失。这就是某些分组交换系统的缺点，很难保证两个用户之间具有稳定的带宽，也不容易控制一个分组从源到目的地的传送时延。

由于计算机高速数据传输和交换的需要，人们现正利用帧中继和ATM等宽带交换设备来传送高速数据。

1.4　自我测试

一、填空题

1. 电话交换机的发展经历了__________、__________、__________和__________4个时代，目前使用的是__________。

2. 现有 n 个用户，若采用将任意两个用户之间都用线路相互连接起来的方法来保证任意两个用户间都能通话，需要__________对线路才能实现，若采用电话交换机，则需线路__________对。

3. 电话交换的基本任务是______________________________。

二、单项选择题

1. 世界上第一台交换机属于__________。

A. 人工交换机　　B. 步进制交换机　　C. 机电式交换机　　D. 程控交换机

2. 数字程控交换是建立在__________复用基础上，由计算机存储程序控制的交换机。

A. 空分　　B. 频分　　C. 时分　　D. 码分

3. 电话交换使用的是__________交换方式。

A. 电路　　B. 报文　　C. 分组交换　　D. 宽带

4. 通信网的核心技术是__________。

A. 光纤技术　　B. 终端技术　　C. 传输技术　　D. 交换技术

5. 在需要通信的用户之间建立连接，通信完成后拆除连接的设备是__________。

A. 终端　　B. 交换机　　C. 发信机　　D. 收信机

6. 电路交换的概念始于__________。

A. 报文交换　　B. 电话交换　　C. 数据交换　　D. 广播电视

三、名词解释

1. 电路交换

2. 分组交换

四、问答题

1. 什么是通信系统？其基本模型是什么？

2. 为什么要引入交换？

3. 简单描述电话交换机的基本功能。

4. 什么是数字程控交换机？

任务2　认识电话网

电话是人们日常交流信息的重要工具。我们已经认识到了理论上必须通过电话交换机才能实现任意地点任意两个用户能随时通话。那么怎样组建电话网才能真正达到任意两个用户能随时通信呢?

本次任务的重点是建立电话网的概念，掌握电话网的结构及编号方案，仍然属于程控交换设备的基础知识，为学习 C&C08 数字程控交换机做好准备。

2.1　知识准备

2.1.1　何谓电话网

通信网是由一定数量的节点（包括终端设备和交换设备）和连接节点的传输链路有机地组合在一起以实现两个或多个规定点间信息传输的通信体系。通信网在硬件设备方面的构成要素是终端设备、传输链路和交换设备。

终端设备是用户与通信网之间的接口设备，其功能主要是将待传送的信息和在传输链路上传送的信号进行相互转换。

传输链路是信号的传输通道，是连接节点的媒介。

交换设备是构成通信网的核心要素，其基本功能是完成接入交换节点链路的汇集、转换接续和分配，实现一个用户终端呼叫和它所要求的另一个或多个用户终端之间的路由选择和连接。

交换设备的交换方式可以为电路交换或存储转发交换方式。

通信网从不同的角度可以分为不同的种类，比如按业务种类可分为电话网、电报网、广播电视网、数据网等。这里将要学习的就是电话网。

电话通信网是进行交互型语音通信，开放电话业务的电信网，简称电话网。它是一种电信业务量最大、服务面积最广的专业网，可兼容其他许多种非话业务网（如传真、ADSL等)，是电信网的基本形式和基础。

电话网目前主要有固定电话网、移动电话网和 IP 电话网。这里主要学习固定电话网，即公用电话交换网（Public Switched Telephone Network，PSTN)，采用电路交换方式，其节点交换设备是数字程控交换机。

2.1.2　电话网的构成

怎样才能构成电话网呢?

任意两个用户要实现语音通信，需要解决几个问题:

其一，声音信号与电信号之间的转换问题，这个问题由电话机来实现。

其二，两个用户双向通话交流，需在通信双方之间建立通话回路，即通信双方信息的交换问题，该问题由电话交换机来解决。

其三，信号如何从发端到收端的传输问题，由传输线路及相关设备来解决。

因此，要实现任意两个用户间的语音通信，所需的设备和它们之间的相互连接关系，即电话网的构成可用图1-8表示。

由图1-8可知，电话网主要由发送和接收电话信号的用户终端设备（即用户话机）、进行电路交换的交换设备、连接用户终端设备与交换设备的用户线路和交换设备之间的传输链路组成的，这三个组成部分也是构成电话网的三要素。

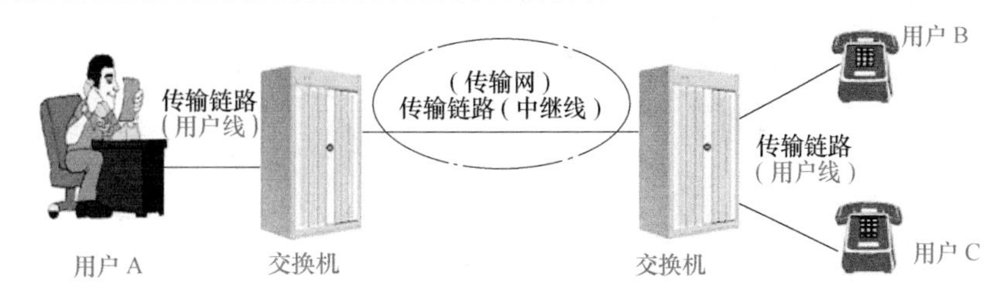

图1-8　电话网的构成

（1）用户终端设备　用户终端设备是电话网最外围的设备。它将用户所发送的各种形式的信息转变为电信号送入电信网传送，或将从电信网中接收到的电信号转变为用户可识别的信息。用户终端设备即电话机。

（2）交换设备　交换设备处于电话网枢纽位置，是实现信息交换的关键环节。有了它，每一个主叫用户才能与被叫用户连接起来，如果主被叫双方处在同一电话交换机内，它们可以通过用户线连接到该电话交换机；如果主被叫双方不在同一电话交换机内，则电话交换机须通过中继线使主叫用户的电话交换机和被叫用户的电话交换机连接在一起。

如果电话交换机用在企事业单位，作为企事业内部的各用户之间的电话通信的交换设备，且这些企事业又作为公用电话局的一个用户，这些交换机就称为用户交换机（PABX）。

（3）传输链路　传输链路是信息传递的通道。它将用户终端与电话交换机之间或电话交换机与电话交换机之间连接起来，形成电话网络。

提示

这里需弄清楚**用户线**与**中继线**两个概念（电信行业专用名词）。

1）用户线也称用户环路，它是用户电话机与电话交换机之间的连接线。

2）中继线则是指电话交换机与电话交换机之间的连接线。

2.1.3　电话网的组网方式

1. 对组建电话网的要求

1）保证网内每个用户都能任意呼叫网内的其他用户。

2）保证满意的服务质量。

3）能不断适应通信新业务和通信新技术的发展。

4）投资和维护费用尽可能低。

这就要求合理布局电话网的结构。

2. 电话网的一般结构

在通信网中，所谓拓扑结构是指构成通信网的节点之间的互连方式。通信网的拓扑结构

常用的有总线型、环形、树形、链形、网形、星形、复合型等，如图1-9所示。

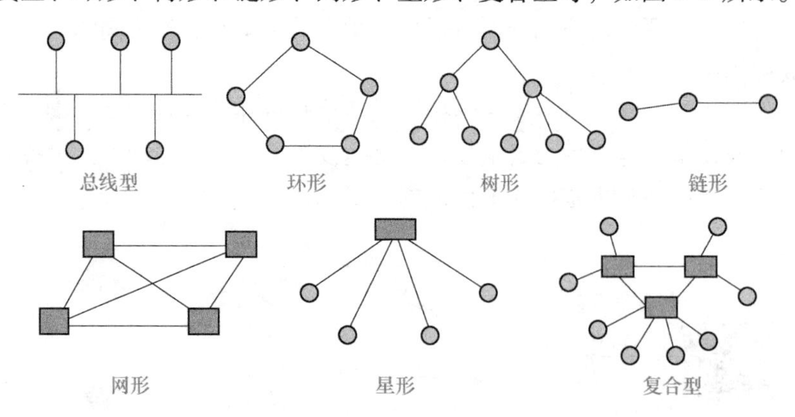

图1-9 通信网的拓扑结构

总线型网是指网中的所有节点都连至一个公共的总线上，任何时候只允许一个用户占用总线发送或接收信息。总线型网所需的传输链路少，节点间通信无需转接节点，控制方式简单，增减节点也很方便；但是网络服务性能的稳定性差，节点数目不宜过多，网络覆盖范围也较小，适用于计算机局域网、电信接入网等网络中。

环形网是指网中所有节点首尾相连，组成一个环。N个节点的环形网需要N条传输链路。环形网可以是单向环，也可以是双向环。环形网结构简单，容易实现，环形的双向自愈环结构可以对网络进行自动保护；但是结构中节点数较多时，转接时延无法控制，并且环形结构不好扩容。目前该结构主要用于计算机局域网、光纤接入网、城域网、光传输网等网络中。

树形网可以看成是星形网的拓扑扩展。树形网目前广泛应用于CATV分配网和某些专网（如军队网）。

链形网常用于专网。

网形网中任何两个节点之间均相连。设网络用户数为N，全网的传输链路数量为$\frac{N(N-1)}{2}$。显然当N增加时，传输链路将迅速增加。这种网络结构的冗余度较大，因而网络的可靠性最好，但链路利率低、经济性较差，仅用于对可靠性要求特别高的场合。

星形网中设有一个交换中心，用户之间的信息交换通过交换中心进行。设网络用户数为N，星形网的传输链路只有N条，当N较大时，与网形网相比其链路数量要少得多。星形网可用来组成范围很大的网络，其可靠性与网形网相比较低，但其经济性却得到了极大改善，降低了建网成本。

复合型网是在星形网的基础上发展起来的，由网形网和星形网复合而成的。在用户较为密集的地区分别设交换中心，形成各自的星形网，然后将各交换中心以全连接方式或部分连接方式互联组成复合型网络。将这种网的规模不断扩大，最终可实现覆盖一个地区、一个国家乃至全球。

作为通信网中重要的电话网采用上述哪种结构呢？复合型拓扑结构兼有网形网和星形网的优点，是电话网中常用的一种网络结构。

3. 我国电话网的基本结构

前面学习了由电话网中的常用网形网和星形网构成的复合型拓扑结构，那么对于一定区域内的电话网何处交换局采用网形网结构连接，何处采用星形网结构连接呢？通常我们在电

话网中根据地理条件、行政区域、通信流量分布情况等因素设立多级交换局，即将交换局划分成两个或两个以上的等级，低等级的交换局与管辖它的高等级的交换局相连，各等级交换局将本区域的通信流量逐级汇集起来。

我国电话网采用复合型（星形 + 网形）的等级结构，以北京为中心按行政区建立起四通八达的四级汇接辐射式电话网，其构成示意图如图 1-10 所示。

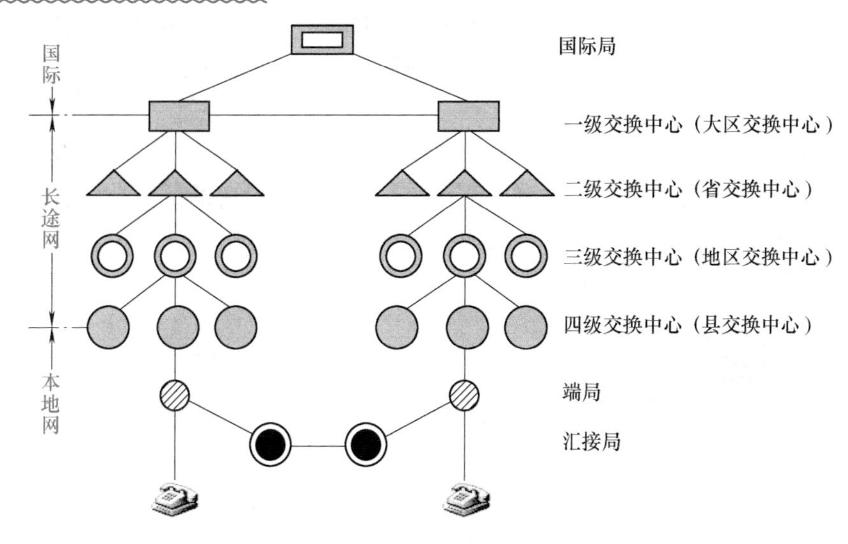

图 1-10　我国电话网的网络结构

1）一级交换中心（C1），是设立于全国六大行政区中心城市的长途大区中心局，即北京、沈阳、南京、武汉、成都、西安。另外，还设立了四个辅助大区中心局，它们位于天津、重庆、上海和广州。各大区中心局彼此相连，并与本辖区各省的中心局做辐射式相连。其职能是疏通该交换中心服务区的长途话务，包括长途去话、长途来话和转话业务。C1 局向本大区所有 C2 局辐射。

2）二级交换中心（C2），即省中心局，是汇接省内各地区长途电话业务的中心，包括除 C1 所在城市以外的省会城市，其职能是疏通该交换中心服务区域内的长途去话、长途来话和转话业务。C2 局向本省内所有 C3 局辐射。

3）三级交换中心（C3），即地区交换中心，其职能是疏通交换中心服务区域内的长途去话、长途来话和转话业务。C3 局向本地区内所有 C4 局辐射。

4）四级交换中心（C4），它是长途自动交换网的最低级交换中心，即县长途交换中心，其职能是疏通本交换服务区域内的长途业务。

在长途电话网中，上一级交换中心通过直达电路群与下一级交接中心相连。这些直达电路群称为基干路由，它保证了全网中任意两地间的用户都可以接通电话。但是，如果电话网仅仅是由基干路由构成，则接通一次电话所需的转接次数在某些情况下可能相当多，网络的接续很不灵活，也不合理。因此，除基干路由外，电话网还要增加低呼损直达路由和高效直达路由。有了基干路由、高效直达路由和低呼损直达路由相结合的四级汇接辐射式长途网，可使长话接续的灵活性大为提高，转接次数减小，更为经济合理、安全可靠。

应该指出的是，我国长途电话网的结构目前正在发生变化，即由四级网移向三级网过渡。随着电信网和电信业务的发展，电信网还会过渡到二级网，而最终还会过渡至无级网。

2.1.4 本地电话网

根据各地政治、经济、服务范围等诸多因素，按地理分布给各地分配不同的区域编号即长途区号。在同一长途区号区域以内的若干个端局和汇接局及局间中继线、用户线和电话机组成本地电话网。本地电话网用户呼叫本编号区内的用户时只需拨打用户号码，而不需拨长途区号。

由于各地区经济、政治发展的不同，本地电话网的组成也不尽相同。根据规模大小，本地电话网可采用单局制、多局制和汇接制三种结构。

1. 单局制

单局制本地网是指只有一个电话局的市内电话网。市电话局一方面负责市内电话用户间的通信，另一方面还要将电话用户与市内其他装有电话通信设备的处所进行连接，这些处所包括设立在市内的长途电话局、用户小交换机、特种业务服务台等。城市较小时，可建成单局制本地电话网，如图 1-11 所示。

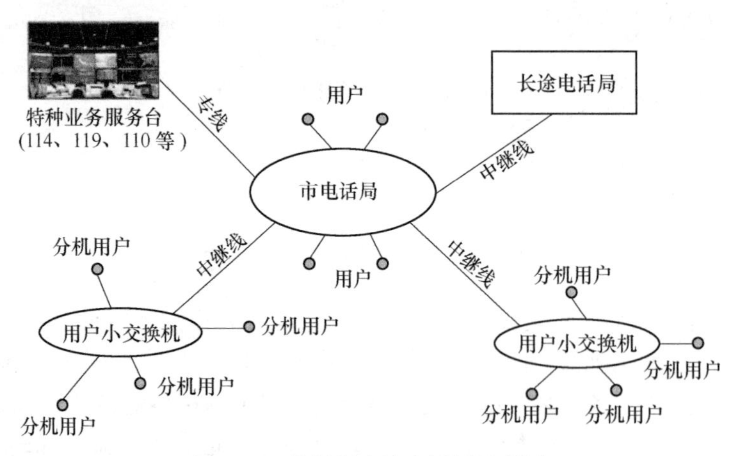

图 1-11 单局制本地电话网示意图

2. 多局制

当本地网发展到一定容量时，应该在市内进行分区，每区建立一个电话局，该电话局为一个分局，负责本区内电话用户的通话，这样就构成了多局制本地电话网。中等城市可建成多局制本地电话网，以便为更多的用户服务。各分局间以中继线相连，如图 1-12 所示。

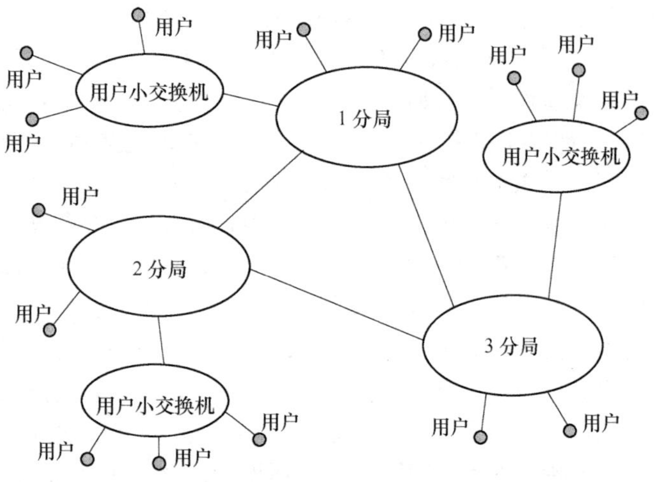

图 1-12 多局制本地电话网示意图

3. 汇接制

当本地网的容量发展到几万用户时，本地网内所包含的分局数就越来越多。由于分局数目增多，服务区域扩大，局间中继线的数量和平均长度急剧增多，使得中继线路的投资比重加大。因

此，在分局数很多时，局间中继通常不采用直接连接的方式，而是在分区的基础上，把若干个分区组成一个大的联合区，整个本地网由若干个联合区构成，这种联合区叫做汇接区。每一汇接区内设一汇接局，下设若干个端局，构成汇接制本地电话网，如图1-13所示。

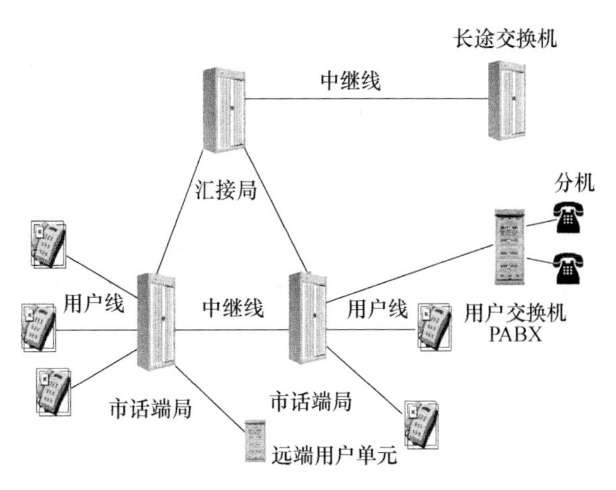

图1-13　汇接制本地电话网示意图

将各城市的本地电话网相互连接起来形成长途电话网。各个城市的本地电话网中设一个或多个长途电话局，各级长途电话局连接起来最终构成国内长途电话网，简称国内长途网。

将世界各国的电话网相互连接起来形成国际通话的电话网，简称国际长途网。每个国家都需设一个或几个交换局（国际电话局）进行国际去话和来话的连接。这些指定的国际交换局也隶属于所在国家的国内长途网。

在上面了解本地网、国内长途网及国际长途网的基础上，我们来了解一下程控交换局的类型。根据程控交换机所处电话网的等级位置将程控交换局的类型划分为以下几种类型：

1）端局：是通过用户线与用户直接相连的交换局，用以覆盖用户，提供业务服务。它可疏导本局范围的本地电话业务及本局用户的去话和终端来话。

2）汇接局：是一个汇接区内的电话交换局，主要提供本地网的话务汇聚，以及各端局之间的话务转接，根据需要也可疏通本汇接区的长途电话业务。

3）长途局：分为国干长途局和省内长途局。

4）国际局：提供国际话务的出口和落地，要求支持国际7号信令。我国国际局设在北京、上海和广州。

5）关口局：提供各运营商之间网间话务的鉴权、拦截、计算和结算等。

2.1.5　电话网的编号方案规划

电话号码是电话网内的用户所使用的以十进制数字表示的寻址信息。有了该号码，用户才可以通过拨号实现本地呼叫、国内长途呼叫及国际长途呼叫。为了使交换系统正确、有效地选择路由和被叫终端，必须对电话号码的编号进行合理规划。

电话网的编号方案指的是本地网、国内长途网、国际长途网、特种业务以及一些新业务等各种呼叫所规定的号码编排规程。

1. 本地网用户编号方案

根据本地网定义，本地网内所有用户拥有共同一个长途区号。在一个本地网中，本地网用户电话号码的长度要根据本地网的长远规划容量来决定。

本地网的电话号码采用等位编号，由局号和用户号两部分组成。局号可以是1位、2位、3位和4位，用户号为4位，因此本地网的电话号码长度为5～8位。如北京市的某电话号码为82345678中8234为局号，5678为用户号。局号和用户号会在后续配置用户数据中具体得以应用。

除此之外，在本地网中还有特种业务编号，如110、120、114等，常见特种业务编号见表1-1。

注意本地网的首位号码只能是2～8，不能出现0、1、9。

表1-1 常见特种业务编号

编　号	特种业务	编　号	特种业务
110	匪警（通用为报警，免费）	112	市话障碍申告（免费）
114	市话查号	12117	报时
119	火警（免费）	120	急救中心
12121	天气预报	122	道路交通事故报警
168	信息台	170	国内长途话费查询
179	IP电话业务接入码	11185	邮政速递业务查询

为什么本地网市话号码首位只能是2～8？

这是因为本地网电话号码的首位号分配有如下规划：

“1”——特种业务号、新业务及网间互通的首位号码；

“2～8”——本地网首位，其中200、300、400、500、600、700、800为智能业务号码；

“9”——特殊号码；

“0”——长途字冠；

了解这些有助于日后配置数据。

2. 长途电话用户编号方案

长途电话包括国内长途电话和国际长途电话。

（1）国内长途电话用户编号方案　国内长途电话用户的编号方案是在本地网用户电话号码基础上编制的，其组成如下：

国内长途字冠 + 长途区号 + 本地网电话号码

国内长途字冠是拨打国内长途的标志，在全自动情况下用“0”代表。

长途区号是被叫用户所在本地网的区域编号。全国划分为若干个长途编号区，每个长途编号区都编上固定的号码，按不等位原则编制，其号长为2～3位，如北京长途区号10、上海长途区号21、杭州长途区号571。

（2）国际长途电话用户编号方案　国际长途电话用户的编号组成如下：

国际长途字冠 + 国家代码 + 国内长途区号 + 本地网电话号码

国际长途字冠是拨打国际长途的标志，全自动国际长途字冠为“00”。

CCITT负责为每个国家或地区分配相应的代码。国家或地区代码也采用不等位编号方式，可以是1位、2位、3位或4位。我国的国家代码是86。

国际长途呼叫除拨上述国内长途区号、本地网电话号码之外，还要增拨国际长途字冠和

国家代码。

一个国际长途通话实际上是由发话国的国内网部分、发话国的国际局、国际电路和受话国的国际局以及受话国的国内网等几部分组成的。

归纳与思考

1. 本地网电话号码采用等位编号方式，其号码长度为5~8位。

2. 长途区号、国家代码都采用不等位编号方式，不但可以满足对号码容量的要求，而且使国内长途电话号码长度不超过11位（不包括国内长途字冠），国际长途号码长度不超过15位（不包括国际长途字冠）。

3. 思考：一个8位市话号码的本地网，其用户容量可以达到多少？

2.2　学习活动页

基于日常生活实例引导、学生讨论、课余自学相结合等方式，认识电话网的基本构成，建立电话网的概念，掌握电话网的结构及编号方案，要求能正确回答下列问题：

1）任意两个用户要实现语音通信，需要解决哪几个问题？电话网要解决任意两个用户间的语音通信问题，由此你是否能联想到组建电话网所需的设备有哪些？

2）了解了电话网的构成，若要组建一个电话网，采用何种结构最适宜？

3）我国哪些城市属于一级交换中心（大区交换中心）？

4）请用一句简单的话定义本地网。

5）电话网中的用户要进行电话通信业务，对每个用户要进行标识，怎样来标识？

6）说明本地网用户、国内长途电话用户、国际长途电话用户的编号方案。

7）请介绍常见的电话号码，并说明每一种电话号码的具体用途。

8）阅读下面一则新闻信息，请解释说明该本地网电话号码为什么要升位？有没有继续升9位的可能性？

关于H市本地网固定电话用户号码升8位的公告

经工业和信息化部批准，H市本地网固定电话（含小灵通）用户号码于2012年12月8日零点由7位升至8位。为确保广大用户生产、生活、学习秩序不受影响，现将有关事宜公告如下：

1）升位后，原H市地区7位固定电话用户号码前加“6”，其管辖的县级C市、L县7位固定电话用户号码前加“8”，并统一使用0551长途区号，取消0565长途区号。“1”（110、119、120、122、123XX等）、“9”（95XXX、96XXX等）字头特服号码不升位，保持原号码不变。

2）拥有自有产权专用电信网、用户交换机、短号码平台的单位，应在H市升位当晚配合接入电信运营企业完成升位调整工作，以保证升位后的正常通信。

3）在自有通信终端上预置了H市地区7位电话号码的单位和用户，请自行于12月8日前将预置号码修改为8位。

4）升位后，用户在固话终端（含小灵通）上登记的增值服务（如呼叫转移、闹钟服务等）将失效，请相关用户在升位后自行重新登记。

5）请相关单位和个人对与电话号码有关的印刷品（如名片、信封等）印制8位号码。

6）升位期间，由于要开展相关的网络测试调整工作，可能会影响部分用户的正常通信，请广大用户予以谅解。广大用户如有疑问，可拨打各电信运营企业客户服务电话咨询（中国电信10000，中国移动10086，中国联通10010，中国铁通10050）。

特此公告。

H 市人民政府
A 省通信管理局
2012 年 11 月 13 日

2.3 引申与拓展

2.3.1 移动电话系统

移动通信就是指通信的双方，至少有一方是在移动中进行的通信，这包括移动体和移动体之间的通信、移动体和固定点之间的通信。移动通信不受时间和空间的限制，交流信息灵活、机动、高效。它被认为是实现在任何时候、任何地方与任何人都能及时通信的理想目标的重要手段。

移动通信可分为陆地移动通信、海上移动通信、航空移动通信。移动体可以是汽车、船只、飞机和卫星，构成这种通信的系统称为移动通信系统。

图1-14为一个三级网的陆地（民用）移动通信系统组成示意图。它由一个移动控制交换中心、若干个基站、中继线以及许许多多移动台组成。其中移动控制交换中心的主要功能是信息交换和整个系统的集中控制管理。基站与移动台设有收、发信装置和天馈线等设备。移动台可分为手持台、车载台和固定台三种。每个基站都有一个可靠的通信服务范围，称为无线区。无线区的大小主要由发射机的功率和基站天线的高度决定。

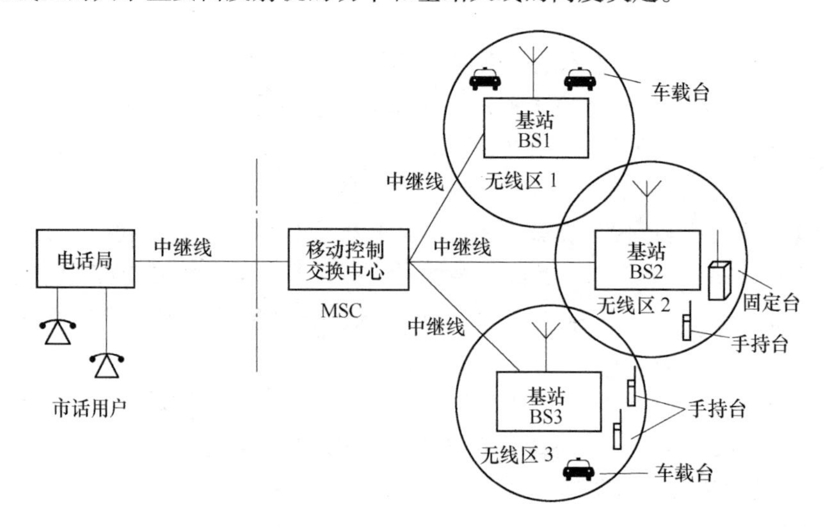

图1-14 陆地移动通信系统组成

公众移动电话系统是最典型的移动通信系统。它面向全社会为各种用户所共用，使用范围广，用户数量多，业务范围可扩展到全国乃至全世界，能实现移动用户通过有限的无线信道与本地网中的固定用户自动接续及移动用户之间的自动接续。关于移动电话系统的知识需要专门进行移动通信方面内容的学习，这里不再赘述。

2.3.2　IP电话系统

1. IP电话通信的基本原理

IP电话简称VoIP，即Voice over Internet Protocol，是按国际互联网协议规定的网络技术内容实现的电话通信业务，简单来说就是将国际互联网作为语音传输的媒介，从而实现语音通信。

IP电话是通过语音压缩算法对语音信号进行压缩编码处理，然后把这些语音数据按TCP/IP标准进行分组、打包，使用存储转发的方式经过网络把数据包发送到接收端；接收端把这些语音数据包串起来，经过解码解压缩处理后恢复成原来的语音信号，从而达到利用互联网传送语音的目的。IP电话包括PC to PC、PC to Phone和Phone to Phone三种实现方式，现在常说的IP电话一般指Phone to Phone。

2. IP电话系统组成

IP电话系统由终端设备、网关和网守三部分组成。

（1）终端设备　终端设备是IP电话的客户端，多以硬件形式出现。

IP电话终端完成的工作是语音/数据转换和数据压缩编码。IP电话终端可以有多种类型，可以是通过电话网连到本地网关的传统语音电话、ISDN终端、PC，也可以是集语音、数据和图像于一体的多媒体业务终端。由于不同类型的终端产生的数据源结构是不同的，要在同一个网络上传输，这就要由网关或者适配器进行数据转换，形成统一的IP数据包。

（2）网关　网关是通过IP网络提供Phone to Phone连接，完成语音通信的关键设备，即Internet网络与电话网之间的接口设备。

由于传统电话网络PSTN存在的广泛性和使用的普遍性，在相当长的时间内，IP电话系统要充分发挥其优势，就必须考虑与PSTN的互通问题。这就要在IP网与PSTN交换机之间配置IP电话网关，以实现媒体流与控制信令的互连互通。网关负责提供IP网络和PSTN的接口，从而提供廉价的长途通信业务。网关可以支持多种电话线路，包括模拟电话线、数字中继线和PBX连接线路，并提供语音编码压缩、呼叫控制、信令转换、动态路由计算等功能。网关负责IP包/数据包之间的转换以及控制信令的生成，是整个系统的关键设备。

（3）网守　网守负责系统的管理、配置和维护。

网守具有如下功能：对接入用户的身份进行认证（即确认），防止非法用户接入；在用户认证完成后，接受被叫号码，根据被叫号码的前几位数字查找目的网关的IP地址；做呼叫记录并保存详细数据，从而保证收费正确；完成区域管理，多个网关可由一个网守进行管理等。

3. IP电话与传统电话的区别

IP电话与传统电话相比较，有许多不相同的地方。

首先语音传输的媒介是完全不同的，IP电话的传输媒介为互联网，而传统电话为公用电话交换网。

它们的交换方式也是完全不同的，IP电话运用的是分组交换技术，信息根据IP协议分成一个一个分组进行传输，每个分组上都有目的地址与分组序号，到目的地后再还原成原来的信号，而且分组可以沿不同的途径到达目的地；而传统电话用的是电路交换的方式，它没有IP电话交换的这些功能。

从占用信道或带宽上讲，IP电话有信息才传送，反之不传送，这样，其语音信息的传送可不占用固定信道，使用压缩技术后，可以压缩到8kbit/s；而传统电话一般要占用64kbit/s的固定信道，而且只要不挂机，传统电话便始终占用这一信道，所以IP电话的带宽远远低于传统电话。

从语音质量上讲，IP电话相对传统电话的语音质量较差，其中有带宽、延迟等因素，尤其在网络拥塞时，通话质量更难以保证。但是IP电话充分利用了数据业务交换成本低的优势，降低了每次呼叫和通话的成本。

2.4 自我测试

一、单项选择题

1. 两个交换机之间的连接线称为__________。

A. 用户线　　B. 中继线

C. 电源线　　D. 传输线

2. 用户话机与交换机之间的连接线称为__________。

A. 用户线　　B. 中继线

C. 电源线　　D. 传输线

3. 市话的电话号码，首位为“1”的号码为__________。

A. 普通电话号码　　B. 特种业务号码

C. 长途区号　　D. 市话号码

4. 深圳用户需要查询北京某饭店的电话号码应拨打__________。

A. 114　　B. 0755114

C. 010114　　D. 无法通过电话查询该电话号码

5. 北京某公司的电话号码为64371234，在对外宣传材料上其电话印制的正确格式为__________。

A. 64371234　　B. 01064381234

C. 00-86-010-64371234　　D. 00-86-10-64371234

6. 在电话通信网中，用户终端设备主要为__________。

A. 电缆　　B. 电话机

C. 交换机　　D. 光纤

二、不定项选择题

1. 电话通信网的基本组成设备是__________。

A. 终端设备　　B. 传输设备

C. 交换设备　　D. 传输线路

2. 国际长途电话编号是由__________几部分组成。

A. 国际长途字冠　　B. 国内长途字冠
C. 国家号码　　D. 国内长途区号
E. 国内本地网号码

3. 本地网用户电话号码是由__________几部分组成。

A. 长途字冠　　B. 长途区号
C. 局字冠（即局号）　　D. 用户号
E. 国家号码

4. 下面关于本地网与长途网说法正确的是__________。

A. 本地网用户电话号码是由局号和用户号码组成的等位编号
B. 我国电话网采用星形与网形相结合的方式构成
C. 我国长途网是在本地网的基础上通过将本地网中的一个或多个长途局相互连接起来形成的
D. 国际长途网中的国家代码采用不等位编号方案
E. 无论是本地网还是长途网一般采用等位制编号方案

三、填空题

1. 我国电话网采用__________的结构，由__________和__________两大部分组成。

2. 用户拨打了一个电话号码01062341234，其中长途区号是__________，本地网电话号码是__________，局号是__________。

四、判断题

1. 电话交换的主要任务是建立一条为任意两个用户之间输送语音信息的通路。

2. 本地网用户电话号码是由局号和用户号组成的等位编号。

五、问答题

1. 请说明何为本地网？怎样构成长途网？

2. 我国目前的PSTN采用怎样的结构？

3. 固定电话网的首位号码是如何分配的？

4. 国际长途电话是如何编号的？

5. 一位用户在电话上拨了以下号码：010114、02083287559、13015175177、95588，请你区分一下这些都是什么号码及每个号码的组成情况。

项目 2　交换机硬件配置

经过不断发展完善，数字程控交换机已广泛应用于电话网之中，成为了电话交换局的核心设备，而数字程控交换机的硬件配置、安装及软件数据配置、调试成为开通电话局的核心工作。根据电话网开局工作流程，本项目从数字程控交换机的结构与功能出发，按一般到特殊的演绎方法逐步认识 C&C08 数字程控交换机（下文简称为 C&C08 交换机），并以此为切入点，在充分熟悉 C&C08 数字程控交换机硬件结构的基础上通过业务维护系统完成单模块交换机（华为 B 型独立局）硬件数据配置及调试校验工作，为后续开通局内和局间中继电话业务奠定基础。

【教学目标】

1）能叙述数字程控交换机的硬件构成和各主要部分功能作用。

2）能清楚解释 C&C08 交换机的系统结构，叙述各组成模块在 C&C08 交换机中所起的作用。

3）能清楚区分 C&C08 交换机的各功能框，并能指出其组成单板、单板的位置及其功能。

4）能在检查 HW 线连接的基础上正确识别 HW 号。

5）能在检查 NOD 线连接的基础上正确识别 NOD 号。

6）能叙述设备加电流程并能够进行操作。

7）能够进行后台 IP 地址配置并进行前后台网络互联。

8）能叙述 C&C08 交换机硬件数据配置的步骤。

9）能使用业务维护系统完成单模块交换机硬件数据配置。

10）具有查阅相关技术资料的能力。

11）熟悉职场安全操作规范。

任务 1　数字程控交换机构成及功能认识

要进行程控交换机的安装、调试与运行维护，就需要对数字程控交换机结构有一个清晰的认识，认识其系统结构、硬件结构及组成部分，在此基础上从一般到特殊再认识不同的数字程控交换机，如 C&C08 交换机、ZXJ10 交换机等会有事半功倍的效果。

本次任务的主要工作是认识数字程控交换机的系统结构及各硬件组成部分的功能作用。

本次任务是学习性任务，没有涉及技能训练。

1.1　知识准备

1.1.1　数字程控交换机的硬件结构

程控交换机是一个专用的计算机系统，是通过存储程序来控制电话接续的。

数字程控交换机的组成与计算机的组成有些相似。

先说一说大家熟悉的计算机。计算机由硬件系统和软件系统两大部分组成。计算机的硬件系统主要由CPU、主板、内存等组成。未安装软件的计算机只能是一台裸机。

数字程控交换机也是同样，由硬件系统和软件系统两大部分组成。硬件系统主要由各逻辑电路组成，具体包括用户电路、中继线接口电路（中继器）、数字交换网络、信号部件（信令设备）、处理机和外围设备，如图2-1所示。软件系统包括各类处理机工作中使用的数据和程序，以支撑硬件完成电话接续。

先来认识数字程控交换机的硬件组成。

数字程控交换机的硬件分为两个系统：话路系统和控制系统。整个系统的控制软件都存放在控制系统的存储器中。其硬件基本结构如图2-1所示。

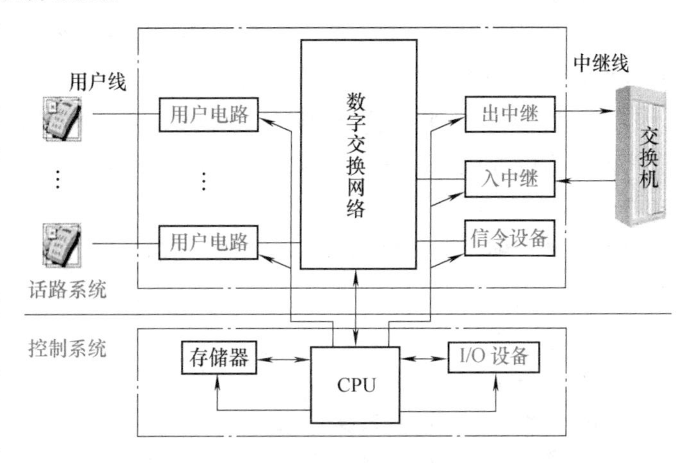

图2-1　数字程控交换机的硬件基本结构

1. 话路系统

话路系统是用于提供用户通话的回路。它由数字交换网络和外围电路组成，其中外围电路包括用户电路、中继器等。

（1）用户电路　用户电路也可称为用户线接口电路。数字程控交换机的用户电路又根据所连接电话机类型的不同，被划分为模拟用户电路和数字用户电路两种。

目前的大部分话机为模拟电话机，其用户电路为模拟用户电路。由于数字交换网络只能交换数字化的语音信号，并且其主要器件是不能承受高电压和大电流的半导体存储器，故在数字程控交换机中，必须改由模拟用户电路完成。因此模拟用户电路实际担负着以模-数转换为主的多项工作，如图2-2所示。

每个用户配备一个模拟用户电路，其基本功能可归结为BORSCHT功能，它来源于七项功能的首字母。

B：馈电。向用户话机送直流电流。数字程控交换机的额定电压为-48V直流电，用户线上的馈电电流为18~50mA。

O：过电压保护。防止过电压、过电流冲击和损坏电路、设备。数字程控交换机一般采用两级保护：第一级保护是总配线架保护；第二级保护是用户电路，通过热敏电阻和双向二极管实现。

R：振铃控制。由被叫侧的用户模块向被叫用户话机馈送铃流信号，同时向主叫用户送出回铃音。铃流信号规定为（25 ±3）Hz、（75 ±15）V正弦波。

S：监视。通过扫描点监视用户线通、断状态，以检测用户摘机、挂机、拨号脉冲等用户线信号。

C：编解码及滤波。在数字交换中，完成模拟语音与数字码间的转换。通过编解码器及相应的滤波器，完成模拟语音信号的 A-D 和 D-A 转换。

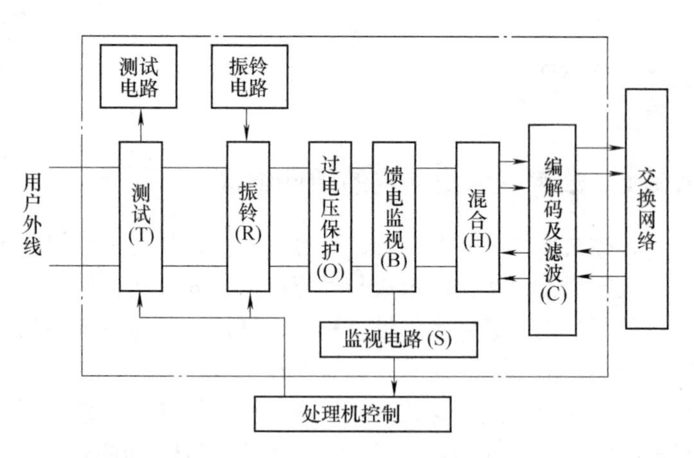

图 2-2　模拟用户电路功能框图

H：混合电路（2/4 线转换）。由于语音信号为模拟信号，采用 2 线传输，而数字程控交换机内部为数字信号，采用 4 线传输，因此混合电路完成 2 线的模拟用户线与数字程控交换机内部 4 线的 PCM 传输线之间的转换。

T：测试。对用户电路进行测试，主要用于及时发现用户终端、用户线路和用户线接口电路可能发生的混线、断线、接地、与电力线碰接以及元器件损坏等各种故障，以便及时修复和排除。

除此之外，模拟用户电路还具有增益控制，a、b 线极性反转，计费脉冲发送等其他功能。

知识窗

极性反转的主要目的是什么？

极性反转用于反极信号计费的 PABX、IC 卡等计费设备。当用户收到反极信号后，即开始对主叫用户计费，主叫挂机后，又将该用户的极性恢复。

除了模拟用户电路之外，还存在数字用户电路。数字用户电路的功能与模拟用户电路有些不同，比如振铃由数字终端（数字话机）实现。

提示

模拟用户电路在 C&C08 交换机中对应 ASL 板，数字用户电路在 C&C08 交换机中对应 DSL 板，了解这一点有助于熟悉 C&C08 交换机。

由于每对模拟用户线上的话务量很小，一般忙时话务量仅 0.1 ~ 0.2Erl（爱尔兰），相当于忙时每小时仅通话 6 ~ 12min，因此数字程控交换机每个模拟用户电路的输出并不是直接接入数字交换网络，而是经过用户集线器进行话务量集中后，再从数量上较少但通信利用率却很高的链路接入数字交换网络。用户集线器最高可接入 2048 个用户，经过适当的集线比，例如 16:1，最后仅以 128 条较少量的输出链路进入数字交换网络。

用户集线器主要由一级 T 接线器组成（关于 T 接线器在数字交换网络中加以叙述介

绍)，由用户处理机控制工作。

(2) 数字交换网络　数字程控交换机的根本任务是要通过交换实现大量用户之间的通话连接，而数字交换网络是完成这一任务的核心部件。

数字交换网络是话路系统的核心，其作用是为音频信号或语音信号的 PCM 数字信号提供接续通路。数字交换网络进行交换的是数字语音信号，而用户线上一般传输的是模拟语音信号，要进入数字交换网络必须进行变换。现在你可以理解用户线进入交换系统时，为什么一定要先进入用户电路的原因了吧。

下面我们就来看看数字交换网络如何实现用户语音信息的交换。

先来复习一下语音信号数字化的过程以及 PCM30/32 路系统。

语音信号是模拟信号。模拟信号数字化最常用的方法是脉冲编码调制，即 PCM。PCM 要经过三个步骤才能完成：第一步“抽样”，第二步“量化”，第三步“编码”，如图2-3 所示。当然，这些工作是由集成电路去完成的。

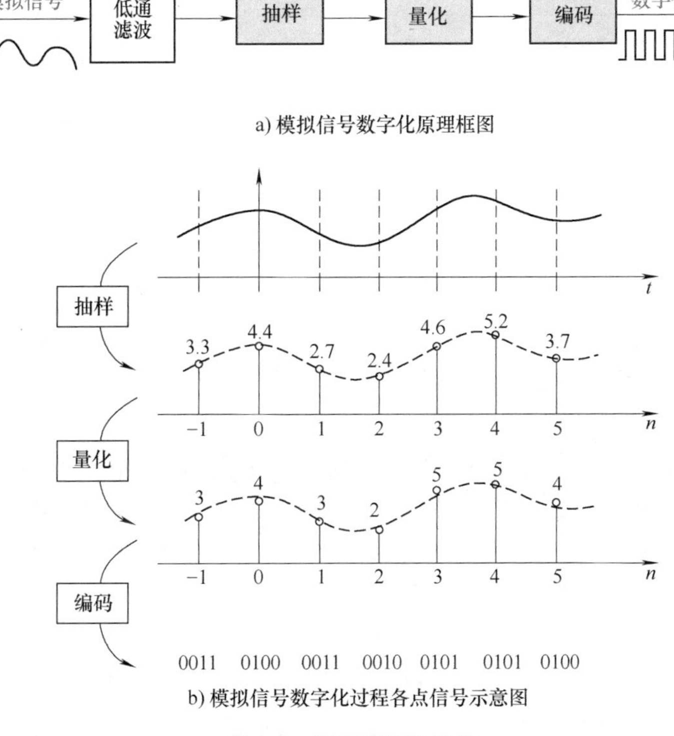

a) 模拟信号数字化原理框图

b) 模拟信号数字化过程各点信号示意图

图2-3　模拟信号数字化

抽样是对模拟信号进行周期性取值，把时间连续信号变为时间离散信号的过程。抽样电路由二极管或场效应晶体管构成，使用抽样脉冲控制通断。抽样频率是由抽样定理确定的：如果要从抽样后信号中完全不失真地恢复原始信号，抽样脉冲频率 f_S 应不小于原信号最高频率 f_H 的 2 倍 ($f_S \geqslant 2f_H$)。

量化是用有限个规定电平近似表示模拟信号抽样值的过程。通过量化，连续的抽样值变为了离散电平。

编码就是把量化后的信号电平变换成二进制码组的过程。

一路语音信号变为数字信号并在线路中传输所占的时间较短，绝大部分时间线路都为空闲状态。为了提高信道利用率，将多路信号沿同一信道传输而互不干扰，可以采用时分多路复用方法。

从语音模拟信号转换成数字信号的过程中可知，为确保接收端能将离散的数字信号还原成连续的模拟信号，抽样频率需满足$f_S \geqslant 2f_H$。目前语音通信的频率为300～3400Hz，故抽样频率为6800Hz，考虑到一定的冗余，目前PCM通信规定语音信号的抽样频率采用8000Hz，即每隔125μs抽样一次。因此，PCM的时分多路复用通信把125μs时间分成许多小段落，每一路占一个时间段，该时间段称为时隙（Time Slot，TS）。显然，路数越多，每路的时隙越小。通常时分多路复用有24路、32路等，我国采用CCITT建议的PCM30/32路系统为标准化的时分多路传输系统。该系统有30个时隙用于传送话路，另外还有一个时隙用于传送同步信号，一个时隙用于传送信令信号，所以称之为PCM30/32路系统，如图2-4所示。

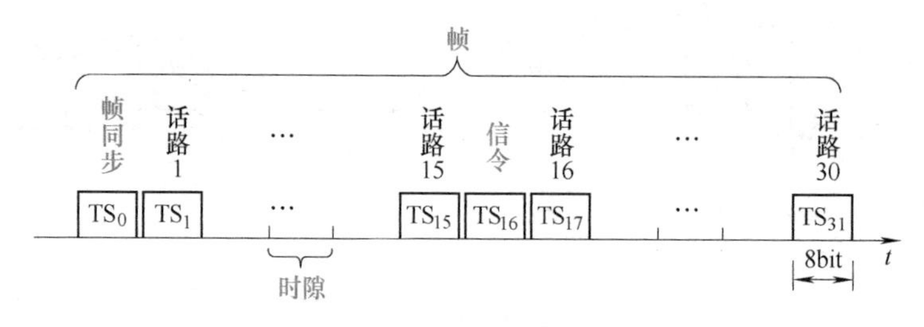

图2-4　PCM30/32路系统

> **提示**
>
> 1）请复习模拟信号数字化（抽样、量化、编码）的相关内容。
>
> 2）请复习抽样定理。

数字程控交换机的根本任务是通过数字交换来实现任意两个用户之间的语音交换，即用户之间建立一条数字语音通道。最简单的数字交换方法是给两个要求通话的用户各分配一个时隙（时分通路），两个用户的模拟语音信号经数字化后分别装载在分配时隙之中，然后只要这两个时隙中的内容交换就实现了两个用户间的语音交换。

这种交换有以下几种情形，如图2-5所示。

1）在同一条PCM线之间进行的时隙交换。

2）在不同PCM线之间进行相同时隙的交换。

3）不同PCM线、不同时隙之间的交换。

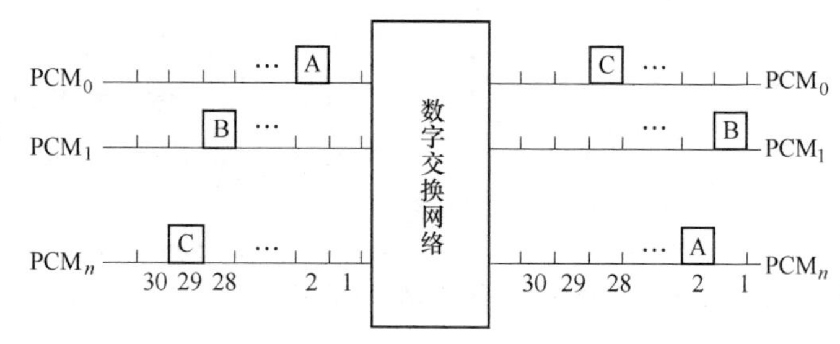

图2-5　数字交换网络示例

图2-5中，入线PCM_1上的第28个时隙内容B经数字交换网络后被交换到出线PCM_1上的第1个时隙，属于第1种情况；入线PCM_0上的第2个时隙内容A经数字交换网络后被交换到出线PCM_n上的第2个时隙，属于第2种情况；入线PCM_n上的第29个时隙内容C经数

字交换网络后被交换到出线 PCM_0 上的第28个时隙，属于第3种情况。

上述交换既有空间PCM线位置发生交换，也存在不同时隙位置发生交换。而这一系列的变化源于数字交换网络，因而数字交换网络基本功能是完成不同PCM复用线之间不同时隙内容的交换。这一功能是由T接线器和S接线器来实现的。

● T接线器

时间接线器简称T接线器，其作用是完成一条PCM复用线各时隙的交换，它主要由语音存储器（SM）和控制存储器（CM）组成，如图2-6所示。

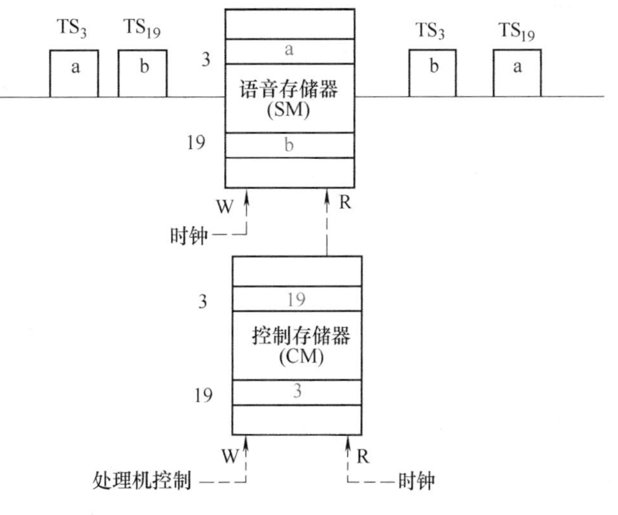

图2-6　T接线器

语音存储器用来暂存经过PCM编码后的数字语音信息，语音存储器的一个存储单元（1字节）存放一个时隙的8位编码。

语音存储器的容量即SM的存储单元数等于时分复用线上的时隙数。

控制存储器用来存放SM的地址码（存储单元号码），CM的容量通常等于SM的容量，每个单元所存储SM的地址码是由处理机控制写入的。

应该注意到，每个输入时隙都对应着语音存储器的一个存储单元，这意味着由空间位置的划分而实现时隙交换。从这个意义上说，T接线器带有空分性质。

T接线器的工作方式是指语音存储器的工作方式。就CM对SM的控制而言，T接线器的工作方式有两种：一种是“顺序写入，控制读出”，称为“输出控制”，另一种是“控制写入，顺序读出”，称为“输入控制”。

下面以“顺序写入，控制读出”的T接线器为例，对其语音信息交换过程进行分析。

设图2-6中T接线器的输入和输出线为同一条有32个时隙的PCM复用线，则对应语音存储器的32个单元，控制存储器的32个单元。如果占用 TS_3 的用户a要和占用 TS_{19} 的用户b通话，在a讲话时，就应该把 TS_3 的语音脉冲编码信息交换到 TS_{19} 中去。在时隙脉冲的控制下，当 TS_3 时隙到来时，TS_3 中的语音脉冲编码信息会被写入SM地址为3的存储单元中，即用户a的语音脉冲编码信息在 TS_3 被暂时存放到了SM的第3单元中，这就是“顺序写入”。而此语音脉冲编码信息的读出是受CM控制的，中央处理器（CPU）会依据接续要求在CM的地址为19的存储单元中写入地址3，当 TS_{19} 时隙到来时，从CM中读出第19单元的内容“3”，再以3为地址控制读出SM中第3单元所存储的语音脉冲编码信息，这就是“控制读出”。通过以上过程，就完成了用户a到用户b方向的语音交换，即语音信息a从 TS_3 交换到了 TS_{19}。同理，b讲话时，应该把输入线上 TS_{19} 的语音脉冲编码信息交换到输出线上的 TS_3 中去，即语音信息b从 TS_{19} 交换到了 TS_3，这一过程与前面所述过程相似，只是写入SM的时刻是 TS_{19}，读出的时刻是 TS_3，暂存语音脉冲编码信息的SM的存储单元是19。这样通过这两次时隙交换就实现了a、b两个用户的双向通信。

由于在T接线器进行时隙交换中，语音脉冲编码信息要在SM里存储一段时间（这段时间小于1帧），所以这种数字交换方式会产生时延。另外，语音脉冲编码信息在T接线器中每帧交换一次，若用户a（TS_3）和用户b（TS_{19}）的通话时长为2min，则上述时隙交换次数达96万次之多。

“控制写入，顺序读出”的T接线器与上述工作相反。CM用来控制SM的写入，SM的读出则随着时隙脉冲的顺序而输出。

目前，T接线器中的存储器一般采用专门设计的高速随机存取存储器（RAM），交换的时隙数并未限定在32个，大型交换机的交换时隙数高达512、1024甚至4096。

● S接线器

空间接线器简称S接线器，其作用是完成不同PCM复用线之间在同一时隙的交换，即完成各复用线之间空间交换功能。

S接线器由电子交叉点矩阵和控制存储器（CM）组成，如图2-7所示。

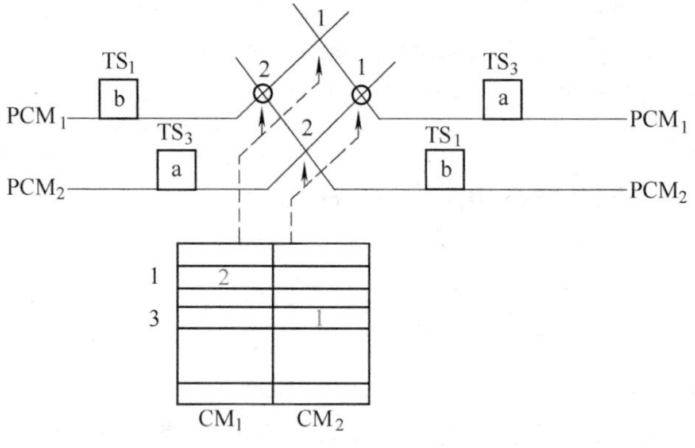

图2-7　S接线器

交叉矩阵是使任一入线与任一出线在任一时隙能接通，控制存储器CM是控制交叉接点在每个时隙的工作。

在S接线器中，CM对电子交叉点的控制方式有两种：输入控制和输出控制。图2-7中S接线器采用输入控制方式，S接线器完成了把语音信息b从入线PCM_1上的TS_1交换到出线PCM_2上；同时完成了把语音信息a从入线PCM_2上的TS_3交换到出线PCM_1上。

下面以图2-7为例对“输入控制”方式S接线器的信息交换过程进行分析。

假设S接线器有两条PCM复用线（PCM_1和PCM_2），欲在时隙TS_1将入线PCM_1的语音信息b交换到出线PCM_2上，同时在时隙TS_3将入线PCM_2的语音信息a交换到出线PCM_1上。由于采用“输入控制”方式，所以控制存储器组中的控制存储器CM_1、CM_2分别与入线PCM_1、PCM_2相对应。当时隙TS_1到来时，从CM_1中地址为1的存储单元里取出交叉接点编号“2”，而后闭合此交叉接点；同理，时隙TS_3到来时，从CM_2中地址为3的存储单元里取出交叉接点编号“1”，并闭合交叉接点。控制存储器CM_1、CM_2相应单元中的交叉接点编号是由中央处理器在交换信息前依据S接线器控制方式和接续要求写入的。

S接线器中的控制存储器采用高速随机存取存储器，电子交叉矩阵采用高速电子门电路组成的选择器来实现。

很明显，S接线器能完成PCM复用线之间的交换，但不能完成时隙交换，因此S接线器在数字交换网络中不能单独存在。

小容量的数字程控交换机的数字交换网络采用单级T或多级T接线器组成。大容量的数字程控交换机，可采用TST、TSST，甚至级数更多的数字交换网络。

归纳与思考

1. 语音通信时每个用户占用属于自己独占的时隙，两个用户进行通信一定存在时隙内容的交换。

2. T接线器与S接线器的比较如下：

区　　别	T接线器	S接线器
完成的交换类型	时隙交换	母线交换
交换过程有无时延	存储交换，有时延	实时交换，无时延
可否单独构成数字交换网络	可以	否，必须与T接线器组合使用

3. 思考：为什么单级T接线器可组成数字交换网络，而单级S接线器不能呢？

● 复用器与分路器

进入数字交换网络的时分复用线上若只传输PCM一次群系统（PCM30/32路系统），则每帧仅有32个时隙，时分复用度为32，如此小容量在数字程控交换机中并无实用价值。因此为扩大交换机容量，在进入数字交换网络前，必须首先将4套、16套，甚至64套PCM一次群系统进行复接，尽量增加复用度，这一任务由复用器完成。在复用器中先把串行传送的PCM信号变为并行传送，即进行串并变换（S→P），然后再进行并路，扩大时分复用度。

反之分路器是把数字交换网络输出的信息编码先进行分路，然后再进行并串变换（P→S），使它恢复成原来的PCM一次群系统。

● TST网络

为提高数字交换网络的容量，当然可以增加时分复用线上的复用度，例如可将64套PCM30/32路系统复接，使时分复用线的复用度达2048，但仍然不能满足增容需求，为此采用T接线器与S接线器组合方式，构成TST、TSST等数字交换网络，可极大增大容量，通常一个万门程控局采用TST数字交换网络。

TST数字交换网络由3级接线器组成，两侧为T接线器，中间为S接线器，完成不同PCM母线上不同时隙的信息交换，如图2-8所示。

图2-8中有8条输入PCM复用线（$PCM_0 \sim PCM_7$），每条接到一个输入T接线器，其工作方式采用“顺序写入，控制读出”；图中有8条输出PCM复用线，从输出T接线器接出，其工作方式为“控制写入，顺序读出”；中间级S接线器为8×8的交叉接点矩阵，其出线及入线对应接到两侧的T接线器，采用“输入控制”工作方式。

现以PCM_0的TS_2与PCM_7的TS_{31}通话为例说明TST数字交换网络的工作原理。因数字程控交换机中通话路线是四线制，即来话和去话分开，因此应建立A→B和B→A两条路线。

1）A→B方向，即发话是PCM_0上的TS_2，受话是PCM_7上的TS_{31}。

PCM_0上的TS_2把用户A的语音脉冲编码信息顺序写入输入T接线器的语音存储器的2单元，数字程控交换机控制设备为此次接续寻找一空闲内部时隙，现假设找到的空闲内部时隙为TS_7，处理机控制语音存储器2单元的语音脉冲编码信息在TS_7读出，则TS_2的语音脉冲编码信息交换到了TS_7，这样输入T接线器就完成了$TS_2 \rightarrow TS_7$的时隙交换。S接线器在TS_7将入线PCM_0和出线PCM_7接通（即TS_7时刻闭合交叉点07），使入线PCM_0上的TS_7交

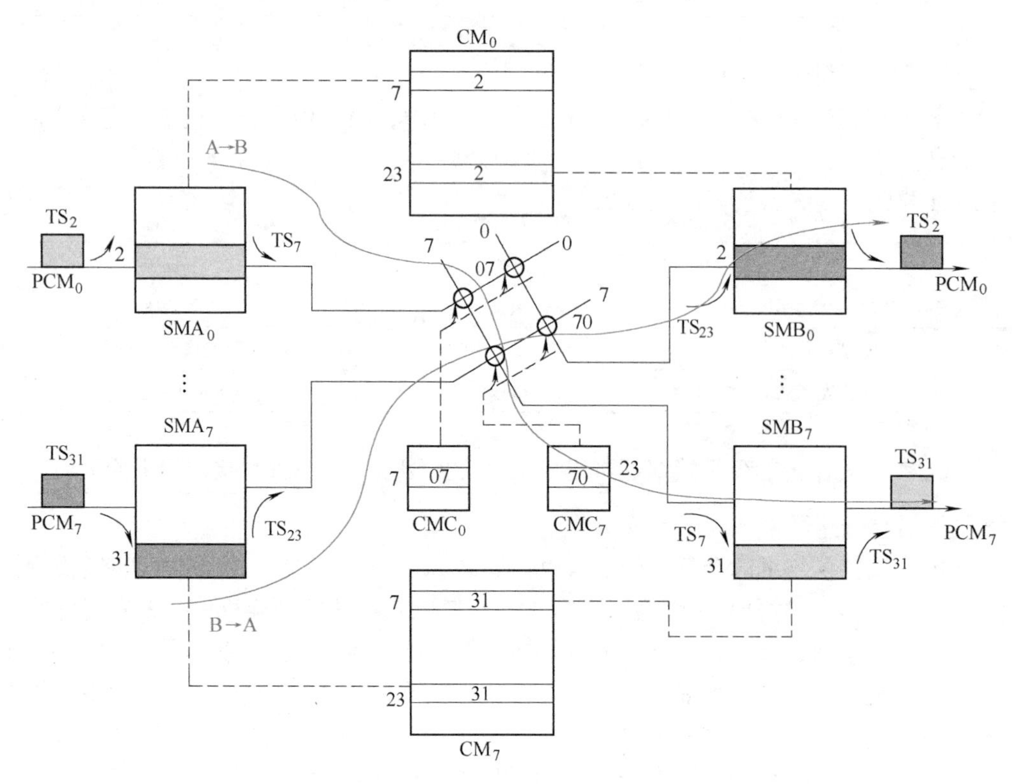

图 2-8　TST 数字交换网络

换到出线 PCM_7 上。输出 T 接线器在控制存储器的控制下，在 TS_7 时刻将内部时隙 TS_7 中语音脉冲编码信息写入其语音存储器的 31 单元，然后再顺序读出，即在 TS_{31} 时刻将语音脉冲编码信息从出线 PCM_7 读出，这样输出 T 接线器就完成了 $TS_7 \to TS_{31}$ 的时隙交换。

可见，经过 TST 数字交换网络后，输入 PCM_0 上的 TS_2 就交换到了输出 PCM_7 上的 TS_{31}，完成了时隙交换和空分交换，实现 A→B 方向通话。

2）B→A 方向，即发话是 PCM_7 上的 TS_{31}，受话是 PCM_0 上的 TS_2。

PCM_7 上的 TS_{31} 把用户 B 的语音脉冲编码信息顺序写入输入 T 接线器的语音存储器的 31 单元，数字程控交换机控制设备为此次接续寻找一空闲内部时隙，现假设找到的空闲内部时隙为 TS_{23}（TS_{23} 由反向法确定），处理机控制语音存储器 31 单元的语音脉冲编码信息在 TS_{23} 读出，则 TS_{31} 的语音脉冲编码信息交换到了 TS_{23}，这样输入 T 接线器就完成了 $TS_{31} \to TS_{23}$ 的时隙交换。S 接线器在 TS_{23} 将入线 PCM_7 和出线 PCM_0 接通（即 TS_{23} 时刻闭合交叉点 70），使入线 PCM_7 上的 TS_{23} 交换到出线 PCM_0 上。输出 T 接线器在控制存储器的控制下，在 TS_{23} 时刻，将内部时隙 TS_{23} 中语音脉冲编码信息写入其语音存储器的 2 单元，然后再顺序读出，即在 TS_2 时刻将语音脉冲编码信息从出线 PCM_0 读出，这样输出 T 接线器就完成了 $TS_{23} \to TS_2$ 的时隙交换。

可见，经过 TST 数字交换网络后，输入 PCM_7 上的 TS_{31} 就交换到了输出 PCM_0 上的 TS_2，完成了时隙交换和空分交换，实现 B→A 方向通话。

为了减少链路选择的复杂性，双方通话的内部时隙选择通常采用反相法。所谓反相法就是如果 A→B 方向选用了内部时隙 i，则 B→A 方向选用的内部时隙号由下式决定：

$$i+\frac{n}{2} \tag{2-1}$$

式（2-1）中 n 为PCM复用线上一帧的时隙数（复用线上的复用度），也就是说将一条时分复用线的上半帧作为去话时隙，下半帧作为来话时隙，使来去话两个信道的内部时隙数相差半帧。例如，在图2-8中，A→B方向选用内部时隙 TS_7，$i=7$，则B→A方向选用的内部时隙为 $7+32/2=23$，即 TS_{23}。此外，个别数字程控交换机采用奇、偶时隙法安排双向信道。

- 其他数字交换网络

数字程控交换机的数字交换网络呈现多样化，目前存在T（例如：HJD04、华为C&C08）、TST（例如：日本F-150）、STS、TTT（例如：中兴ZXJ-10）、SSTSS（例如：DTN1）、TSST（例如：日本NEAX-61）等，它们的工作原理相似。

> 📖提示
> 数字交换网络在C&C08交换机单模块交换机（B型独立局）中对应BNET板，了解这一点有助于熟悉C&C08交换机。

（3）信令设备（信号部件）　电话通信中，信道里除了传送主被叫双方的语音信息外，还需要传送程控局与用户、程控局与程控局之间的控制信号，以完成正常的通信接续，这些控制信号称为信令。通信网中要求信令遵守的协议、规定称为信令方式，例如一号信令、七号信令。为此数字程控交换机中需设置为实现按规定的信令方式传递与控制所需的功能实体——信令设备（信号部件）。

信令按工作区域不同划分为：用户线信令和局间信令。

用户线信令是在用户与程控交换机之间的用户线上传送的信令，比如我们使用固定电话打电话时听到拨号音才能开始拨号，拨号后听到的是回铃音或是忙音，对方听到的振铃音意味着有电话呼入，这些提示信息就是用户线信令信息。

实际上还有发生在程控交换机之间的局间中继线的信令信息，称为局间信令。

为此数字程控交换机中设置了与之相对的用户线信令设备与局间信令设备。

1）用户线信令及其信令设备。对于用户线信令又分为两大类：数字程控交换机发往用户的信令信号和用户发往数字程控交换机的信令信号。

① 数字程控交换机发往用户的可闻信令信号及其信令设备。

交流铃流：数字程控交换机需向被叫用户送出振铃，采用5s断续（1s振、4s断），频率为25Hz的正弦波。为此设置了铃流发生器，并经模拟用户电路中的振铃电路（R）送出。

信号音：是指电话局送给用户的各种信号，如拨号音、忙音、回铃音及催挂音等。各种信号音的含义及结构如下：

——拨号音：450Hz连续的正弦波，通知主叫可以开始拨号。

——忙音：450Hz的正弦波，每导通0.35s后间断0.35s，通知主叫本次接续被叫遇忙。

——回铃音：450Hz的正弦波，每导通1s后间断4s，通知主叫被叫已处于振铃状态。

——空号音：450Hz的正弦波，每导通0.1s后间断0.1s，连续3次后，再导通0.4s后间断0.4s，通知主叫所拨号码为空号。

——催挂音：950Hz的正弦波，20s连续且五级响度逐级上升，用于催请用户挂机。

信号音是经数字交换网络、模拟用户电路送往用户二线的，因此直接与数字交换网络相连的信号音发生器是数字信号音发生器。

> 提示
>
> C&C08交换机中的数字信号音发生器对应SIG板，同时注意SIG板并不产生振铃音，了解这一点有助于熟悉C&C08交换机。

② 用户发往数字程控交换机的信令信号及其信令设备。

用户摘挂机状态信令：当用户摘机或挂机时，其话机叉簧接点闭合或切断用户线直流环路。通过用户电路里的监视（S）电路，数字程控交换机可监视接收反映用户摘挂机状态的用户线信令。

拨号信号：拨号信号是主叫用户发出的地址信息，又称选择信号或路由信号。目前，电话网中使用两种不同型号的话机终端，可有两种不同的拨号信号。

——号盘话机的拨号信号：号盘话机的拨号信号是以断、续脉冲组成的脉冲串表示的，脉冲断的次数为用户所拨的被叫用户号码的数字。为了使数字程控交换机可以区分出每位数字，数字之间必须有脉冲串间隔，其时长要大于脉冲持续的时长，通常间隔时长为350ms。直流脉冲拨号信号不进入数字交换网，径直在用户电路监视（S）处监视接收。

——双音多频（DTMF）按键话机的拨号信号：双音多频按键话机的拨号信号是由两个频率组成的双音频组合信号，频率组合及所对应的数字见表2-1。采用双音多频的脉冲信号不但比号盘脉冲速度快、传送可靠性高，而且它可以在实线、FDM和PCM三种传输系统中传送，为在局间使用这种信号提供了方便。为此，数字程控交换机设置了与数字交换网相连的数字双音多频信号接收器，直接识别出对应两个频率的码位，并判断其对应的数字，最后以二进制的形式将其信息送往处理机进行处理。

表2-1　双音多频的频率组合

键盘 / 频率 / 频率/Hz	H1（1203）	H2（1336）	H3（1477）	H4（备用）
L1（697）	1	2	3	13（A）
L2（770）	4	5	6	14（B）
L3（852）	7	8	9	15（C）
L4（941）	11（*）	0	12（#）	16（D）

> 提示
>
> 数字双音多频信号接收器在C&C08交换机中对应DRV板，了解这一点有助于熟悉C&C08交换机。

2）局间信令及其信令设备。中继线信令也称局间信令，按传递方式不同，划分为随路信令和共路信令（公共信道信令）。

① 随路信令（Channel Associated Signalling，CAS）。所谓随路信令，实际上是将话路中所需的各种控制信号（如占用、应答、拆线等）由该话路本身或与之有固定联系的一条信令通路（通道）来传送，即用同一通路传送语音信息和与其相应的信令。图 2-9 给出了随路信令的示意图。典型的随路信令是一号信令。

为此数字程控交换机中设置了与之相对的随路信令设备——多频信号发生器和多频信号接收器，用于发送和接收局间的多频互控（MFC）信号。

② 共路信令（Common Channel Signalling，CCS）。这种信令是将一组话路所需的各种控制信号（中继线信令或局间信令）集中到一条与语音通路分开的公共信号数据链路上进行传送的，即信令和话路完全分离。图 2-10 给出了共路信令的示意图。典型的共路信令是七号信令。

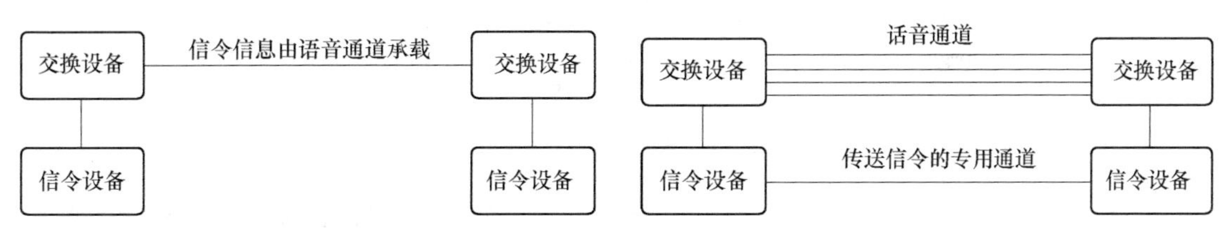

图 2-9　随路信令示意图　　　图 2-10　共路信令示意图

当然，数字程控交换机中也设置了共路信令的七号信令设备。

关于局间信令会在后面继续学习，这里不再详述。

> 提示
> 1. C&C08 交换机中的多频互控信号发生器和接收器对应 MFC 板。
> 2. C&C08 交换机中的七号信令设备对应 LAPN7 板或 NO7 板。

（4）中继器　中继器是程控交换机与程控交换机或与其他网络之间的接口电路。

由于目前尚存在模拟中继线，一般数字交换机都配置有模拟中继器和数字中继器两种局间中继器。

1）模拟中继器。模拟中继器（Analog Trunk，AT）是数字程控交换机为适应局间模拟环境而设置的接口电路，用来连接模拟中继线。

模拟中继器与模拟用户电路相似。还记得模拟用户电路的基本功能吗？BORSCHT。模拟中继器与模拟用户电路相比，少了 B、R 这两项功能。

B——不需要馈电。

O——需要过电压保护。

R——不需要振铃。

S——需要对中继线路状态进行监视，如线路的状态占用、空闲等。

C——需要对实线音频采用单路编译码。

H——在二线中继时才用，增加了忙/闲指示。

T——需要中继线测试。

2）数字中继器。数字中继器（Digital Trunk，DT）是数字交换系统与数字中继线之间的接口电路，可适配 PCM 一次群或高次群的数字中继线。

数字中继器主要是解决数字中继信号的传输、同步和局间信令配合三方面问题，要求数字中继器具有码型变换、时钟提取、帧同步和复帧同步、信令控制、告警检测等功能，以协调彼此之间的工作，图 2-11 所示为数字中继器的功能框图。

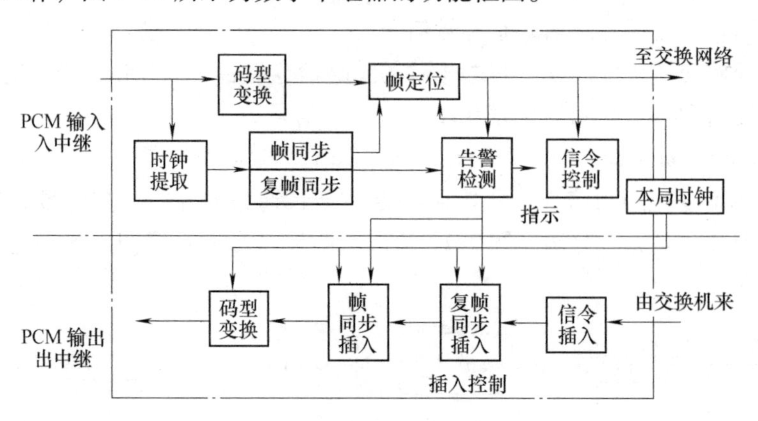

图 2-11 数字中继器功能框图

码型变换：实现信号单极性与双极性的变换，即完成交换机内部使用的单极性不归零码——NRZ 码与适合线路传输的双极性 HDB3 码之间的变换。

时钟提取：是从 PCM 中继线上传送的码流中提取发端送来的时钟信号，以便控制帧同步电路，使接收端与发送端同步。

帧/复帧同步：从 PCM 中继线上提取帧定位信号，通过帧定位获得帧同步，使收、发两局同步工作，即话路与信令不错位。

提示

1. 语音信号经抽样量化后，编成 8 位码，这时码型属于 NRZ 码，但 NRZ 码不适合在传输线路中传输，需要变换成适合在传输线路上传输的码型。

2. 请复习 NRZ 码与 HDB3 码的编码方式。

3. 在后续学习 C&C08 交换机过程中，中继出局会涉及上述这两种码型的转换。

信令控制：信令控制电路在发送端将各个话路的线路信令插入到复帧中相应的 TS16 中，在接收端将线路信令从 TS16 中提取出来。

告警检测：插入并检测帧/复帧失步告警信号。

提示

数字中继器在 C&C08 交换机中对应 **DTM 板**，了解这一点有助于熟悉 C&C08 交换机。

2. 控制系统

数字程控交换机建立在计算机技术与数字通信系统的基础上，采用存储程序控制方式完成对整个系统的控制，实现复杂的交换与管理功能，因此其控制系统是十分重要的。

控制系统的功能包括两个方面：一方面是对呼叫接续进行处理；另一方面对整个交换系统的运行进行管理、监测和维护。控制系统硬件由三部分组成：一是中央处理芯片（CPU），它可以是一般数字计算机的中央处理芯片，也可以是交换系统专用芯片；二是存储器（内

存储器)，它存储交换系统常用程序与正在执行的程序和数据；三是输入输出系统，包括键盘、打印机等，打印机可根据指令打印出系统数据。

> 提示
> 中央处理器 CPU 在 C&C08 单模块交换机（B 型独立局）中对应 **MPU 板**，了解这一点有助于熟悉 C&C08 交换机。

数字程控交换机的控制方式主要是指控制系统中处理机的配置方式，可分为集中控制方式、分级控制方式和全分散控制方式。

所谓集中控制方式，是用一台中央处理机负责对整个系统的运行工作进行直接控制，并执行交换系统的全部功能。

随着交换机容量的扩大，以及日趋复杂功能的增强，上述采用集中控制方式的交换机对计算机的要求太高，对软件的要求也过于复杂，因此集中控制方式很快被分散控制方式所取代。

分散控制系统由多台处理机组成，每台处理机只能使用系统中的部分硬、软件资源，并且只能执行系统中的部分功能。分散控制方式又分为分级控制和全分散控制方式。

分级控制方式是将处理机按照功能划分为若干级别，每个级别的处理机完成一定的功能，低级别的处理机是在高级别的处理机指挥下工作的，各级处理机之间存在比较密切的联系。

全分散控制方式将系统划分为若干个功能单一的小模块，每个模块都配备有处理机，用来对本模块进行控制。各模块处理机是处于同一个级别的处理机，各模块处理机之间通过交换消息进行通信，相互配合以便完成呼叫处理和维护管理任务。

> 提示
> C&C08 交换机采用**全分散控制方式**，了解这一点有助于熟悉 C&C08 交换机。

数字程控交换机不论采用何种控制结构，为了安全和保证系统的可靠性，一般情况下，处理机都采取冗余配置方式。处理机冗余配置方式有同步复核方式、负荷分担方式、主/备用方式和 N+1 备用方式。

（1）同步复核方式　同步复核方式也称微同步方式，其示意图如图 2-12 所示。正常工作中，两台相同的处理机同时接收来自数字交换网络的各种输入信息，执行相同的程序，进行同样的分析处理，但是只有一台处理机输出控制信息，控制数字交换网络的工作。

所谓同步复核，就是每执行一条指令或一段程序，将两台处理机的处理结果通过比较器进行检验，如果结果完全一致，就继续执行程序或进行输出控制。如果发现不一致，则表示其中有一台处理机出了故障，两台处理机立即中断正常处理，各自启动检查程序。如果发现一台处理机有故障，则退出服务，以便进一步故障诊断，而另一台处理机则继续工作。如果检查发现两台处理机均正常工作，说明是偶然干扰引起的出错，处理机恢复原有工作状态，处理所得结

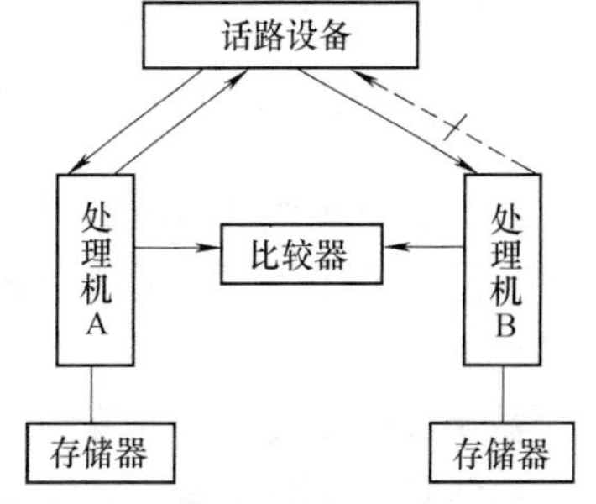

图 2-12　同步复核方式示意图

果只由主用机输出控制信息，而备用机则抑制输出。此种方式较易发现处理机的硬件故障，但由于实际上只有一台处理机工作，而且要不断进行同步复核，故效率较低。

（2）负荷分担方式　负荷分担方式即话务分担，其示意图如图2-13所示。两台处理机独立进行工作，在正常情况下各承担一半负荷。当一台处理机发生故障时，则另一台处理机承担全部负荷。为了能接替故障机工作，必须互相了解呼叫处理的情况，故双机间应定时互通信息。为避免双机同抢资源，两处理机之间设有禁止电路。

负荷分担的优点：

1）过负荷能力强，能适应较大话务波动；

2）可以防止软件差错引起的系统中断；

3）可联机扩容。

（3）主/备用方式　主/备用方式是指一台处理机联机运行，另一台处理机话路设备完全分离作为备用。当主用处理机发生故障时，进行主备用倒换。示意图如图2-14所示。

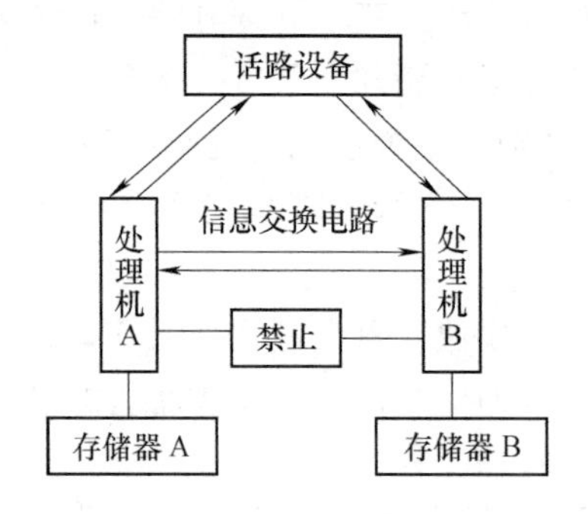

图2-13　负荷分担方式示意图

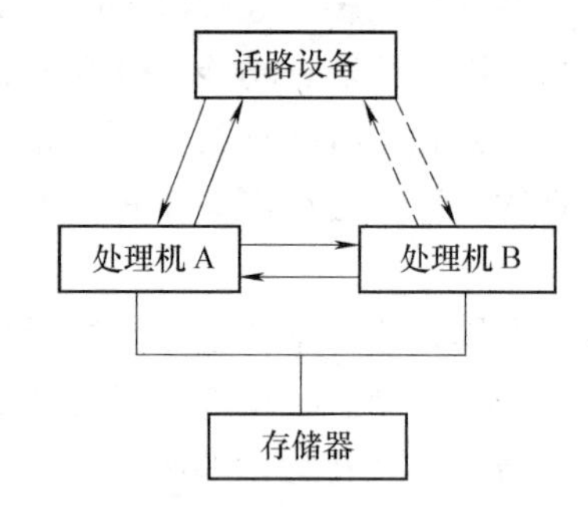

图2-14　主/备用方式示意图

备用方式有两种，冷备用与热备用。冷备用是指备用机不保存呼叫数据，接替主用机时从头开始工作。热备用是指备用机根据原主用机故障前保存在存储器中的数据进行工作。

（4）N+1备用方式　N+1备用方式是指N台处理机配备有1台备用机，该备用机平时不工作，当N台处理机中有一台发生故障时，都可以由备用机立即接替其工作。

可以将主/备用方式看作是N+1备用方式的特例。

1.1.2　数字程控交换机的软件组成

数字程控交换机通过控制系统的程序控制整个话路系统的接续，因此软件在交换机中具有极其重要的作用。归纳起来其软件系统可分为两大部分：程序和数据。

1. 程序

数字程控交换机程序分为运行程序和支援程序。

运行程序是交换系统正常运行所需呼叫处理、管理和维护等全部程序的总称，包括执行管理程序（操作系统）、呼叫处理程序、系统监视和故障处理程序以及维护和运行程序；支援程序由软件开发支援系统、应用工程支援系统、软件加工支援系统和交换局管理支援系统组成，用于开发和生成交换局软件与数据以及开通时的测试。

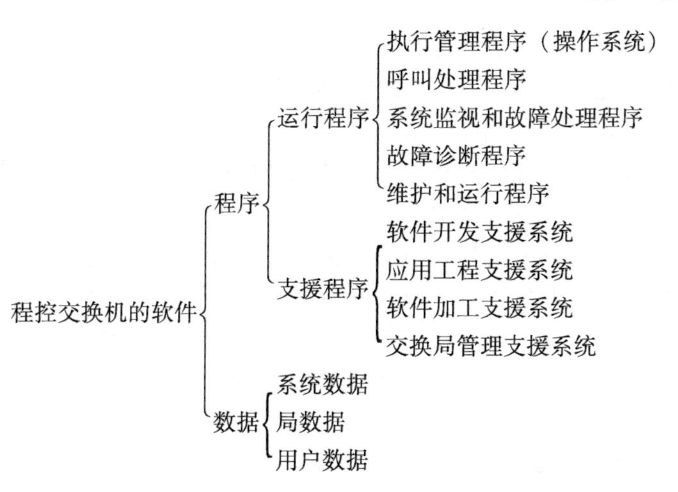

2. 数据

数字程控交换机的数据可分为系统数据、局数据和用户数据。

（1）系统数据　系统数据对某种数字程控交换机而言是所有交换机公用的数据。主要指各类软件模块所固有的数据和各类硬件配置数据，一般是固定不变的，例如程序段起始地址、印制电路板位置等。数字程控交换机的系统数据由设备制造商编写提供，属于交换机程序的一部分。

（2）局数据　局数据是指各交换局的局数据，一般只限于在本局应用。它反映了本交换局在交换网中的地位或级别、本交换局与其他交换局的中继关系。它包括对其他交换局的中继路由组织、中继路由数量、编号位长、计费数据、信令方式等，内容常因不同交换局而异。局数据对某个交换局的交换机而言是半固定的数据，开局调试好后，设备运行中保持相对稳定，必要时可用人机命令修改，例如字冠数据、中继数据、计费数据、信令数据等。

（3）用户数据　用户数据描述全部用户信息，它为每一个用户所特有。主要包括每个用户线类别、电话号码、设备码、话机类型、计费类型、用户新业务、话务负荷、优先级别等。注意，国际局和长话局无用户数据。

3. 数字程控交换机软件的特点

数字程控交换机的软件用来实现识别主叫、号码分析、路由选择、故障诊断等交换系统的全部智能性操作，而数字程控交换机是一种实时控制系统，服务的对象是大量用户的随机呼叫。因此，数字程控交换机的软件最突出的特点是大规模、强实时性、多重性处理、高可靠性和高维护要求。

（1）实时性强　数字程控交换机是一个实时系统。它要求能及时收集各个用户的当前状态数据，并对这些数据及时加以分析处理，在规定的时间内作出响应，否则，将丢失有关信息而导致呼叫建立的失败。因此，数字程控交换机的软件必须具有实时特性，某些任务必须在一定的时限内完成。例如，在接收用户拨号脉冲时，必须在一个脉冲到来之时进行识别和计数，否则将造成错号。

根据实时性要求的不同，交换机程序可分为不同的等级。相对而言，对时间要求不太严格的是运行管理程序功能，系统对这些功能的响应时间可以为若干秒甚至更长。但对于故障处理要越快越好，在数字程控交换机中，处理故障的程序一般具有最高优先级，一旦发现故障，交换系统就将中断正在执行的程序，及时转入故障处理。

（2）并发性和多道程序运行　在一个大容量的数字程控交换机中，用户数量众多，会有多个用户同时发出呼叫请求，还会出现同时有多个用户正在进行通话、挂机等多种情况，而且每个用户会有各种不同的任务要求处理。此外，还可能有几个管理和维护任务正在执行。这些任务可能是操作人员启动的，如测试一个用户或修改一张路由表；也可能是系统自动启动的，如周期的例行测试和话务量测量。这就要求交换系统能够在“同一时刻”执行多种任务，也就是要求软件程序要有并发性，或者说，要有在一个很短的时间间隔内处理很多任务的能力。

（3）可靠性要求高　对一个交换系统来讲，可靠性指标通常是99.98%的正确呼叫处理以及40年内系统中断运行时间不超过两小时。即使在硬件或软件系统本身故障的情况下，系统应仍能保持可靠运行，并能在不中断系统运行的前提下，从硬件或软件故障中恢复到正常运行，这就要求要有许多保证软件可靠性的措施。

（4）维护要求高　数字程控交换机的软件系统具有相当的维护工作量，这不仅是由于原来设计软件系统的不完善需要加以改进，更重要的是随着技术的发展，需要不断引入新的功能或对原有功能进行改进和完善，还由于交换局的业务发展引起用户组成、话务量的变化。此外，整个通信网络的发展可能对本交换局提出新的要求等。由于上述因素，数字程控交换机软件系统的维护工作是相当之大。

1.2　学习活动页

基于课堂引导、学生讨论等方式，认识数字程控交换机的构成及各部分的功能作用。学习提纲如下：

1）数字程控交换机由哪两大部分组成？能够对相关知识进行总结。

2）画出数字程控交换机硬件的结构，然后说说每部分的功能作用。

3）数字交换网络是如何实现语音信息交换的？

4）数字信号音是如何产生和接收的？

5）对照数字程控交换机的一般结构，请给出各组成部分在C&C08交换机中的对应单板。

6）用户线信令都包括哪些信令信号？

7）数字程控交换机中的程序与数据是否有所不同？如有不同，请说明有何不同。

1.3　自我测试

一、选择题

1. 在数字程控交换机中，双向通话的话路在数字交换网络内是__________。

A. 二线制　　B. 三线制　　C. 四线制　　D. 六线制

2. 在数字交换网内用户的发话通道与受话通道是__________。

A. 复用4个时隙　　B. 占用2个时隙　　C. 占用同一时隙　　D. 频分复用

3. 数字交换的S接线器能完成__________。

A. 时隙交换　　B. 母线交换　　C. 时隙和母线交换　　D. 模拟空分交换

4. 模拟中继器与模拟用户电路相比，少了__________功能。

A. T和R　　B. B和S　　C. B和R　　D. O和R

5. 数字程控交换机有一种反极性用户板，该板反极的主要目的是__________。

A. 测试用户　　B. 防高压　　C. 编码　　D. 计费

6. 交换技术里，英文“Over-voltage Protection”的含义是__________。

A. 防止超压　　B. 过电压保护　　C. 门限电压　　D. 断电保护

7. 数字程控交换机的控制系统由__________组成。

A. 处理机、交换网络、输入/输出接口　　B. 处理机、交换网络、存储器

C. 处理机、存储器、输入/输出接口　　D. 处理机、交换网络、中继接口

8. 铃流和信号音都是__________发送的信令。

A. 用户话机向用户话机　　B. 用户话机向交换机

C. 交换机向用户话机　　D. 交换机向交换机

9. 两台设备独立进行工作，正常情况下各承担一半负荷，当一机产生故障时，可由另一机承担全部负荷，这种方式称为__________方式。

A. 负荷分担　　B. 主/备用　　C. 热备用　　D. 冷备用

10. 用来连接数字程控交换机和模拟用户话机的接口电路是__________。

A. 模拟用户电路　　B. 数字用户电路　　C. 模拟中继电路　　D. 数字中继电路

11. 模拟用户电路中混合电路功能是进行__________。

A. 编译码　　B. 模-数转换　　C. 2/4 转换　　D. 用户测试

12. 在数字程控交换机中，除了__________信号外，其他的信号音都是由数字信号音发生器直接产生的。

A. 忙音　　B. 拨号音　　C. 铃流　　D. 回铃音

13. 数字程控交换机交换的信号是__________。

A. 模块信号　　B. 数字信号　　C. PAM 信号　　D. PAM 或 PCM 信号

14. T 接线器的输入控制方式是指__________。

A. T 接线器的 SM 按“控制写入，顺序读出”方式工作

B. T 接线器的 CM 按“控制写入，顺序读出”方式工作

C. T 接线器的 SM 按“顺序写入，控制读出”方式工作

D. T 接线器的 CM 按“顺序写入，控制读出”方式工作

二、填空题

1. 模拟用户电路的基本功能有______项，它们分别是____________________。

2. T 接线器又叫__________接线器，它的作用是________________，S 接线器又叫__________接线器，它的作用是__________。

3. 中继器包括__________、__________接口，常用________________。

4. 在数字程控交换机内部采用的码型为__________；传输线上采用的码型为________________。

5. 信令按传输区域分为____________________和____________________两类。

6. 局间信令是指____________________与____________________之间传送的信令。

7. 数字程控交换机的软件系统包括__________和数据两大组成部分。数据又可分为________________、________________和________________。

8. 数字程控交换机的硬件结构中控制方式大致可分为集中控制方式、____________和____________三种。华为 C&C08 交换机采用____________控制方式。

三、判断题

1. 数字交换网络可以由若干级 T 接线器组合而成。 ( )
2. 数字程控交换机内部的话路交换网是模拟空分网。 ( )
3. 用户线的语音信号采用二线传输，而数字程控交换机内部语音信号采用四线交换。( )
4. 数字交换网络可由若干级 S 接线器组合而成。 ( )
5. 数字交换网络的 T 接线器只完成复用线交换，不能完成时隙交换。 ( )
6. 数字程控交换机中的程序与数据没有什么区别，都属于交换机的软件。 ( )
7. 数字程控交换机的硬件组成中的用户电路是用户话机接入的接口电路。 ( )
8. S 接线器能将 S 接线器的输入复用线 HW2 的时隙 56 的内容 B 交换到输出复用线 HW2 的时隙 34。 ( )
9. T 接线器能将 T 接线器的输入复用线 HW2 的时隙 56 的内容 B 交换到输出复用线 HW2 的时隙 34。 ( )
10. 空分接线器是按时分工作的，可以代替时分接线器。 ( )

四、问答题

1. 数字程控交换机的软、硬件各由哪几部分组成？
2. 画出数字程控交换机硬件的基本结构，然后说明各部分的主要功能。
3. 试述模拟用户电路具有哪些基本功能，并解释其基本功能。
4. 如图 2-15 所示，现有一个“控制写入，顺序读出”方式工作的 T 接线器，要完成时隙 TS_3 中信息码 A 与时隙 TS_{19} 中信息码 B 之间的相互交换，请填写存储器中的参数并简述其工作过程。
5. 图 2-16 为一个 4×4 输入控制方式 S 接线器，现要求在时隙 TS_2 时刻闭合交叉接点 1，在时隙 TS_{18} 时刻闭合交叉接点 32，请在图中相应方格内填入与要求相符的交叉接点编号并简述其工作过程。

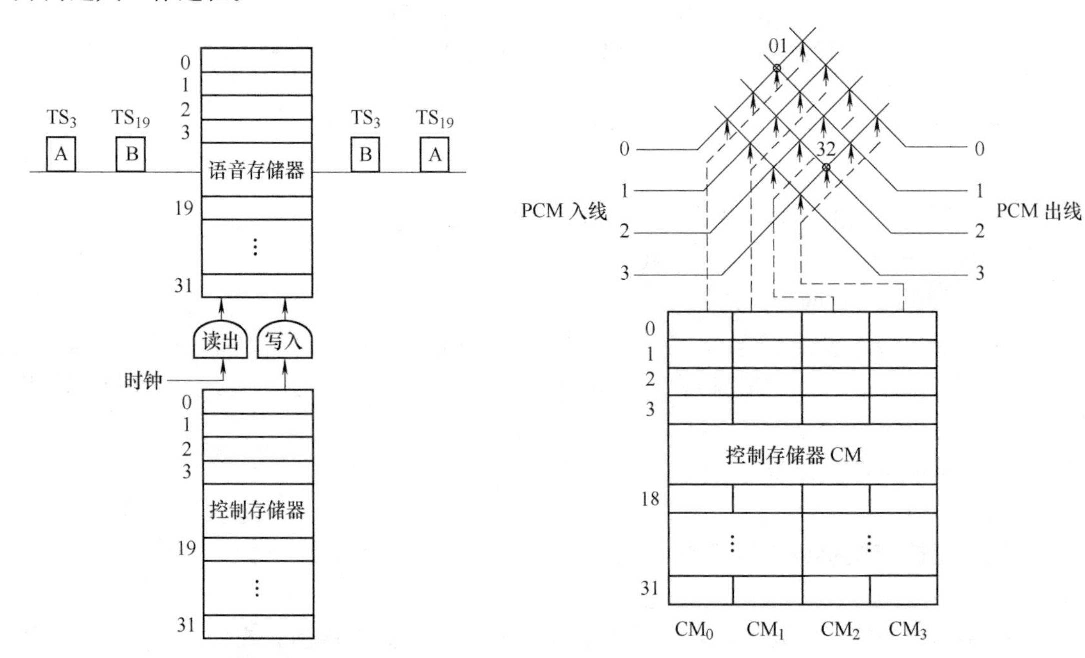

图 2-15 输出控制方式工作的 T 接线器

图 2-16 4×4 输入控制方式 S 接线器

6. 在图 2-8 中，若 A 用户所用的时隙是 2，B 用户所用的时隙是 28，A→B 方向选用内部时隙 5，该网络内部时隙总数为 512，B→A 方向采用反向法，试填写各存储单元。

7. 数字中继器的主要功能有哪些？

8. 用户线信令都包括哪些信令？

任务 2　认识 C&C08 交换机

从数字程控交换机系统结构入手，我们对数字程控交换机的结构已经有了清晰的认识，那么作为数字程控交换机的典型机——C&C08 交换机，其具体结构又怎样呢？

本次任务的主要工作内容是认识 C&C08 交换机，包括 C&C08 交换机的基本结构、各基本组成模块间的连接和各模块的功能，并在此基础上认识各功能单板及位置、功能，为硬件数据配置及维护奠定基础。

2.1　知识准备

经过前面的学习，我们对数字程控交换机的基本构成有了认识。C&C08 交换机作为数字程控交换机的一种典型机，一定符合前面学习的数字程控交换机的结构，首先来回顾一下前面所学的数字程控交换机的硬件构成与 C&C08 单模块交换机之间的对应关系，如图 2-17 所示。

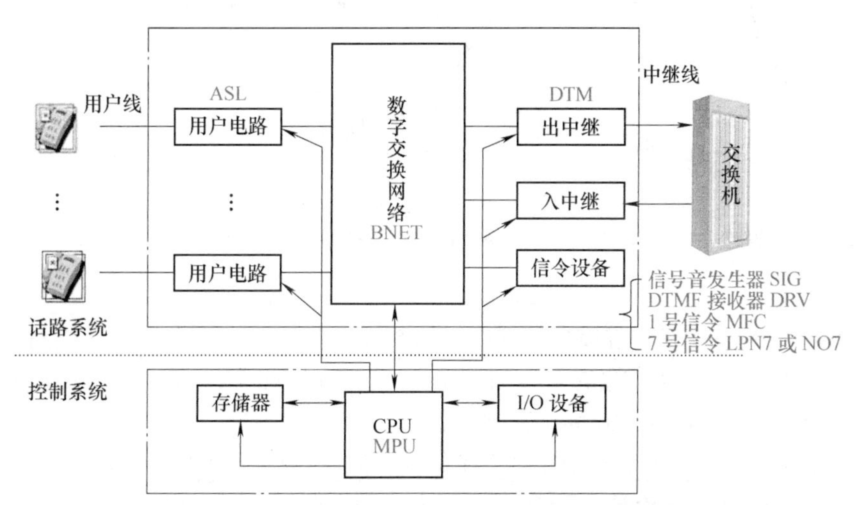

图 2-17　数字程控交换机硬件构成与 C&C08 单模块交换机之间的对应关系

那么 C&C08 交换机的具体结构又如何？

C&C08 交换机是华为技术有限公司生产的大容量数字程控交换设备，它采用先进的软、硬件技术，完全符合 ITIJ—T 和新国标《邮电部电话交换设备总技术规范书》的要求，具有丰富的业务提供能力和灵活的组网能力，不仅适用于 PSTN 网络本地网的端局、汇接局、长

途局等建设，也可以作为各种专用通信网中的各级交换设备。目前华为公司在中国电信广泛使用的 C&C08 交换机主要有两种型号，一为较早期的 32 模交换系统，二为 128 模交换系统。这里主要学习 32 模的 C&C08 交换机。

知识窗

C&C08 中的 C&C 是什么含义?

C&C 与 08 机的发展历程是分不开的。开始 C&C 只是代表“City & Countryside”和“Computer &Communication”，今后也许就是“China & Communication”，这也是华为的发展目标。

2.1.1 C&C08 交换机的基本结构

C&C08 交换机在硬件上采用模块化的设计思想，整个交换系统由一个管理/通信模块（AM/CM）和多个交换模块（SM）组成，如图 2-18 所示。

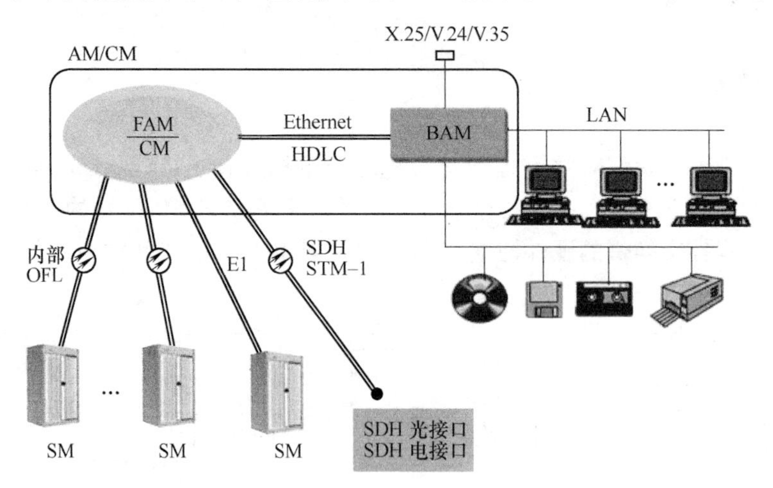

图 2-18 C&C08 交换机的总体结构

AM/CM—管理/通信模块 BAM—后管理模块 CM—通信模块 SM—交换模块 OFL—内部光纤接口

1. 管理模块（Administration Module，AM）

管理模块（AM）主要负责模块间呼叫接续管理，并提供交换机主机系统与计算机网络的开放式管理结构。AM 由前管理模块（Front Administration Module，FAM）和后管理模块（Back Administration Module，BAM）构成。

前管理模块（FAM）负责整个交接系统的模块间呼叫接续管理，各交换模块 SM 之间的接续都需要经过 FAM 转发消息。FAM 面向用户，提供业务接口，完成交换的实时控制与管理，也称主机系统或前台。主要处理话单记录、话务统计等定时性管理任务。

后管理模块（BAM）一方面提供与 FAM 的接口，另一方面采用客户机/服务器的方式提供交换系统与开放网络系统的互联。BAM 硬件上是一台工控机或服务器，可以是内置式（与 FAM/CM 在同一机架中），也可以是外置式，并通过 Ethernet 接口与 FAM 直接相连，它是 C&C08 交换机与计算机网相连的枢纽。此外 BAM 还提供以太网接口，可接入大量的工作站，并提供 V. 24/V. 35/RS-232 接口与网管中心相连，如图 2-19 所示。BAM 面向维护者，

完成对主机系统的管理与监控，也称终端系统。BAM上装有终端系统软件，采用全中文多窗口的操作界面，操作灵活，功能完善。

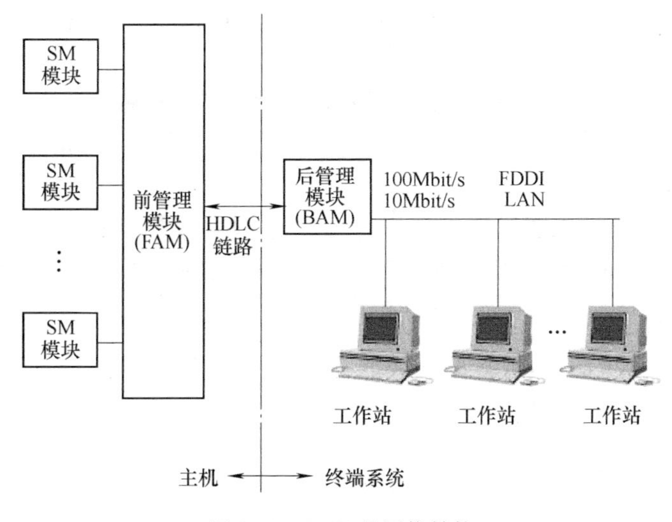

图2-19　BAM的网络结构

2. 通信模块（Communication Module，CM）

通信模块（CM）主要由中心交换网、信令交换网和通信接口组成，负责各模块间话路和信令链路的接续。SM模块间进行话路接续时需要经过模块间的信令链路传递消息，此消息称为内部信令，例如被叫号码、应答信号等，以区别于局间信令。AM、CM功能上可分，物理上不可分，在硬件上将FAM和CM做在一起，记为FAM/CM。

3. 交换模块（Switching Module，SM）

交换模块（SM）是C&C08交换机的核心，它提供分散数据库管理、呼叫处理、维护操作等各种功能。SM配有各种接口（用户线接口、中继线接口），是具有独立交换功能的模块，可实现模块内用户呼叫接续及交换的全部功能。在小容量情况下，SM可以单模块成局；SM也可以挂接在AM/CM下，组成多模块局，由AM/CM的中心交换网完成SM间的信息交换。根据下挂SM模块的多少，可将C&C08交换机分为32模和128模。

多模块局与单模块局的结构如图2-20所示。为便于对多个模块进行管理，需对所有模块全局统一编号。AM固定编为0，SM从1开始编号，SM做单模块局时固定编号为1。

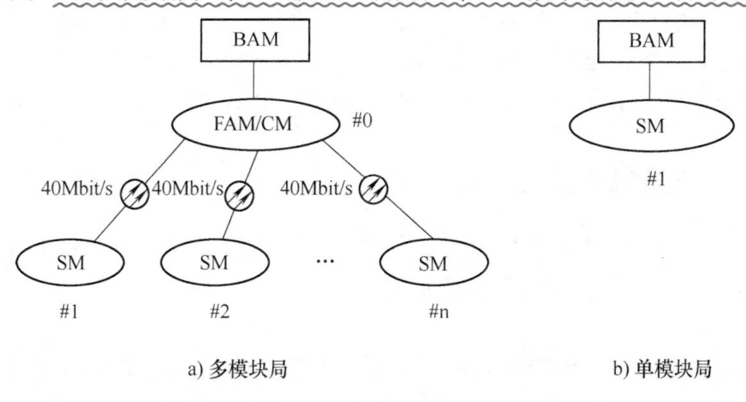

图2-20　多模块局与单模块局的结构

根据 SM 所提供的接口可以把 SM 分为用户交换模块（USM）、纯中继模块（TSM）和用户中继混装模块（UTM）三种。USM 只提供用户接口，不能用作单模块局；TSM 只提供中继接口，可以用作单模块局，但只能作为汇接局；UTM 提供用户和中继两种接口，可用作单模块局。

另外，按照与 AM/CM 距离的不同，SM 还存在远端交换模块。

注意

虽然 SM 是具有独立交换功能的模块，可实现模块内用户呼叫接续及交换的全部功能，实现单模块成局时不需要接 FAM/CM，但由于要完成对主机系统的管理与监控，就一定需要配 BAM。认识单模块局与多模块局的区别，有助于后续进行硬件数据配置。

通过以上的学习我们对 C&C08 交换机的各个模块有了大致的了解，那么这些模块之间是如何连接的呢？

2.1.2 模块之间的连接

从图 2-18 中可以得出，AM/CM 和 SM 之间的接口包括 40Mbit/s 光纤接口、SDH 接口（155Mbit/s 或 622Mbit/s）、E1 接口（2Mbit/s）。

通信模块 CM 与交换模块 SM 之间由 2 对主/备用或负荷分担的 40Mbit/s 光纤连接，其中：

1）32Mbit/s——传话路（16 条 2Mbit/s 共 512 个时隙，作为语音通道）。

2）2Mbit/s——传信令（模块间通信信息）。

3）2Mbit/s——传同步。

4）4Mbit/s——作检错、纠错开销。

前管理模块（FAM）和后管理模块（BAM）之间由 2 条 HDLC 高速链路连接。

BAM 与维护终端之间采用双绞线连接。

知识窗

什么是 HDLC？

HDLC（High Level Data Link Control）即高级数据链路控制，简单地说，就是一种数据链路协议，它保证在数据链路层中相邻节点间数据帧的可靠传送，HDLC 的物理通路是怎样的？

在 C&C08 交换机中，HDLC 的物理通路是 HW（High Way），即 HDLC 是在 HW 中传送的，HW 是交换网络的母线，带宽为 2Mbit/s（含 32 个 TS），在交换机中用来传送所有需要交换的信息，例如语音、信令等等，HW 的概念在以后的学习中会经常提到，请注意。

2.1.3 C&C08 交换机的层次结构

如图 2-21 所示，C&C08 交换机在硬件上具有模块化的层次结构。整个硬件系统可分为 4 个等级：单板、功能机框、模块和交换系统。

1. 单板

单板是 C&C08 交换系统的硬件基础，是实现交换系统功能的基本组成单元，如图 2-22 所示。C&C08 交换机的所有单板均采用插拔式的机械结构，由 PCB 板（印制电路板）和单

板附件（包括上扳手、下扳手、弹性锁定钩针、拉手条、单板插头等）组成。

2. 功能机框

当安装有特定母板的机框插入多种功能单板时就构成了功能机框，如 SM 中的主控框、用户框、中继框等。机框是构成模块的基础，其作用是将各种单板组合起来构成一个独立的单元。在 C&C08 交换机中，不同的机框有不同的功能用途。如在 AM/CM 中，机框的种类主要有时钟框、通信控制框、传输接口框等；在 SM 中，机框的种类主要有时钟框、主控框、数字中继框、模拟中继框、用户框等。

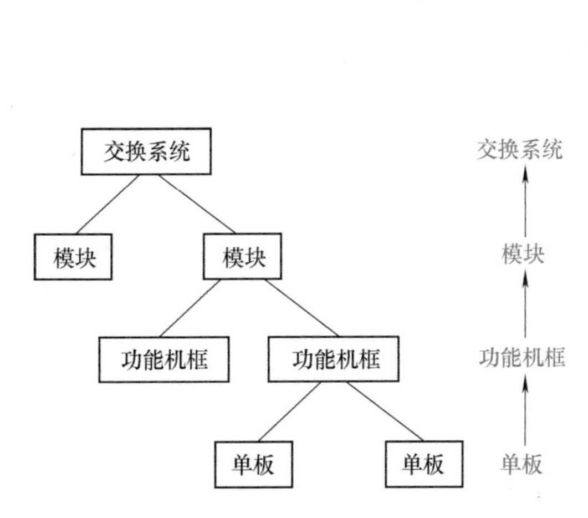

图 2-21　C&C08 交换机模块化的层次结构

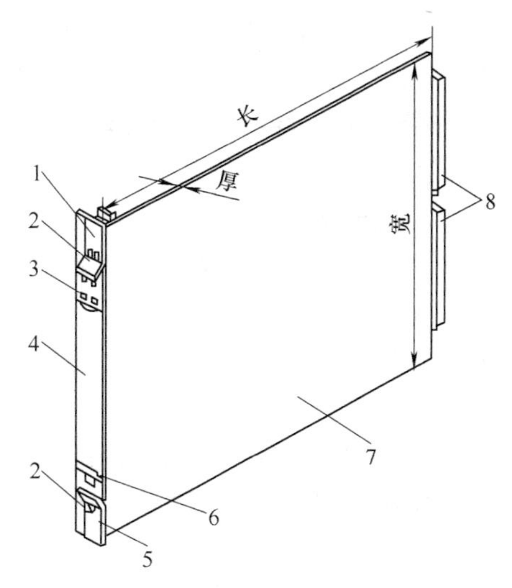

图 2-22　单板结构示意图

1—上扳手　2—弹性锁定钩针　3—指示灯　4—拉手条
5—下扳手　6—板名　7—PCB 板　8—单板插头

如图 2-23 所示，C&C08 交换机的所有机框均采用推拉式的机械结构，由插箱（包括上前梁、上后梁、下前梁、左侧板、右侧板、滑道等）和母板（位于机框的背面，图中未标出）组成，不同的母板和插箱组装在一起，即可构成不同种类的机框。

C&C08 交换机的大部分机框的外形尺寸是一样的，均为如图 2-23 所示的标准机框，其高度只能插标准单板。少数机框（如 AM/CM 的传输接口框、SM 的主控框）则由两个标准机框组成，不仅可以插标准单板，而且还可以插非标准单板，如占用两个机框高度的 CTN 板、BNET 板、CKV 板等。

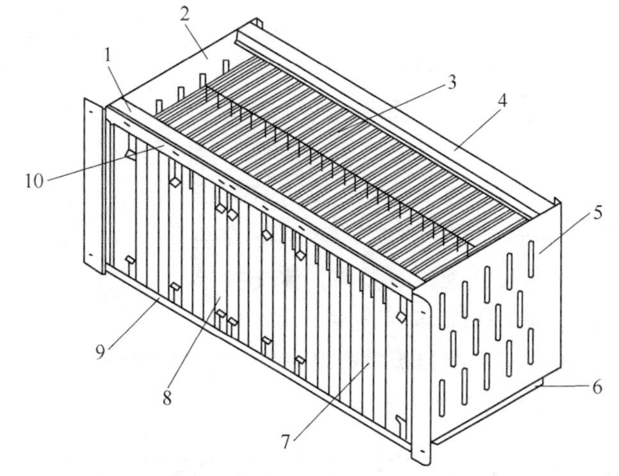

图 2-23　机框结构示意图

1—上前梁　2—左侧板　3—滑道　4—上后梁　5—右侧板
6—机框滑道　7—假拉手挡板　8—单板　9—下前梁　10—板名条板

机框是单板的载体，单板都垂直插在机框背后的母板上，同一插箱里的电路板之间通过母板内的印制线相连，因此极大地减少机框背后的连线，提高了整机工作的可靠性。

每个机框可容纳26个标准槽位，槽位编号从左至右依次为0～25。机框的前面有两条凹槽，上面较宽的用于贴板名条，下面较窄的用于贴槽位条。

一个机架包含6个机框，机框编号从0开始由下向上，由近及远，在同一模块内统一编号。

机架的主要作用是放置设备（包括单板、机框、服务器等），并起到屏蔽、防护、防尘等作用。C&C08交换机的机架从用途上来分主要有交换设备机架、BAM机架和直流配电机架三种。

1）交换设备机架主要用于固定单板、机框、风扇、工控机等设备。

2）BAM机架中主要用于放置BAM服务器组件，如服务器、逆变器等。

3）直流配电机架主要用于－48V直流电源的分配和地线的汇接，提供电源输入母排、电源输出端子以及地线汇接母排等。

3. 模块

单个功能机框或多个功能机框的组合就构成了不同类别的模块，如交换模块SM由主控框、用户框（或中继框）等组合而成。

4. 交换系统

不同的模块按需要组合在一起就构成了具有丰富功能和接口的交换系统，各模块可以独立实现特定功能。

图2-24就是按照模块化层次结构进行硬件配置的一种硬件结构示意图。

这种模块化的层次结构具有以下优点：

1）灵活方便系统的安装、扩容和新设备的增加。

2）通过更换或增加功能单板，可灵活适应不同信令系统的要求，处理多种网上协议。

3）通过增加功能机框或功能模块，可方便地引入新功能、新技术，扩展系统的应用领域。

例如：对于小规模扩容，若不必增加交换模块，只需增加用户框，接入预留的节点通信线和交换网HW线即可；若需增加新的交换模块，该交换模块可单独装配，不影响其他交换模块，只需在管理/通信模块（AM/CM）中增加一对光接口板并通过光纤链路与该交换模块SM连接在一起即可。C&C08的平滑扩容如图2-25所示。

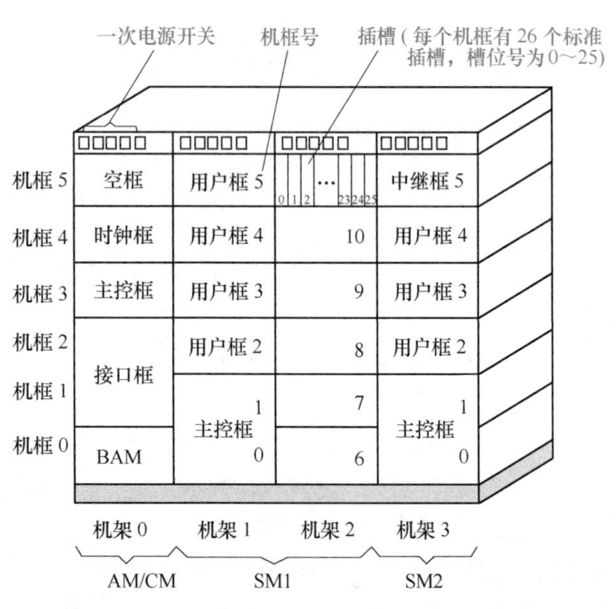

图2-24　C&C08交换机模块化的硬件结构示意图

2.1.4　C&C08交换机的机框和单板

通过学习，我们了解到C&C08系统由一个管理/通信模块（AM/CM）和多个交换模块（SM）组成，根据C&C08交换机硬件的层次结构，我们又了解到模块由机框组成，而机框中又

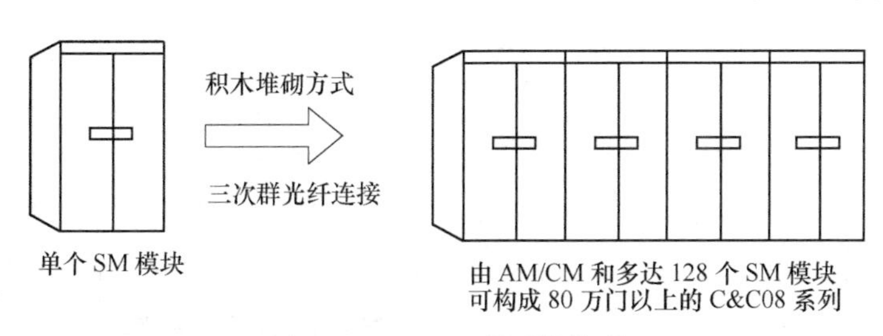

图2-25　C&C08的平滑扩容

包含有单板。那么管理/通信模块（AM/CM）和交换模块（SM）的机框与单板的构成又如何呢？

1. 管理与通信模块（AM/CM）的机框和单板

管理与通信模块（AM/CM）是C&C08交换机的枢纽部件，由管理模块（AM）和通信模块（CM）组成，主要提供模块间呼叫接续管理、各模块间话路和信令链路的接续功能。以32模块C&C08交换机为例，它由通信控制单元、中心交换网络和传输接口单元三个部分组成。通信控制单元由通信控制板（MCC）和信令交换板（SNT）构成，实现对整个系统的管理和控制，并完成模块间的信令交换；中心交换网络包括中央交换网板（CTN）及其控制电路，可提供16384×16384时隙的时分交换；传输接口单元主要包括了光电转换板（FBC）和16路E1（2Mbit/s）接口板（E16），分别提供40.96Mbit/s光纤接口和标准E1接口，用于实现与交接模块（SM）的互连。

管理与通信模块（AM/CM）包括四类机框，即通信控制框、接口框、时钟框和BAM框（内置式BAM）。

（1）通信控制框　通信控制框用于实现AM/CM与SM间的话路信令交换，并提供通信控制功能，其板位情况如图2-26所示。

00	01	02	03	04	05	06	07	08	09	10	11	12	13	14	15	16	17	18	19	20	21	22	23	24	25
		PWC		ALM	MCC11	MCC10	MCC09	MCC08	MCC07	MCC06	MCC05	MCC04	MCC03	MCC02	MCC01	MCC00				SNT1	SNT0	PWC			

图2-26　通信控制框的单板配置图

- PWC——二次电源板

一次电源完成交流220V到直流－48V的转换，二次电源完成－48V到±5V的转换。

二次电源板共有三种类型，分别是PWS、PWC和PWX。其中，PWS可产生＋5V/60A的输出；PWC可产生＋5V/20A的输出；PWX可产生＋5V/10A和－5V/10A的输出，同时还可以输出75V/25Hz铃流信号。

PWC板侧面有2个开关，上面1个为－48V电源输入开关“ON/OFF”，正常工作时置为“ON”；下面1个为告警音开关，正常工作时置为“ALM”，当没有电源输出时，PWC板会发出急促的告警音。

PWC板的结构和指示灯含义如图2-27所示。

- ALM——告警板

完成告警信息的收集和处理等功能。

- MCC——通信控制板

灯名	颜色	含义	说明	正常状态
VIN	红	48V 输入指示灯	亮表示有 -48V 输入；灭表示无电源输入	亮
VA0	绿	+5V A模块工作指示灯	亮表示正常；灭表示故障	亮
VB0	绿	+5V B模块工作指示灯	亮表示正常；灭表示故障	亮
FAIL	黄	故障告警指示灯	亮表示正常；灭表示故障	灭

图 2-27　PWC 板的结构和指示灯含义

MCC 板按功能和位置分为 MCCM（MCC 主板）和 MCCS 两种。MCCM 作为 AM/CM 主处理机，经 SNT 实现对 BAM、时钟同步单元和 ALM 的通信与控制；MCCS 经 SNT 与传输接口单元配合实现 AM/CM 与 SM 之间通信。MCC 板的结构和指示灯含义如图 2-28 所示。

灯名	颜色	含义	说明	正常状态
RUN	红	运行指示灯	1s 闪 1 次表示正常；与 LOAD 灯同时 1s 闪 2 次表示正在加载；与 M/R 和 LOAD 灯一起常亮表示准备加载	1 秒闪
M/R	绿	主 / 备指示灯	亮表示主用 MCCM；灭表示备用 MCCM	亮 / 灭
LKS	绿	链路指示灯	亮表示链路通信正常；灭表示链路通信未连接	亮
MBS	绿	邮箱操作指示灯	快闪表示正进行邮箱操作；灭表示未进行邮箱操作	灭
LOAD	绿	加载指示灯	加载时与 RUN 灯同时 1s 闪 2 次，未进行加载时灭	灭

图 2-28　MCC 板的结构和指示灯含义

● SNT——信令交换网板

SNT 板是 AM/CM 的信令交换中心，用以完成各模块间控制信息的交换，并为主机向各个模块加载提供通道。它具有 2048 ×2048 时隙交换能力，提供一条与 MCC 板相连的 HDLC 链路。

SNT 板的结构和指示灯含义如图 2-29 所示。

RUN
M/R
EXCLK0
EXCLK1
LKS
ON
SNT

灯名	颜色	含义	说明	正常状态
RUN	红	运行指示灯	1s 闪 1 次表示正常运行；1s 闪 2 次表示 BIOS 已运行，尚未加载	1s 闪
M/R	绿	主备用指示灯	亮表示本板主用；灭表示备用	亮 / 灭
EXCLK0	绿	时钟指示灯	亮表示 0 号时钟主用	亮 / 灭
EXCLK1	绿	时钟指示灯	亮表示 1 号时钟主用	亮 / 灭
LKS	绿	链路指示灯	亮表示至 MCCM 链路故障；灭表示至 MCCM 链路正常。	灭

图 2-29　SNT 板的结构和指示灯含义

（2）接口框　接口框用于连出光纤和电缆，实现 AM/CM 与 SM 间信令等控制信息的传输，它上下占用 2 个机框，其板位情况如图 2-30 所示。

00	01	02	03	04	05	06	07	08	09	10	11	12	13	14	15	16	17	18	19	20	21	22	23	24	25
PWC		FBC000	FBC001	FBC002	FBC003	FBC004	FBC005	FBC006	FBC007		CTN0		CTN1			FBC016	FBC017	FBC018	FBC019	FBC020	FBC021	FBC022	FBC023	PWC	
PWC		FBC008	FBC009	FBC010	FBC011	FBC012	FBC013	FBC014	FBC015							FBC024	FBC025	FBC026	FBC027	FBC028	FBC029	FBC030	FBC031	PWC	

图 2-30　接口框的单板配置图

- FBC——光电转换板

FBC 板接收 SM 送往 AM/CM 的 40.96Mbit/s 光信号，并将其变为电信号后送往 FBI 板进行处理；反之，FBC 板把 FBI 板送来的 40.96Mbit/s 电信号转换成光信号送入光纤。

FBC 板必须与 FBI 板配合使用，如图 2-31 所示。

- FBI——光纤接口板

FBI 板是两路光接口板，为 AM/CM 与 SM 间交换信息提供高速数据通道。FBI 板的结构和指示灯含义如图 2-32 所示。

- CTN——中心交换网板

CTN 板是 C&C08 交换机的中心交换网络，可完成模块间的接续，为各模块提供通话的桥梁。CTN 板的结构和指示灯含义如图 2-33 所示。

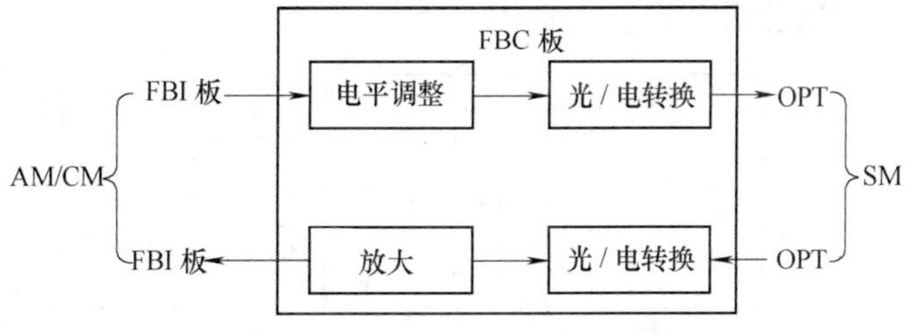

图 2-31　FBI 与 FBC 板之间的关系

灯名	颜色	含义	说明	正常状态
RUN	红	运行指示灯	2s 闪 1 次表示正常	2s 闪
NOD	绿	节点通信指示灯	亮表示选同组 0# 主节点通信；灭表示选同组 1# 主节点通信；快闪表示通信失败	亮 / 灭
ACT1/ACT2	绿	第一 / 二条光路主备用指示灯	亮表示主用；灭表示备用	亮 / 灭
RNL1/RNL2	绿	第一 / 二条光路收无光指示灯	亮表示无光；灭表示有光	灭
LFA1/LFA2	绿	第一 / 二条光路失步指示灯	亮表示失步；灭表示同步	灭
BER1/BER2	绿	第一 / 二条光路误码指示灯	亮表示有误码；灭表示无误码	灭
RMT1/RMT2	绿	第一 / 二光路对端 (OPT) 故障指示灯	亮表示故障；灭表示正常	灭
LLP1/LLP2	绿	第一 / 二条光路自环指示灯	亮表示自环；灭表示正常	灭
FLP1/FLP2	绿	与第一 / 二条光路相连的 OPT/OLE 自环指示灯	亮表示自环；灭表示正常	灭
LOF	绿	时钟检测指示灯	亮表示时钟丢失；灭表示正常	灭

图 2-32　FBI 板的结构和指示灯含义

灯名	颜色	含义	说明	正常状态
RUN	红	运行指示灯	慢闪表示正常；快闪表示加载	闪
ACT	绿	主备指示灯	亮表示主用；灭表示备用	亮 / 灭
ENA	绿	故障指示灯	亮或闪表示故障；灭表示正常	灭
CK0	绿	第一组时钟指示灯	亮表示选用第一组时钟；灭表示未选用第一组时钟	亮 / 灭
CK1	绿	第二组时钟指示灯	亮表示选用第二组时钟；灭表示未选用第二组时钟	灭 / 亮

图 2-33　CTN 板的结构和指示灯含义

（3）时钟框　时钟框可为系统提供所需的时钟信号。

时钟框分为新时钟框和旧时钟框，这里只给出了新时钟框，如图 2-34 所示，时钟框包括二次电源板 PWC、时钟板 CKS。

00	01	02	03	04	05	06	07	08	09	10	11	12	13	14	15	16	17	18	19	20	21	22	23	24	25
PWC				CKS0		CKS1				PWC															

图 2-34　新时钟框的单板配置图

CKS是交换机时钟系统的基准时钟源产生板。该板的主要功能在于：跟踪外部基准信号，过滤外基准的抖动、漂移等，使其本身输出的定时信号具有高的频率准确度和稳定度，为交换机提供一个优良的时钟源。

2. 交换模块（SM）的机框和单板

交换模块SM是C&C08交换系统的核心部件，主要用于实现模块内用户的呼叫及接续，并配合AM/CM完成模块间信息的交换。SM还提供分散数据库管理、呼叫处理、维护操作等功能。在功能上SM独立于AM/CM，对外提供各种接口，如用户线接口、中继线接口等，可以单独组成交换局。

SM模块可以安装以下几种功能框：

1）主控框：每个SM必须配1个主控框。

2）中继框：可分为AT（模拟中继）框和DT（数字中继）框。根据交换情况，每个SM配备1~2数字中继框，AT框为非标准设备，在需要时选配。

3）用户框：每个SM模块根据情况配1~22个，在纯中继模块中不配。

4）时钟框：SM作单模块局时不再经过光接口从AM/CM提取时钟，因此需要配置时钟框且时钟框只能配置在其机架中，当然从成本上考虑时钟框可以作为选配项；如果SM作为下挂模块配合AM/CM使用，则时钟系统配置在AM/CM所在的机架中。

5）BAM框：安装内置式BAM的机框。当SM作单模块局时，必须配BAM框，当然也可配置外置BAM。

（1）主控框　主控框是交换模块的控制中心和话路中心，负责整机的设备管理和接续控制。它占用上下两个框位，满配时的板位情况如图2-35所示。

0	1	2	3	4	5	6	7	8	9	10	11	12	13	14	15	16	17	18	19	20	21	22	23	24	25
PWC		NO	NOD	NOD	NOD	NOD	NOD	EMA		MPUA	CKV	BNET	CKV	BNET		MEM	MFC	MFC	MFC	MFC	MC2	MC2	ALM	PWC	
PWC		NOD	NOD	NOD	NOD	NOD	SIG	SIG		MPUB						MEM	MFC	MFC	LAP	LAP	OPT	OPT	TCI	PWC	

图2-35　SM主控框的单板配置图

- PWC——二次电源板

一次电源完成交流220V到直流-48V的转换，二次电源完成-48V到+/-5V的转换。

SM主控框共有4个PWC槽位，一般全插上。4块电源板互为热备份，有1块开工即可为两框供电。

- BNET——模块内交换网板

主控框共有2个BNET槽位，BNET板体积较大，占用上下两框的位置。

2 块 BNET 板处于主备用热备份状态，一般开机默认左边的 BNET 板为主用。

BNET 板是 SM 自身控制、维护通信链路的交换中心，同时也是语音通信和数据通信的交换中心，信令和话路的交换都是在 MPU 板的监控下利用网板资源实现的。

BNET 板是一个 4096×4096 时隙的单 T 交换网，提供 128 条 HW，其中 64 条固定分配给系统资源，另 64 条自由分配给用户和中继。另外，BNET 板提供本框（OPT 除外）及用户框、中继框的工作时钟，并支持 64 方会议电话。

BNET 板的结构和指示灯含义如图 2-36 所示。

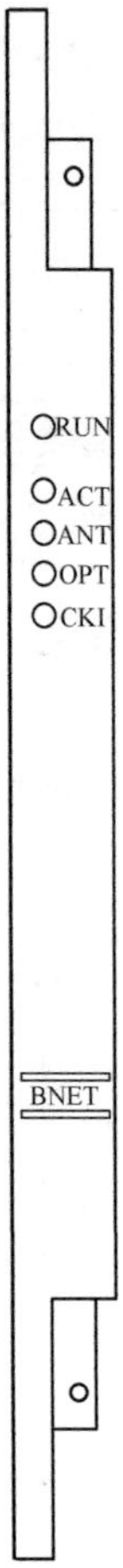

灯名	颜色	含义	正常状态
RUN	红	网板自检正常及 FSK 工作指示灯，正常时 1s 亮 1s 灭	闪
ACT	绿	主/备用指示灯，灯亮表示本板主用，灭表示本板备用	亮/灭
ANT	绿	另一网板在位指示灯，亮表示两板均在位，灭表示一板在位	亮/灭
OPT	绿	OPT 与 CKI 组合表示网板的时钟模式，灭表示网板锁相本板时钟	灭
CKI	绿	OPT 与 CKI 组合表示网板的时钟模式，灭表示网板锁相本板时钟	灭

RUN
ACT
ANT
OPT
CKI
BNET

图 2-36　BNET 板的结构和指示灯含义

- CKV——B 模块时钟驱动板

CKV 为主控框时钟驱动板，用于驱动主控框至各功能单元（用户框、中继板）的差分时钟。

CKV 板上无 CPU，全是驱动器件，因此 CKV 板无法报出故障等状态，也无需配置数据。通常 CKV 板被当做 BNET 板的一部分，CKV 的状态与 BNET 的状态一致，即 BNET 故障，CKV 也故障；BNET 正常，CKV 也正常。同时，只有 BNET 板或 CKV 板无法实现正常功能。

- MPU——主处理机板

MPU 为主处理机板，2 块 MPU 板处于主备用热备份状态，1 个位于上框，1 个位于下框，上框的 MPU 也称作 A 机，即 MPUA，下框的 MPU 也称作 B 机，即 MPUB，一般开机默

认上框的 MPUA 为主用。

MPU 板是模块内的中央处理单元，负责对 SM 的各类设备进行控制，采用高档 CPU 处理模块内的上报信息，控制各从节点动作，完成交换的功能。

MPU 板上有 32/64MB DRAM（内存，是 CPU 运行程序和数据的载体）、3.5MB 数据 Flash Memory 和 2MB 程序 Flash Memory。Flash Memory 为闪烁快速存储器（简称闪存），用于存储主机程序和数据。其特点是存取速度快，可在线擦写，带电池保护，掉电后不丢失所存储的程序和数据。

主机程序和数据的加载方式有两种：

其一，SM 作单模块局时通过 BAM 加载：BAM→DRAM；SM 作多模块局时通过 AM/CM 加载：BAM→AM/CM→DRAM，速度慢。

其二，如将 DRAM 中的程序和数据写入 Flash Memory 中，这样掉电后可选择从 Flash Memory 中加载程序和数据到 DRAM 中，这要比从 BAM 加载快很多，能够迅速恢复运行。

MPU 板的结构和指示灯含义如图 2-37 所示。

灯名	颜色	含义	说明	正常状态
RUN	红	运行指示灯	闪表示正常运行	闪
MUI	黄	主用指示灯	亮表示本板作主用	亮/灭
BUI	绿	备用指示灯	亮表示本板作主用	灭/亮
DPE	黄	数据存储器写保护灯	它受主机板上第 5 个拨码开关控制，当此开关置于 on 状态时，此灯亮，否则灭。其含义是指主机程序可以将数据备份到数据闪存中去	亮/灭
DWR	绿	数据存储器写进行灯	亮表示主机程序正在向数据闪存中写入数据。闪表示主机程序向数据闪存中写入数据未能成功	灭
PPE	黄	程序存储器写保护灯	它受主机板上第 6 个拨码开关控制，当此开关置于 on 状态时，此灯亮，否则灭。其含意是指 BIOS 可以将程序备份到程序闪存中去	灭
PWR	绿	程序存储器写进行灯	亮表示 BIOS 正在将程序备份到程序闪存中去	灭
LAD	黄	加载灯	亮表示主机处于等待加载状态；闪表示主机处于加载过程中。加载成功完成后，BIOS 会灭掉此灯，否则点亮此灯再次请求加载	灭

图 2-37　MPU 板的结构和指示灯含义

MPU 板侧面有 2 个拨码开关 SW1 和 SW2，SW1 为 8 位拨码开关，SW2 为 4 位拨码开关，如图 2-38 所示。

注意

交换机正常工作时 SW1 开关设置为：SW1-2、SW1-3、SW1-4 置为 ON，并在维护台设置 MPU 板的软开关为程序/数据可用、程序不可写、数据可写。

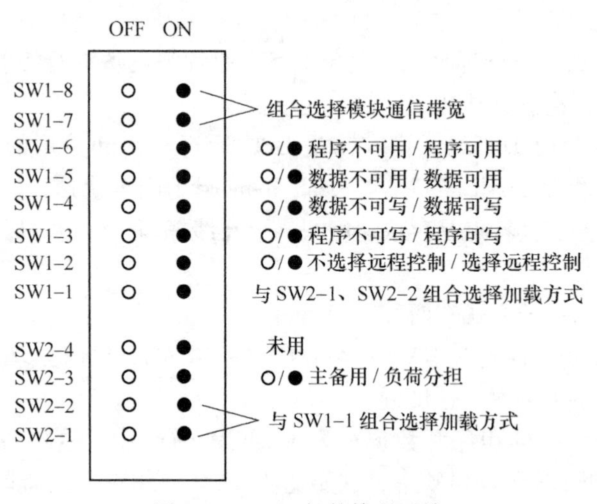

图 2-38　MPU 板的拨码开关

- EMA——双机倒换板

EMA 负责 2 块 MPU 之间的通信，裁决哪块是主用板，并控制其间的倒换，为双机提供数据备份通路和监视主备机运行状态。通常 EMA 板开机默认 MPUA 为主用，MPUB 为备用。

EMA 板的结构和指示灯含义如图 2-39 所示。

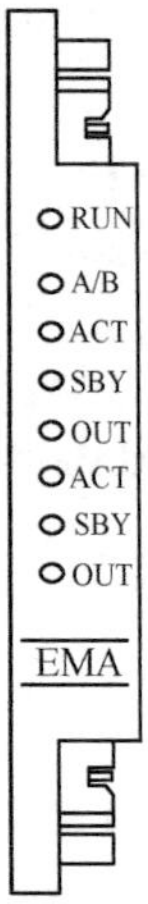

灯名	颜色	含义	说明	正常状态
RUN	红	运行指示灯	2s 闪 1 次表示正常	2s 闪
A/B	绿	主用机指示灯	亮表示 A 机主用；灭表示 B 机主用	亮 / 灭
ACT	绿	A 机主用灯	亮表示 A 机主用	亮 / 灭
SBY	绿	A 机备用灯	亮表示 A 机备用	灭 / 亮
OUT	绿	A 机离线灯	亮表示 A 机离线；灭表示 A 在线	灭
ACT	绿	B 机主用灯	亮表示 B 机主用	灭 / 亮
SBY	绿	B 机备用灯	亮表示 B 机备用	亮 / 灭
OUT	绿	B 机离线灯	亮表示 B 机离线；灭表示 B 在线	灭

图 2-39　EMA 板的结构和指示灯含义

- NOD——主节点板（通信节点板）

NOD 是模块内通信主控制节点（简称主节点）的英文缩写，负责 MPU 与用户框、中继框内单板间的通信。

主控框共有 11 个 NOD 槽位，上框有 6 个，下框有 5 个。一般从上框 2 号槽位开始插，插满上框就从下框 2 号槽位开始插。NOD 板的数量根据模块容量来进行配置。每块 NOD 板提供 4 路主节点，每路主节点包括 1 个邮箱、1 个 CPU、1 个串口。主节点与 MPU 之间以邮箱方式通信，与各从节点（用户框设备、中继框设备）之间以广播方式通过串口通信，可访问多个从节点。主节点转发 MPU 给各从节点的命令，并向 MPU 上报各从节点的状态，是 MPU 与用户设备、中继设备间通信的桥梁。SM 中的 44 个主节点可以通过人工配线来自由

分配给用户框设备和中继框设备。

NOD 板的结构和指示灯含义如图 2-40 所示。

灯名	颜色	含义	说明	正常状态
RUN	红	运行指示灯	亮表示正常	亮
NOD0	绿	0 号主节点运行指示灯	2s 闪 1 次表示正常	2s 闪
NOD1	绿	1 号主节点运行指示灯	2s 闪 1 次表示正常	2s 闪
NOD2	绿	2 号主节点运行指示灯	2s 闪 1 次表示正常	2s 闪
NOD3	绿	3 号主节点运行指示灯	2s 闪 1 次表示正常	2s 闪

RUN
NOD0
NOD1
NOD2
NOD3
NOD

图 2-40　NOD 板的结构和指示灯含义

知识窗

为什么在 MPU 与用户设备/中继设备间使用 NOD 板?

MPU 板中的 CPU 处理速度快，用户/中继各单板中的 CPU 处理速度慢，信息量少，单独布线直连不经济，使用 NOD 板提高了 CPU 的效率，节省了通信资源，MPU 板与同框的 NOD、SIG、BNET、MEM、MFC、MC2 等单板通过主控框母板上的总线通信。

- SIG——数字信号音板

主控框共有 2 个 SIG 槽位，都位于下框，2 块 SIG 板处于主备用热备份状态，一般开机默认左边的 SIG 板为主用。

C&C08 交换机在接续过程中，需要向用户提供各种信号音，包括接续提示音（如拨号音、忙音）、辅助代答、新业务提示，以及报时、天气预报等语音信号。上述各类语音所需的全部数字信号由数字信号音板 SIG 产生，而对应的模拟信号则由其他电路转换生成。

SIG 板提供 64 路信号音，其中 32 路可以录音，在 32 路中只有 4 路开放给用户，每路最长可录 64s。

SIG 板的结构和指示灯含义如图 2-41 所示。

- MEM——存储板

MEM 板本质上是一台工控机，能存储大量话单，并在 C&C08 数字程控交换系统作为智能交换平台时提供计算机网络接口。

主控框共有 2 个 MEM 槽位，1 个位于上框，1 个位于下框。2 块 MEM 板之间可以负荷分担方式工作，也可以主备用方式工作，具体方式由软件决定。因为 MEM 板用于智能网中存储大量话单和提供大数据量的智能业务，通常情况下用不到此板。

- MFC——多频互控板

主控框共有 8 个 MFC 槽位，4 个位于上框，4 个位于下框（图 2-35 中为了表示这 8 个

灯名	颜色	含义	说明	正常状态
RUN	红	运行指示灯	慢闪表示工作； 快闪表示未工作	慢闪
W/B	绿	主备用指示灯	亮表示主用；灭表示备用	亮/灭
REC	绿	录音指示灯	亮表示正在接收加载数据； 快闪（0.1s亮，0.1s灭）表示正在写Flash	灭

图2-41　SIG板的结构和指示灯含义

槽位的兼容性，其中6个槽位插入MFC板，另两个插入LAP板）。MFC板、NO7板、LAP板、DTR板槽位兼容。

当本模块的中继使用一号信令时，需要在MFC槽位插MFC板。MFC板为多频互控板，完成多频互控信号的接收和发送。

MFC板的结构和指示灯含义如图2-42所示。

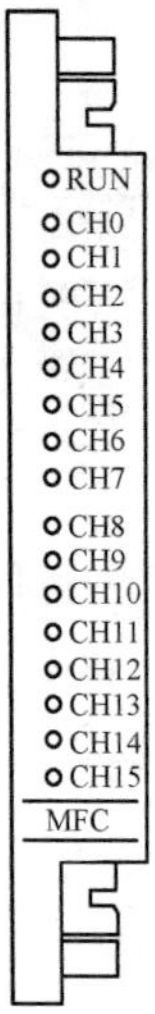

灯名	颜色	含义	说明	正常状态
RUN	红	运行指示灯	2s闪1次表示正常	闪
CH0～CH15	绿	信道指示灯	占用时亮，释放时灭	闪

图2-42　MFC板的结构和指示灯含义

- LAP——协议处理板

LAP板为协议处理板（信令处理板）的统称，主要功能是完成数据链路层的协议处理，LAPN7、LAPV5、LAPPHI、LAPPRA、LAPMC2等统称为LAP板。

当本模块的中继使用七号信令、PRA接口、V5接口或PHI接口时，需要在MFC槽位插NO7板或LAP板；当本模块的中继使用V5接口时，除了需要LAP板提供协议支持外，还需要在MFC槽位插DTR板来接收接入网用户的双音拨号。DTR为双音收号板，从V5TK提取接入网用户所拨的双音频信号，供CPU分析进行呼叫处理。

通过配不同的单板软件，LAP可以配置成以下6种单板：

1）LAPN7：公共信道信令处理板（七号信令处理板），每板4路信令链路（Link），与

TUP 板或 ISUP 板配合使用。需要注意的是，NO7 板同为七号信令处理板，与 TUP 板配合使用，但其每板只提供2路信令链路（Link）。

2）LAPV5：V5 协议处理板，提供8路协议处理，可支持8组 V5.2 接口（每组1~16条 El）。

3）LAPPHI：PHI 协议处理板，每板16路协议接口，与 PHI 板配合使用。

4）LAPPRA：PRA 协议处理板，用于处理 ISDN 30B + D 协议，该板可同时支持8条 ISDN 30B + D链路。

5）LAPRSA：32 通道协议处理板，用作数据链路层协议处理，实现远端用户接入。

6）LAPMC2：模块通信协议处理板，128 模的 SM 使用 LAPMC2 板完成 SM 与 AM/CM 通信时的链路控制。它的槽位是固定的，插在下框的 19、20 槽位，此 2 个槽位也兼容 MFC 板、LAP 板等。需要注意的是，此时上框的 2 个 MC2 槽位为空。

LAP 板的结构和指示灯含义如图 2-43 所示。

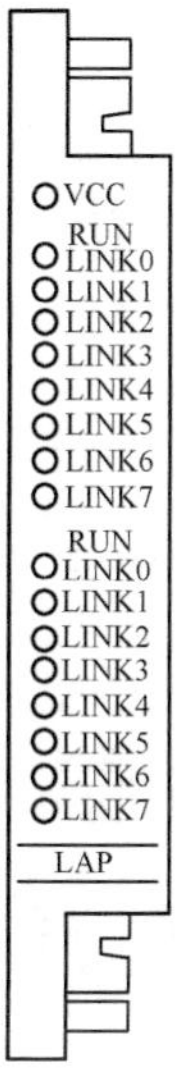

灯名	颜色	含义	说明	正常状态
VCC	红	电源指示灯	亮表示正常	亮
RUN/LINK0	绿	工作状态指示灯	2s 闪 1 次表示处理器 B 工作正常	2s 闪
LINK1～LINK4	绿	链路 1～4 状态指示灯	亮表示链路建立成功；灭表示链路断开或未配置	亮
LINK5～LINK7	绿	链路状态指示灯	未使用	灭
RUN/LINK0	绿	工作状态指示灯	2s 闪 1 次表示处理器 A 工作正常	2s 闪
LINK1～LINK4	绿	链路 5～8 状态指示灯	亮表示链路建立成功；灭表示链路断开或未配置	亮
LINK5～LINK7	绿	链路状态指示灯	未使用	灭

图 2-43　LAP 板的结构和指示灯含义

- MC2——模块通信板

32 模的 SM 使用 MC2 板与 AM/CM 通信，它的槽位是固定的，插在上框的 21、22 槽位。注意：32 模的 SM 与 128 模的 SM 最主要区别在于 LAPMC2 板。

- OPT——光接口板

它实现 SM 模块与 AM/CM 通信时的物理承载功能，每板 1 路光接口。需要注意的是：SM 作单模块局时，不需要配 LAPMC2 板和 OPT 板。

- TCI——终端控制接口板

它负责 MPU 与液晶话务台的通信，还可用来接 Centrex 呼叫中心话务台。

如果电话局不需要此功能，可不配 TCI 板。

- ALM——告警板

它完成告警信息的收集和处理等功能。单模块局时，ALM 也可用来连接时钟框或告警箱。

> 提示
>
> 为了形象理解主控框的结构和功能，将其拟人化，MPU 负责对 SM 的各类设备进行控制，属于控制中心相当于“大脑”，BNET 作为交换中心相当于“心脏”。

（2）用户框　用户框中包含用户接口电路，用来连接用户。

SM 的用户框满配时的板位情况如图 2-44 所示。

0	1	2	3	4	5	6	7	8	9	10	11	12	13	14	15	16	17	18	19	20	21	22	23	24	25
PWX		ASL	ASL	ASL	ASL	ASL	ASL	ASL	ASL	ASL	ASL	DRV	DRV	ASL	ASL	ASL	ASL	ASL	ASL	ASL	ASL	ASL	TSS	PWX	

图 2-44　用户框的单板配置图

SM 的用户框共有 19 个 ASL 槽位，2 个 DRV 槽位，插多少块 ASL 板视用户数量而定。普通用户框中 ASL 槽位可以兼容 ASL16 板、DSL 板。按每块 ASL 板 32 路模拟用户计算，一个用户框最多提供608 路用户，每块 DSL 提供 8 路数字用户线，因此，每个用户框在配 DSL 时最多提供 152 条数字用户线。

- PWX——二次电源板

-48V 直流输入，输出为直流 +5V/10A、直流 -5V/5A 和交流 75V/400mA（25Hz 铃流），可以给用户框和 RSA 框供电，给模拟用户和环路中继 AT0 提供铃流。

2 块 PWX 板互为热备份，有 1 块开工即可对整框供电。

- TSS——模拟用户测试板

TSS 板位于用户框和模拟中继框，提供对模拟用户、数字用户和 AT0（环路中继）的测试。通常相邻的两个用户框配置一块 TSS 板来对两框模拟用户进行测试。

TSS 提供如下功能：

1）内线测试：完成对模拟用户电路内线及 AT0 外线的测试。

2）外线测试：完成对模拟用户电路外线及 AT0 内线的测试。

3）终端测试：在本地特服台或 112 中心的配合下对用户话机进行边通话边测试。

4）完成告警收集和转发实时监测环境的温湿度变化。

- ASL——模拟用户板

ASL 板在 MPU 控制下完成对用户线状态的检测和上报。它是用户模块的终端电路部分，每板提供 16/32 路模拟用户线接口，每一路接口除完成基本的 BORSCHT 功能外，还提供脉冲检测、极性反转、增益调整、16KC 计费脉冲、高电压馈电和主叫线识别提供功能，接收脉冲拨号。

ASL 板的结构和指示灯含义如图 2-45 所示。

- DSL——数字用户板

DSL 槽位与 ASL 槽位兼容。

DSL 每板提供 8 路 U 接口（偶数端口），即 ISDN 的 2B + D 接口，支持 ISDN 业务。U

灯名	颜色	含义	说明	正常状态
RUN	红	运行指示灯	2s 闪 1 次表示正常	2s 闪
BSY	绿	占用指示灯	亮表示至少有一路被占用	亮

图 2-45　ASL 板的结构和指示灯含义

接口可作为 Centrex 话务台接口，每个 U 接口接一个 Centrex 话务台。2B + D 是指在一对用户线的物理通路上，同时提供 2 个双向 64kbit/s 的 B 信道（Bearer Channel）和 1 个 16kbit/s 的 D 信道（Demand Channel）。

- DRV——双音收号及驱动板

每板有 16 路双音频收号器，接收 30 路模拟用户话机所拨的双音频号码，同时为本半框用户 HW 信号、串口信号和时钟信号提供驱动。

用户框共有 2 个 DRV 槽位，一般全插上。当进行双音收号时，2 块 DRV 以负荷分担方式工作，轮流收号；当进行信号驱动时，2 块 DRV 板处于互助工作状态，正常情况下各自负责半框用户的驱动工作，如果有 1 块 DRV 不在位或发生故障，另一块 DRV 可以通过 NOD 板的配合驱动本框所有用户板。

DRV 板的结构和指示灯含义如图 2-46 所示。

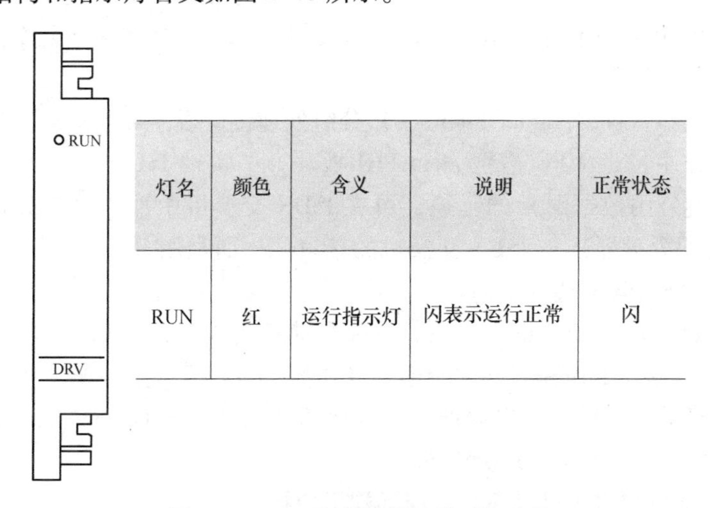

灯名	颜色	含义	说明	正常状态
RUN	红	运行指示灯	闪表示运行正常	闪

图 2-46　DRV 板的结构和指示灯含义

（3）数字中继框　数字中继框用来实现数字程控交换机之间的连接。

SM 的数字中继框的单板配置情况如图 2-47 所示，共有 16 个 DTM 槽位，插多少块 DTM

板视中继数量而定。

0	1	2	3	4	5	6	7	8	9	10	11	12	13	14	15	16	17	18	19	20	21	22	23	24	25
PWC		DTM	DTM	DTM	DTM	SET	DTM	DTM	DTM	DTM	DTM	DTM	DTM	DTM	SET	DTM	DTM	DTM	DTM					PWC	

图 2-47　数字中继框的单板配置图

- PWC——二次电源板

前面已介绍过，这里不再赘述。

- DTM——数字中继板

DTM 数字中继板，完成局间数字中继的对接。每板有 2 个 PCM 系统（E1 接口），提供 60 路数字中继。一个数字中继框共有 16 个 DTM 槽位，最多可提供 960 路数字中继。每个 SM 最多配 24 块 DTM 板，可提供 1440 条数字中继。

DTM 板与不同的信令设备配合，可支持不同的业务。通过在后台终端的数据管理系统中进行设置，可以把 DTM 设置成下列类型单板：

1）DT：当局间中继使用一号信令时，把 DTM 设置成 DT，此时需要在主控框 MFC 槽位插 MFC 板。

2）TUP：当局间中继使用七号信令且传送电话业务时，把 DTM 设置成 TUP，此时需要在主控框 MFC 槽位插 LAPN7 板或 NO7 板。

3）ISUP：当局间中继使用七号信令且传送 ISDN 业务时，把 DTM 设置成 ISUP，此时需要在主控框 MFC 槽位插 LAPN7 板。

4）V5TK：当使用 V5. 1 或 V5. 2 接口实现与接入网的对接时，把 DTM 设置成 V5TK，此时需要在主控框 MFC 槽位插 LAPV5 板和 DTR 板。LAPV5 板提供 V5. X 协议支持，DTR 板从 V5TK 提取接入网用户所拨的双音频信号。

5）PHI：PHI（Packet Handler Interface）分组处理接口板，实现交换机与分组交换网的对接，此时需要在主控框 MFC 槽位插 LAPHI 板。为了实现 ISDN（综合业务数字网）与 PSPDN（分组交换公用数据网）的互通，可在 ISDN 交换机中加入分组处理接口 PHI，由 PHI 作为 PH（分组处理器）与 ISDN 交换机的接口，从而利用 PH 与 PSPDN 可以互通的特性，达到 ISDN 与 PSPDN 互通的目的。

6）PRA：PRA（Primary Rate Access）为基群速率接入板，即 ISDN 的 30B + D 接口板，用于 ISDN 的局间连接，此时需要在主控框 MFC 槽位插 LAPRA 板。

7）IDT：内部数字中继板，以内部七号信令方式接入 SMⅡ/RSMⅡ时使用，此时需要在主控框 MFC 槽位插 NO7 板或 LAPN7 板。

8）RDT：远端用户接入接口板，实现远端用户接入。

以上 8 类单板都是由 DTM 板变换而来，它们的硬件及单板软件都完全一样，并且传输速率及传输格式也完全一样，只是交换机依据不同的后台数据设置对其作不同的处理。

DTM 板的结构和指示灯含义如图 2-48 所示。

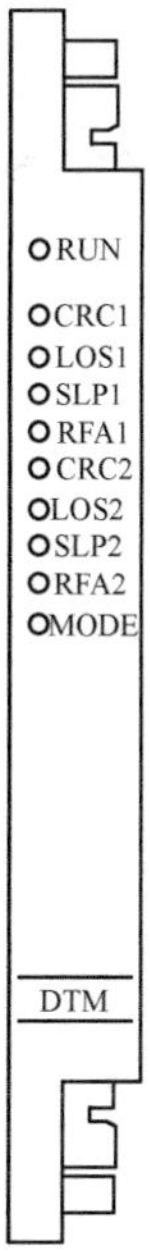

灯名	颜色	含义	说明	正常状态
RUN	红色	运行指示灯	2s 闪 1 次表示运行正常；灭表示 DTM 与 NOD 通信失败	2s 闪
CRC1	绿色	第 1 路 CRC4 检验出错指示灯	亮表示第 1 路 CRC4 检验出错；灭表示检验正常	灭
LOS1	绿色	第 1 路信号失步指示灯	亮表示第 1 路信号失步；灭表示信号正常	灭
SLP1	绿色	第 1 路信号滑帧指示灯	亮表示第 1 路信号有滑帧；灭表示信号正常	灭
RFA1	绿色	第 1 路信号远端告警指示灯	亮表示第 1 路信号远端告警；灭表示信号正常	灭
CRC2	绿色	第 2 路 CRC4 检验出错指示灯	亮表示第 2 路 CRC4 检验出错；灭表示信号正常	灭
LOS2	绿色	第 2 路信号失步指示灯	亮表示第 2 路信号失步；灭表示信号正常	灭
SLP2	绿色	第 2 路信号滑帧指示灯	亮表示第 2 路信号有滑帧；灭表示信号正常	灭
RFA2	绿色	第 2 路信号远端告警指示灯	亮表示第 2 路信号远端告警；灭表示信号正常	灭
MODE	绿色	工作方式指示灯	亮表示 DTM 工作在 CAS(1 号信令) 方式；灭表示工作在 CCS(7 号信令) 方式	灭

图 2-48　DTM 板的结构和指示灯含义

● SET——配线座

SET 是中继框 HW 线和 NOD 线的配线座，共有 2 个 SET 槽位，给各自半框 DTM 提供 HW 线和 NOD 线。该槽位不插任何单板，配以假面板。

2.2　工作任务单

2.2.1　任务描述

结合 C&C08 交换机实物，熟悉 C&C08 交换机系统结构及各组成模块的功能、机框及各组成单板板位、功能，为交换机硬件数据配置创造条件。

2.2.2　任务实施

1）请画出 C&C08 交换机的总体结构图，并说明各组成模块的功能。

2）C&C08 交换机的硬件结构有哪 4 个层次？图 2-49 是 C&C08 交换机系统的模块化层次结构图，请填空说明该层次结构。

3）画图说明单模块局与多模块局有何区别。

4）哪种模块具有独立的交换功能，可以挂接在 AM 下构成多模块局或独立构成单模块局？

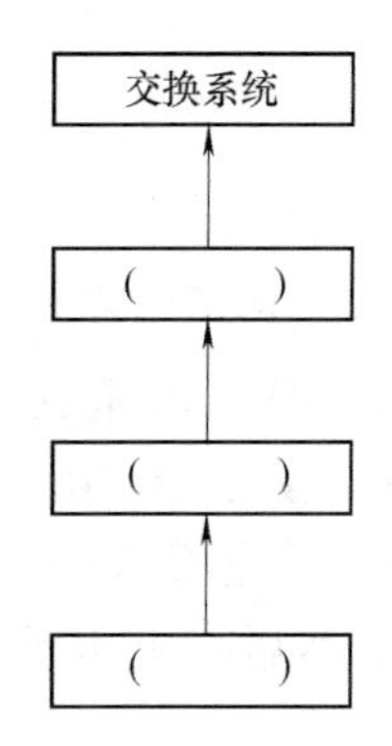

图 2-49　C&C08 层次结构

5）请说明交换模块可以包含哪些机框，各机框都包含哪些单板。

6）简述 MPU、EMA、DTM、NOD、SIG 单板的功能。

7）观察实训室 C&C08 交换机实物，对照交换机的硬件配置，说明该交换局属于单模块局还是多模块局。请陈述理由，并记录该交换机单板的实际物理配置，填写硬件配置板位图（即填写主控框、用户框、中继框等机框所配置的单板名称），如图 2-50 所示。

电源开关 □ □ □ □ □ 告警显示																									
0	1	2	3	4	5	6	7	8	9	10	11	12	13	14	15	16	17	18	19	20	21	22	23	24	25
0	1	2	3	4	5	6	7	8	9	10	11	12	13	14	15	16	17	18	19	20	21	22	23	24	25
0	1	2	3	4	5	6	7	8	9	10	11	12	13	14	15	16	17	18	19	20	21	22	23	24	25
0	1	2	3	4	5	6	7	8	9	10	11	12	13	14	15	16	17	18	19	20	21	22	23	24	25
0	1	2	3	4	5	6	7	8	9	10	11	12	13	14	15	16	17	18	19	20	21	22	23	24	25
0	1	2	3	4	5	6	7	8	9	10	11	12	13	14	15	16	17	18	19	20	21	22	23	24	25

图 2-50　C&C08 交换机硬件配置板位图

然后回答：

① 主控框中哪些单板以主备用方式工作？哪些槽位兼容？

② 用户框中有无板位兼容？

8）假设某地用户容量为 1 万线，总共需要多少块用户板？需要几个机架？

9）观察 C&C08 交换机的交流电源系统、直流电源系统、直流配电柜以及机柜馈电系统，然后按上电流程对设备进行上电操作，观察并记录交换机主要单板运行灯的变化。

2.3　自我测试

一、单项选择题

1. C&C08 交换机中 BAM 与维护终端之间以__________方式连接。

A. 光纤　　B. 以太网　　C. 双绞线　　D. E1

2. C&C08 交换机由__________个管理/通信模块和__________个交换模块构成。

A. 1，1　　B. 1，2　　C. 0，1　　D. 1，许多

3. C&C08 交换机的 AM 模块又分为__________和__________模块。

A. AM，CM　　B. FAM，CM　　C. FAM，BAM　　D. CM，SM

4. 打电话时铃流信号由以下__________单板提供。

A. SIG　　B. BNET　　C. PWC　　D. PWX

E. ASL

5. 电话拨号音由__________板提供。

A. SIG　　B. BNET　　C. PWC　　D. PWX

E. ASL

6. SM 模块的主控框上下两框一共有 4 块 PWC 板，最少配置__________块 PWC 板才能保证主控框正常工作。

A. 1　　B. 2　　C. 3　　D. 4

7. 数字程控交换机的直流输入电压一般为__________。

A. 5V　　B. 48V　　C. －48V　　D. 12V

二、不定项选择题

1. C&C08 交换机中，下列哪些单板工作在主备用工作模式下？__________

A. MPU　　B. NOD　　C. SIG　　D. LAP

E. BNET　　F. PWC

2. 用户框中包含的单板有__________。

A. PWX　　B. ASL　　C. DRV　　D. TSS

E. SIG　　F. MPU　　G. PWC

3. 单模块独立成局时交换模块的组成中可以包含__________机框。

A. 主控框　　B. 用户框　　C. 中继框　　D. 时钟框　　E. BAM 框

三、填空题

C&C08 交换机在硬件上具有模块化的层次结构，它的硬件系统可分为__________、__________、__________、__________4 个等级。

四、问答题

1. C&C08 交换机包括哪些基本组成模块？

2. AM/CM 与 SM 之间以何种方式连接？当以光纤连接时，AM/CM 与 SM 之间传递的信息包含哪几部分？速率各是多少？

3. AM 与 BAM 之间以何种方式连接？BAM 与维护终端之间以何种方式连接？

4. 多模块局与单模块局主要的区别是什么？32 模 C&C08 交换机中的 32 模是指什么？

5. 哪几种 SM 可以单模块独立成局?
6. 请说明 PWC 与 PWX 的区别。
7. 用户框有哪些电路板槽位兼容?
8. BNET 的容量为多少? 能同时提供多少方会议电话和支持多少个 CID 信号发送?
9. 请说明 C&C08 交换机的上电和下电顺序。

任务3 认识 C&C08 交换机终端系统

通过任务 2 的学习，我们对 C&C08 交换机的基本结构以及硬件组成有了一个清晰的认识，接下来面临的任务就是这些硬件如何协同工作来完成电话交换任务? 这就需要对交换机进行硬件物理数据配置，使前后台数据保持一致，最终实现电话接续。BAM 作为交换机前台和维护终端之间的通信桥梁，保存着管理和维护交换机运行所需的数据、话务统计、话费、告警信息等，用户通过维护终端对整个交换系统进行数据配置及各类维护工作。交换机硬件物理数据的配置要通过终端软件系统完成，因此需要学习终端系统的使用方法。

本次任务的主要工作内容是在熟悉 C&C08 交换机系统结构的基础上，学习终端系统的使用方法，完成前后台网络互联，为硬件物理数据配置做好准备。

3.1 知识准备

C&C08 交换机的终端系统采用了客户机/服务器的体系结构。在这一结构中，后管理模块 BAM 作为服务器，一方面完成数据库功能，另一方面起到交换机和维护终端之间通信桥梁的作用，而各个维护终端则是整个结构中的客户端。终端系统的客户机/服务器体系结构如图 2-51 所示。

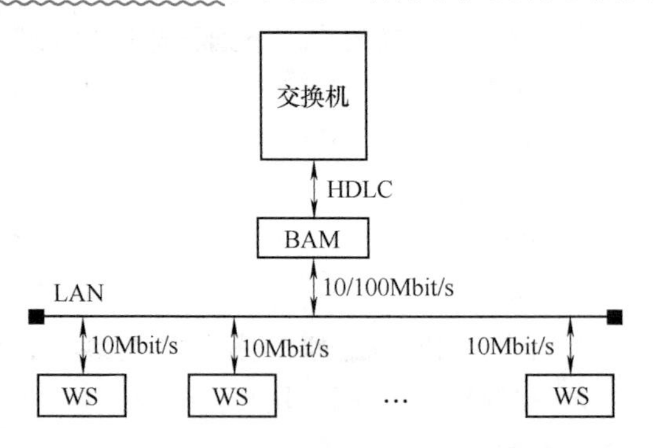

图 2-51 终端系统的客户机/服务器体系结构

整个系统的核心是 BAM 服务器。BAM 服务器一方面通过 IP 网络或 HDLC 链路连接 C&C08 交换机，下发命令，获取 C&C08 交换机的各种信息；另一方面，通过一个局域网和各个维护终端相连，使用户能够方便灵活地对整个系统进行各种维护工作。

> 提示
>
> C&C08 交换机的终端系统采用客户机/服务器的方案，BAM 作为服务器，工作站（WS）作为客户端。BAM 上存储着局数据、话单、告警、话务统计结果等公用的数据信息，WS 可以对这些信息进行调用、处理和显示，修改后的结果仍存放在 BAM 上。通过终端工作站可以对交换机进行软硬件数据配置和维护操作。了解这一点有助于日后配置数据和日常维护。

3.1.1　BAM服务器应用软件

作为客户机/服务器结构中的服务器，BAM必须运行相应的服务器软件。BAM服务器软件包括一个业务进程管理器（BAM Manager）和多个业务进程（如Warn、DataMan、Bill等）。

另外，BAM服务器还提供了一个通信网关工具。该工具完成TCP/IP和串口之间的转换，提供BAM和各种串口设备之间数据的透明传送。

1. 业务进程管理器与业务进程

通过启动BAM Manager可以启动整个BAM服务器系统。BAM Manager可以根据需要自动启动其他一些业务处理进程，如图2-52所示。退出BAM Manager将会退出整个BAM系统。

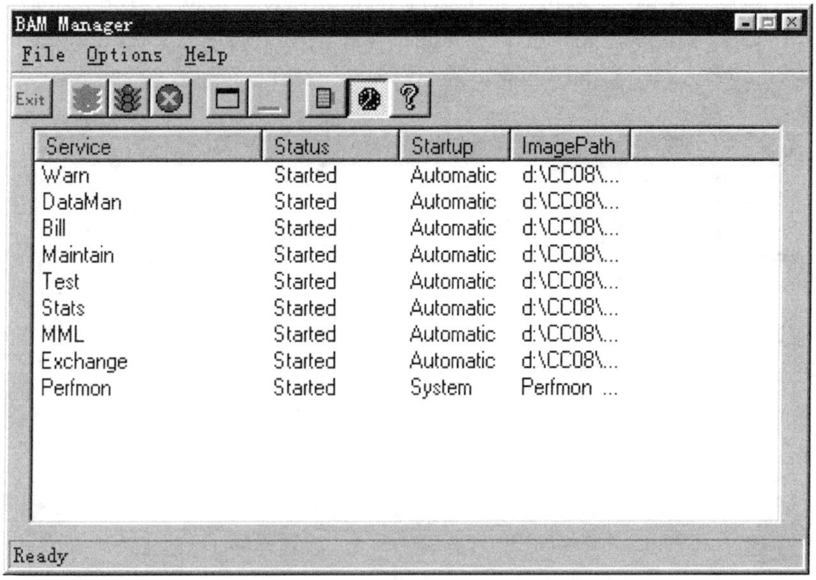

BAM Manager

File　Options　Help

Exit

Service	Status	Startup	ImagePath
Warn	Started	Automatic	d:\CC08\...
DataMan	Started	Automatic	d:\CC08\...
Bill	Started	Automatic	d:\CC08\...
Maintain	Started	Automatic	d:\CC08\...
Test	Started	Automatic	d:\CC08\...
Stats	Started	Automatic	d:\CC08\...
MML	Started	Automatic	d:\CC08\...
Exchange	Started	Automatic	d:\CC08\...
Perfmon	Started	System	Perfmon ...

Ready

图2-52　BAM Manager及各进程运行状况

MML进程，也称编译进程，用于接收MML客户端的文本串，经编译后将生成的SQL语句集合通过共享内存发给对应的业务台进行业务处理，同时能够将业务台的处理结果发给对应的MML客户端。权限管理也置于该进程中，对编译后的结果进行权限检测。

Exchange进程：接收业务进程的数据帧，发送给交换机；同时将交换机发来的数据帧发给对应的业务台进行处理。该进程能够监视业务台与交换机间的数据包，同时内置有加载、数据格式转换以及设定功能。

DataMan进程：主要是数据管理业务处理，简称数管台。利用SQL Server将大部分数据业务封装在存储过程中，简化了数据管理。

Bill进程：主要是话单业务处理，简称话单台。

Maintain进程：主要是交换机维护业务处理，简称维护台。

Stats进程：主要是话务统计业务处理，简称话务台。

Warn 进程：主要是交换机告警业务处理，简称告警台。

Test 进程：主要是交换机测试业务处理，简称测试台。

Perfmon 进程：负责 BAM 系统的性能监测，保证业务处理的可靠性。

BAM 业务系统以六个并行的业务处理进程为核心，分别处理功能上相对独立的几个业务部分。在客户端侧，通过 MML 进程与各个客户端进行通信，接收客户端发来的命令，经处理后转发给相应的业务处理进程，并将结果返回给客户端。在交换机侧，通过交换进程和前台主机通信，完成各种维护命令的转发和交换机各种信息的接收。

2. 通信网关工具

通信网关工具是 BAM 的一个附属软件，它是对 BAM 通信层的一个扩充，用来实现 TCP/IP 和串口之间的相互转换。该软件一方面通过 TCP/IP 与 BAM 建立连接；另一方面通过串口与其他串口设备建立连接，在 BAM 和串口设备之间进行透明的数据转发。

该软件可直接运行于 BAM 本机，也可运行于 BAM 所在局域网，甚至是广域网中任一台可以与 BAM 进行 TCP/IP 通信的机器上，并利用该机器的串口为客户端 WS 提供服务。

执行文件 Convert. exe，便可启动通信网关软件，启动后如图 2-53 所示。

图 2-53　通信网关软件窗口

3.1.2　客户端业务维护系统

在客户端 WS 上运行的应用软件主要有 C&C08 业务维护系统、MML 命令输入工具、C&C08 告警板和 C&C08 告警台。C&C08 业务维护系统是运行在客户端的交换机管理维护程序，它不但具有 MML 命令输入的全部功能，还具有图形化维护界面，在实际维护工作中起着重要的作用。

1. 启动业务维护系统

通过操作系统的程序菜单可启动业务维护系统，如图 2-54 所示。

2. 登录业务维护系统

系统启动后会显示登录对话框，如图 2-55 所示。

在第一栏中输入登录用户名，默认的登录用户名为“cc08”。在第二栏中输入正确的密

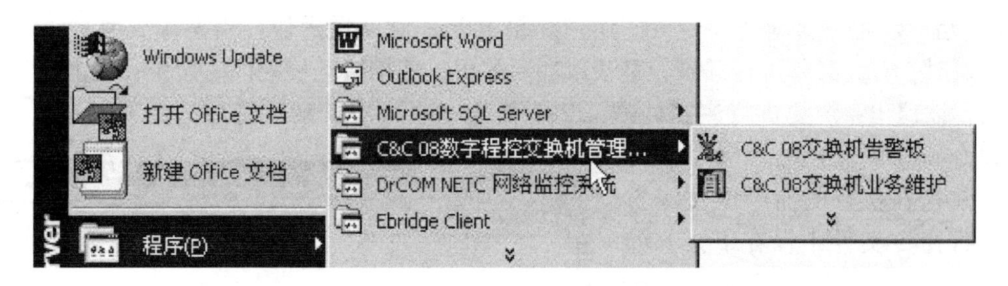

图 2-54　启动业务维护系统

码。如果有多个局点，在第三栏中选择相应的局名，该局 BAM 的 IP 地址将出现在第四栏中。确认后如果一切正常则进入业务维护系统主界面。

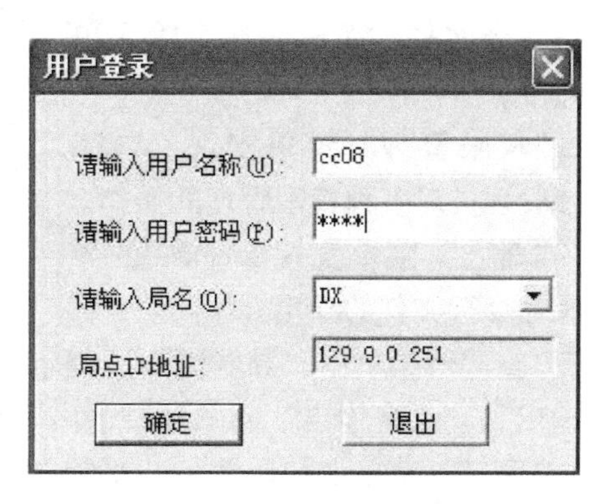

图 2-55　业务维护系统登录对话框

业务维护业务维护系统主界面，如图 2-56 所示。整个界面主要分为四个部分：菜单及工具栏、导航窗口、命令输入窗口和输出窗口。

(1) 菜单及工具栏　主界面最上面的区域是菜单及工具栏区。菜单由“系统”、“权限管理”、“盘入”、“查看”、“窗口”和“帮助”6 个子菜单组成。

“系统”菜单由“重新登录”“用户注销”、“修改口令”“打开报警台”“系统制定”“保存输入命令”“执行批命令”“立即打印”和

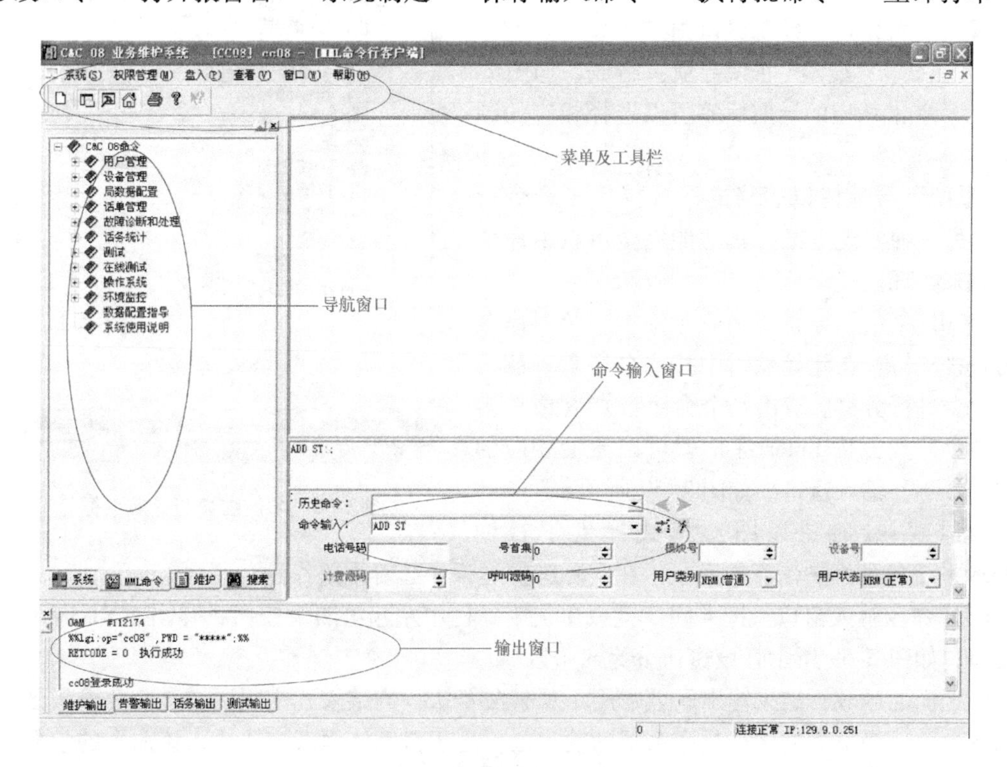

图 2-56　业务维护系统主界面

“退出”组成。①“重新登录”与“用户注销”是一对互逆操作。当操作员要进入系统维护交换机时，首先必须进行登录，登录成功后才可以使用自己权限内的命令；当操作员使用完毕后，欲退出系统要进行注销处理。②“修改口令”用于系统管理员（或普通操作员）修改口令。③“保存输入命令”可以将目前正在执行的命令以文本方式写入批命令文件中保存下来，如图2-57所示。④若需执行相同的操作，可直接使用“执行批命令”调用批命令文件，而不必逐个输入单条命令。

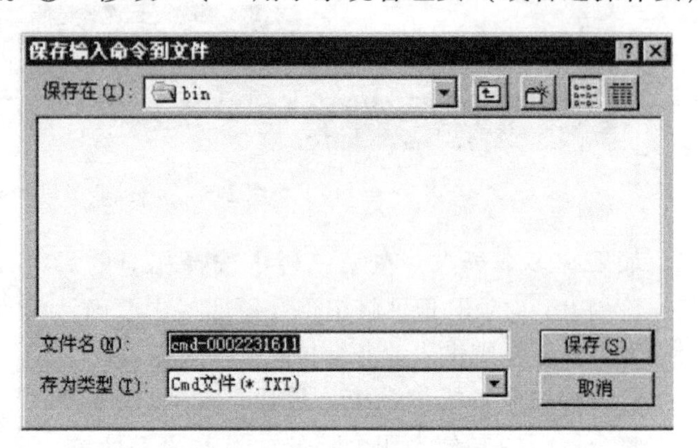

图2-57　保存输入命令到文件的对话框

“权限管理”菜单实现C&C08系统管理员对各种权限管理的操作。

“盘入”菜单实现License的导入和命令行文件的导出。

“查看”菜单由“导航树”、“提示窗口”、“命令行窗口”、“工具栏”、“状态栏”、“告警输出”、“话务输出”和“测试输出”等菜单项组成。选择某个菜单项就会显示相应窗口。

“窗口”菜单由“层叠”、“平铺”、“排列图标”和“关闭所有窗口”等菜单项组成。

“帮助”菜单由“帮助主题”和“关于C&C08业务维护系统”菜单项组成，分别提供了业务维护系统说明和版权说明。

（2）导航窗口　导航窗口由“系统”“MML命令”“维护”“搜索”4项导航页组成，如图2-58所示。单击相应的导航标签可以选择相应的导航树。

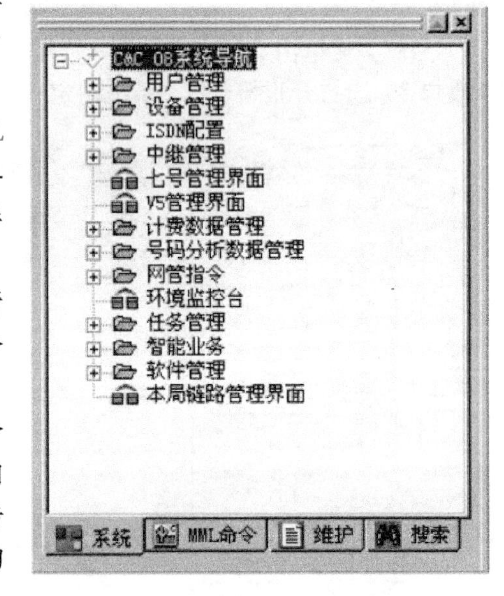

图2-58　导航窗口与导航页标签

“系统”导航树以表格的形式提供了命令行方式的另一种实现方案，其功能完全可以由命令导航树来实现。

“MML命令”导航树是业务维护系统对命令行的直接支持。在此导航树中按命令行管理的内容对命令进行分类。双击某个命令节点（或单击某个命令节点再按Enter键）就可以激活相应的“MML命令”输入窗口，如图2-59所示。

“维护”导航树以图形形式提供了查询C&C08系统各种维护信息的手段，在实际维护过程中起着重要作用。

（3）命令输入窗口　按<F4>键或单击工具栏中左起第四个按钮，弹出MML命令行输入窗口，如图2-59所示，该窗口分为3个区域。

最上面的区域为结果输出区域，用于观察命令执行的结果；中间区域是命令输入区，用于输入命令；最下面的区域是命令辅助输入区，用于帮助使用者快速输入该命令的参数。

通常有两种打开命令辅助输入区的方法：

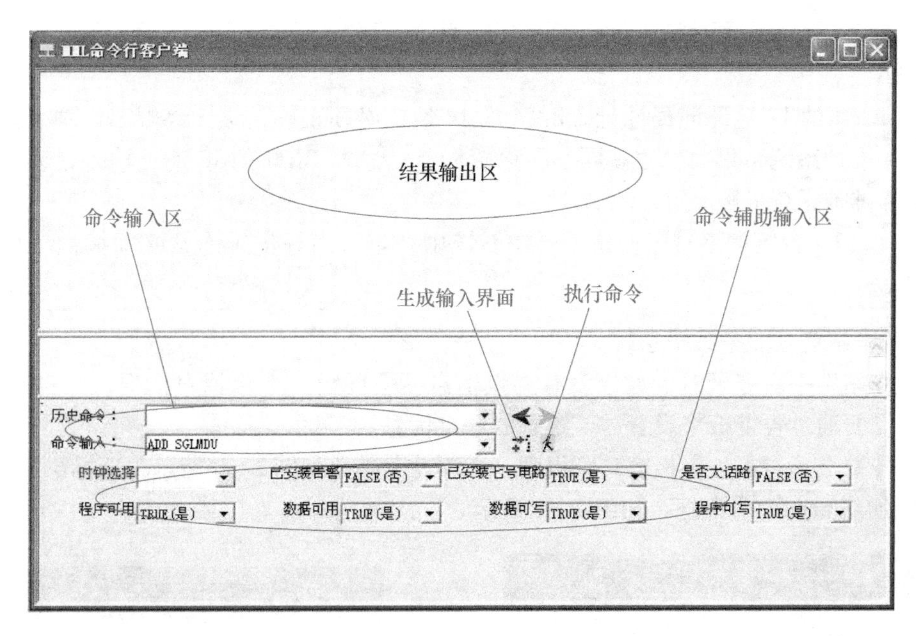

图 2-59　命令输入窗口

1）在 MML 命令导航树中双击要输入的命令；

2）在 MML 命令输入窗口的命令输入区中手工输入命令的单称，按回车键或单击“生成输入界面”按钮。

生成输入界面后，完成各个必要参数和可选参数的输入。其中，红色的参数为必要参数，必须填写；黑色的参数为可选参数，可根据需要填写。

按 <F9> 键或单击“执行命令”按钮即可执行输入的命令。

对于业务维护系统的使用将在具体工作任务实施过程中不断加强。

（4）输出窗口　输出窗口位于主界面的底部，用于所登录局点的维护信息、告警信息、话务统计信息和测试信息的输出。

3.2　工作任务单

3.2.1　任务描述

某学校程控交换实训室现有 C&C08 单模块交换机一台，后台终端工作站 40 台。现需要创建操作维护终端工作站，使工作站能正常登录。

3.2.2　任务实施

根据任务描述的基本要求，需要通过业务维护系统增加工作站，并设置相应权限，使工作站能正常进入维护系统主界面。

1）按上电流程对 C&C08 单模块交换机进行上电操作，请注意上电顺序。

2）查看并记录 BAM 的 IP 地址。

3）查看并记录后台维护终端工作站的 IP 地址，对工作站名进行规划。

注意

1）BAM 的 IP 地址即**局地址**。BAM 的 IP 地址必须正确，维护终端工作站才能正常进入业务维护系统主界面。很多同学在设置局点信息时 BAM 的 IP 地址输入错误，导致登录业务维护系统失败。

2）由于后台维护终端工作站需要在系统中登记，而登记工作站必须提供工作站的 IP 地址。

4）工作站登录业务维护系统。

当工作站第一次登录时，如果没有局点信息就会弹出一个出错对话框，并自动退出系统。此时需要通过告警板来设置需要维护的局点信息。

打开告警板，右击告警板窗口，得到一个浮动菜单，如图 2-60 所示，选择添加新局点，打开“添加新局点”对话框，如图 2-61 所示。

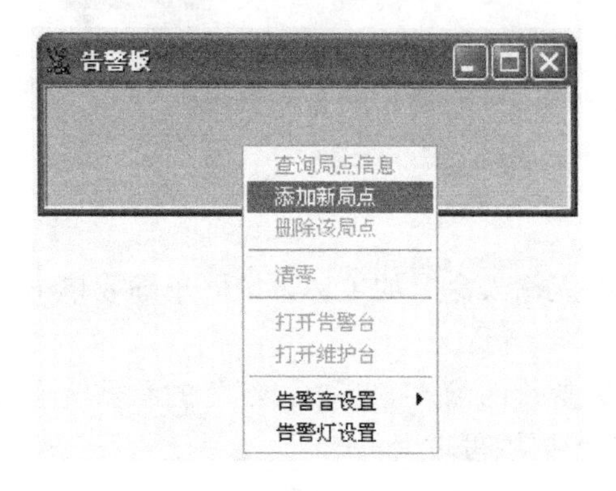

图 2-60　右击告警板后的浮动菜单

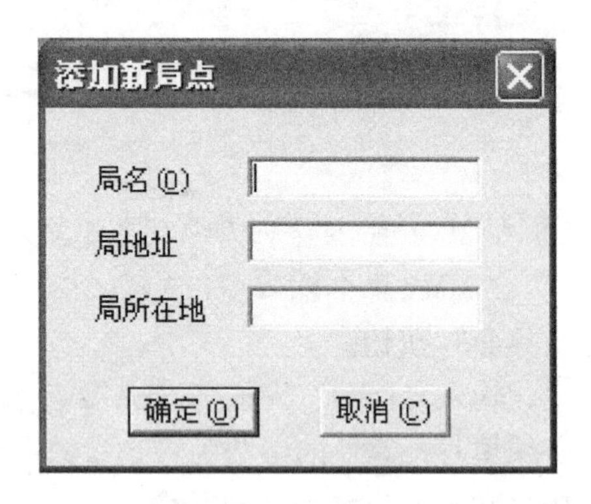

图 2-61　添加新局点

在图 2-61 中，输入 C&C08 交换机所在的局名、局地址（BAM 的 IP 地址）以及局所在地（即交换机所在地）。其中 BAM 的 IP 地址必须正确，而局名和局所在地可以自行定义。输入完成后，得到告警板，其左边的方格表示局名，右边表示该局的告警指示灯。关于告警板在后续的维护工作中再加以详细介绍。

重复以上步骤，可以添加多个局点信息，即业务维护系统可以对多个交换机进行维护操作，如图 2-62 所示。

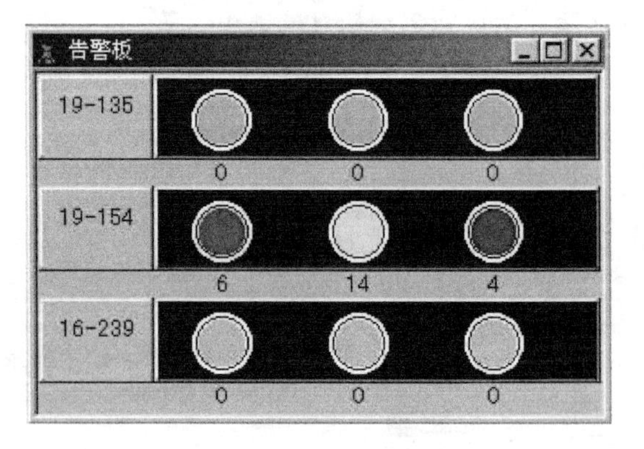

图 2-62　告警板

右击告警板中的局名，启动业务维护系统。系统启动后会显示登录对话框，如图 2-63 所示，输入登录用户名（默认的登录用户名为 cc08），输入密码 cc08（小写），如果有多个局点，在第三栏中选择相应的局名，该局 BAM 的 IP 地址将出现在第四栏中。确认后如果一切正常则进入业务维护系统主界面。熟悉业务维护业务维护系统主界面。需要注意的是，此时该工作站的权限仅为最低权限。

如不能正常启动，尝试排除故障。

5）增加工作站，设置权限。

一个操作员对C&C08交换机的操作权限取决于其工作的工作站权限和操作员本身的权限。相关权限统一由系统管理员分配。

要增加一个工作站，设置相应的权限，则需打开C&C08业务维护系统，选择菜单“权限管理”→“工作站”→“增加”，如图2-64所示。其中，工作站名不区分大小写，且不能为空或有同名。输入的IP地址必须合法，不能重复使用，即一个IP地址只能登记一次。注意，必须设置工作站权限，否则系统默认赋予该工作站最低权限G_ GUEST。另外，系统最高权限为G_ SYS。

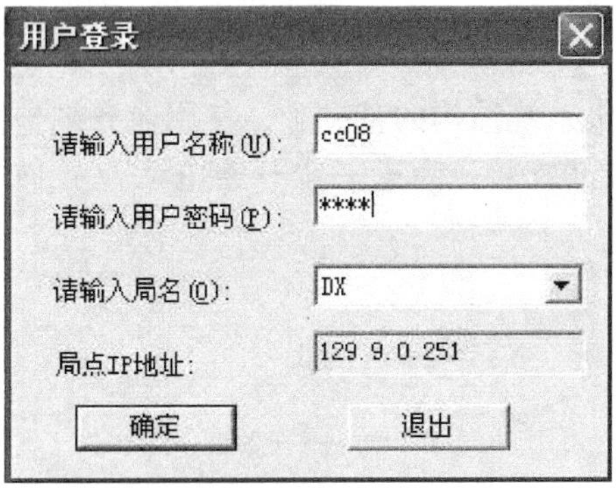

图2-63　业务维护系统登录对话框

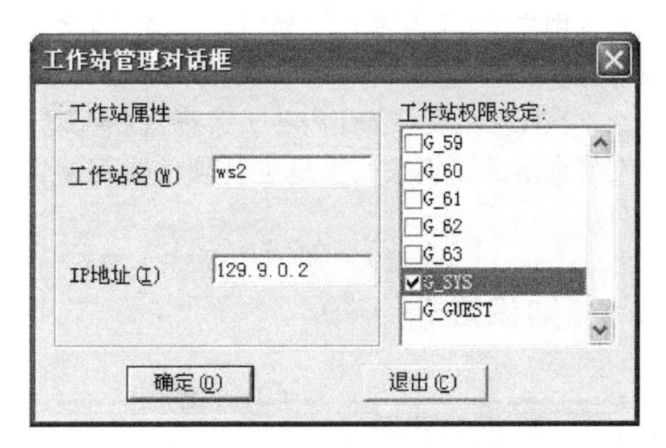

图2-64　增加工作站

注意

正常情况下增加工作站系统应显示登记成功，询问用户是否还要继续增加；否则系统会提示工作站名重复使用，或IP地址登记重复等故障。

6）删除工作站。

当不再需要某个工作站时，系统管理员可以删除该工作站，赋予该工作站的权限也随之清空。BAM超级工作站不能被删除。如果当前所删除的工作站正在使用，则使用该工作站的操作员的当前权限降到G_ GUEST级别。

选择菜单“权限管理”→“工作站”→“删除”，删除一个工作站，得到图2-65所示的对话框。在其中选定需要删除的工作站后，按“删除”按钮即可删除。

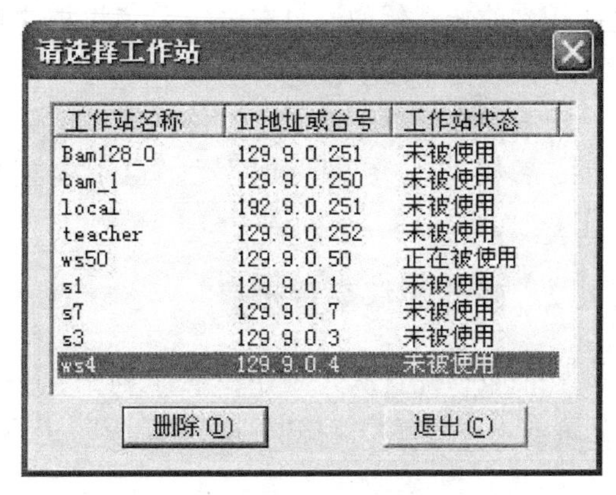

图2-65　删除工作站

3.3　自我测试

1. C&C08交换系统中BAM与维护终端之间以何种方式连接？

2. C&C08业务维护系统，其主界面分为哪四大部分？

3. 请简要说明增加工作站的配置过程。

4. 未经注册的工作站能否登录 C&C08 业务维护系统？如果能够登录，其工作站权限是什么？哪个工作站不能被删除？

任务 4　C&C08 交换机硬件数据配置

具备了 C&C08 交换机的基本结构、业务维护系统方面的知识，接下来面临的任务就是要根据用户已有数字程控交换机硬件物理配置和业务的要求，进行硬件数据配置，为电话接续做好硬件准备。

本次任务的主要工作内容是在熟悉 C&C08 交换机系统结构的基础上，使用业务维护系统对实训室的单模块交换机进行硬件数据配置、调试校验，为进一步开通电话业务创造条件。

4.1　知识准备

4.1.1　数据配置概述

数据配置是对整个交换系统物理特性的一个具体的数据描述，是指对交换机功能、物理配置、各种资源分配等有关数据的描述，其目的就是要使实际的物理硬件设备实体和抽象逻辑数据进行关联，这样交换机中的软件才能驱动相关硬件电路做出相应的响应

数据配置原则应从大到小，从粗到细，一步步细化。

数据配置对于交换机系统物理特征的数据描述包括信令电路、话路连接、装配关系、部件属性等。具体来说，配置数据涉及的主要概念有模块、机框、单板、主节点、HW、时钟和测试设备等，这些概念之间的关系如图 2-66 所示。

图 2-66 中的箭头表示存在的先后关系，后者使用到前者。例如，只有先定义了机框之后才能定义该框中的单板。

只有硬件配置正确了，硬件系统才能正常开工，否则其他数据即使配置了也不能正常工作。

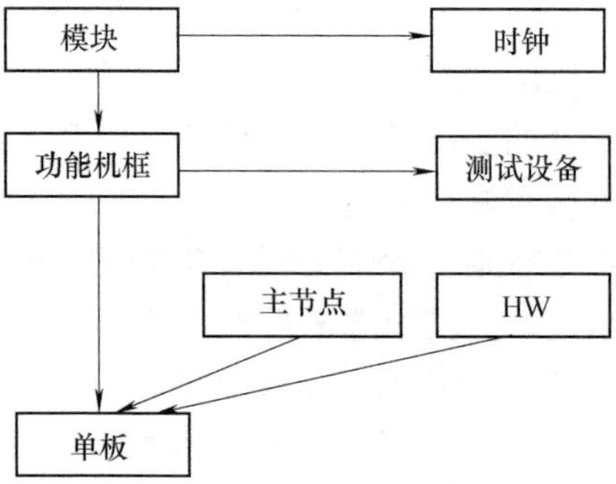

图 2-66　配置数据中所涉及概念之间的关系

4.1.2　硬件数据配置步骤

按照数据配置从大到小，从粗到细，一步步细化原则，交换机硬件数据配置步骤按“配置模块→配置功能机框→配置单板”进行。

1. 配置模块

进行模块数据配置首先应明确 C&C08 交换机的组网方案。根据本系统在网中所处的位

置以及与各上下局的连接方式等情况，来确定本交换系统及模块的相关数据参数。

需要注意的是应当先进行 AM/CM 配置，再进行 SM 模块配置。

对模块的操作包括增加、删除、修改和显示模块信息。

2. 配置功能机框

按照从大到小、从粗到细的原则，设定模块中的机架、机框等参数。

对机框的操作包括增加、删除一个机框，显示机框信息及联机设定机框。

对单板的操作包括增加、激活、隔离、删除、显示单板信息及联机设定单板。

需要注意的是，在机框数据配置的过程中，需要确定 C&C08 交换机内外各种资源的分配，主要是 NOD 主节点及 HW 等通信资源的分配。

3. 配置单板

当机框配置完成后，系统自动默认该机框是满配的，要根据实际配置进行调整，删除多余或不存在的单板，增加新单板。

4.1.3　硬件数据配置规划

1. 设备编号

C&C08 交换机采用模块化结构，整个系统由若干模块组成，模块由机框组成，机框则由单板组成。为利于识别，需对模块、机框、单板等设备加以编号。而这些编号在同类设备中统一进行，且编号不能重复，否则将导致有些设备不能正常工作。设备编号规则如下：

（1）模块号　模块是直接组成系统的单元。为便于对多个模块进行管理，需对所有模块全局统一编号，即为模块号。对于多模块局，AM 模块固定编为 0，SM 从 1 开始编号；SM 做单模块局时，固定编号为 1。

（2）机架号　机架是安装机框的支架。为便于识别不同的机架，每个机架一个编号，要求机架号在模块内统一编排。配置时最好将逻辑机架号和物理机架号对应，以便告警信息能正确反映出告警设备对应的物理位置，方便维护。

（3）机框号　机框必须安在机架之上，每个机架有 6 个框位。由于机框是构成模块的单元，所以机框在模块内统一编号。编号原则是起始号为 0；按从下向上、从左向右的方向逐渐增大；当某机框占用了多个框位时，取最小的编号作为此机框的编号。

（4）槽号　槽号是指单板实际插的槽位。各种机框的最大槽位是 26 个，编号为 0 ~ 25，从左往右编号。没插板的槽位不进行硬件数据配置。如果某单板占了两个槽位，一般把虚占的槽位设成空板，实际所插的槽位设成所配单板类型。例如，主处理板（MPU）占两个槽位，但仅只在右边槽位配置，左边槽位不配置；B 模块交换板（BNET）占两个框，但仅在下面一框进行配置，上面框不用配置。

（5）单板编号　单板是构成机框的单元。单板编号依附于单板类型，离开单板类型单独讨论单板编号是无意义的。

单板编号说明如下：

1）单板是模块内编号的，编号从 0 开始。

2）同一种单板统一编号。例如，同一模块的所有 E1 数字中继板（DTM）要统一编号。

3）有一些单板，虽然功能不同，但其槽位兼容，所以它们也要统一编号。如用户框的模拟用户板（ASL）和数字用户板（DSL）要统一编号。

4）主控框的单板编号与槽位有关，固定槽位对应固定板号，由系统自动生成。

2. 资源的分配

SM 模块包括的资源有：网络（话路）资源 HW、通信资源 NOD 点（主节点）、模块间光路（模块间呼叫），这 3 项共同决定了模块的容量。

HW 线：用于传输业务信息，如语音、数据等。

NOD 线：又称信令线，用于模块处理机和单板设备间传送控制信息。

光路 OPT：用于模块间呼叫语音通道。

（1）HW 资源分配　HW 线用于传输语音等业务，因此数据配置时必须规划 HW 资源。

- HW 资源的组成

交换模块 SM 的主控框 BNET 网板是一个 4096 × 4096 时隙的单 T 交换网络。由于 1 条 2Mbit/s 的 HW 线有 32 个时隙，所以 BNET 板可以提供 2Mbit/s 的 HW 线有 4096 ÷ 32 = 128 条，其中64 条可以自由分配给用户和中继，另 64 条已被固定用于系统资源。

- HW 资源的分配原则

HW 在主控框上是固定编号，SM 的 HW 资源（HW 号）具体分配情况如图 2-67 所示。

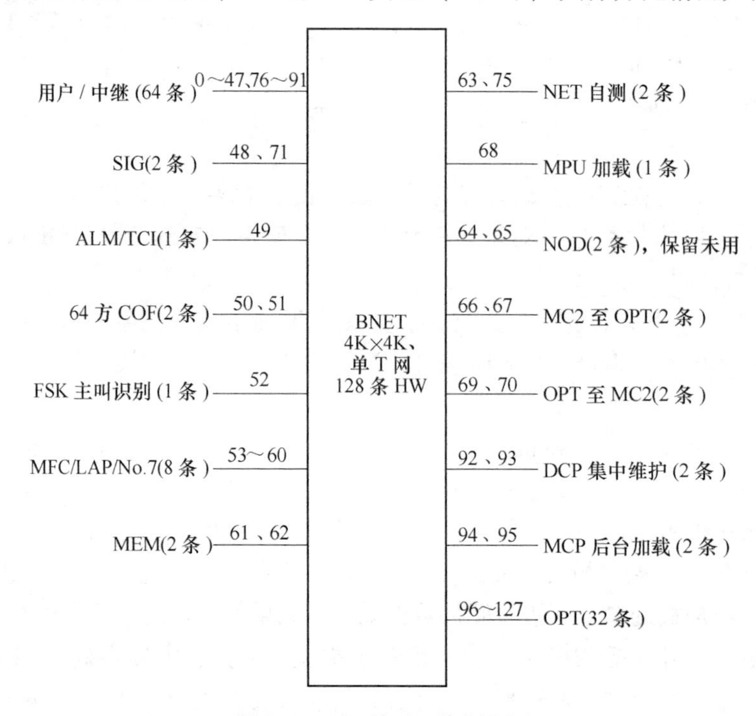

图 2-67　SM 的 HW 资源配置

具体分配原则是：每一个用户框占用 2 条 HW，每一块数字中继板 DTM 占用 2 条 HW。HW 必须成对配置，即 2 条 HW 为一对。对于数字中继框优先由 90 号 HW 始，由大至小排。

- 信令板的 HW 分配

信令板 LAP 或多频互控板 MFC 占用的 HW 资源随槽位固定，由系统自动生成，见表 2-2。

表 2-2　信令板或多频互控板的 HW 资源和 NOD 资源固定编号情况

		槽　位　号	17	18	19	20
主控框	上框	单板编号	1	2	3	4
		HW 资源	H53	H54	H55	H56
		主节点号	N45	N46	N47	N48
	下框	单板编号	6	7	8	9
		HW 资源	H57	H58	H59	H60
		主节点号	N50	N51	N52	N53

（2）NOD 资源分配　NOD 线用于传送信令等控制信息，因此数据配置时也必须规划 NOD 资源。

- NOD 资源的组成

一个 SM 交换模块的主控框提供 11 个 NOD 槽位，上框有 6 个，下框有 5 个。每块 NOD 提供 4 个主节点，所以一个模块最多提供 44 个主节点分配给用户和中继使用。

NOD 板提供的主节点号与槽位之间存在一一对应关系，NOD 点的编号也是与槽位一一对应。11 块 NOD 板所提供的 44 个 NOD 主节点号（NOD0 ~ NOD43）与槽位的对应关系见表 2-3。

表 2-3　主控框 NOD 资源分配

		物 理 槽 号	2	3	4	5	6	7
主控框	上框	主节点号	0 1 2 3	4 5 6 7	8 9 10 11	12 13 14 15	16 17 18 19	20 21 22 23
	下框	主节点号	24 25 26 27	28 29 30 31	32 33 34 35	36 37 38 39	40 41 42 43	

- NOD 资源的分配原则

半个用户框占用 1 个主节点，一个用户框占用 2 个主节点；一块数字中继板 DTM 需要占用 1 个主节点。配置 NOD 时要遵循“先排中继，后排用户”原则。数字中继固定由 0 号主节点始，由小至大排列。

- 信令板的 NOD 分配

信令板 LAP 或多频互控板 MFC 占用的 NOD 资源随槽位固定，由系统自动生成，见表 2-2。

（3）光路资源分配　SM 至 AM/CM 的 1 对光路采用主备用工作方式连接时可提供 512 条语音信道（512TS），采用负荷分担工作方式连接时可提供 1024 条语音信道（1024TS）。当模块的实际容量配置较小时（如低于 2000 线用户），可采用光路的主备用工作方式接入 AM；当容量较大时，应采用光路的负荷分担工作方式。

由于任务中提及的为单模块交换机的硬件数据配置，因此对于多模块的光路资源分配不再详述。

4.1.4 交换模块中 HW 线的连接

HW 线是交换模块的内部电缆，位于主控制框与用户框或主控制框与中继框之间，用于传输语音数字信号。它分为用户 HW 线和中继 HW 线两种，分别用于承载用户话路和中继话路。每根 HW 线由多对双绞线和插头组成，插座和插头如图 2-68 所示，其中 HW 线的插头为 4 列 8 行 32pin 插头。

HW 线采用非固定连接方式。总配线槽的同一个 HW 配线位置可以连接来自不同用户框、中继框的配线组，而同一用户框、中继框的 HW 线组也可以接至总配线槽上的不同配线位置。

在主控框母板（MCB）中央有 4 列共 8 个 300pin 插座，其中 J1、J2 为主用 HW 线的总配线槽（对应主 BNET 板），L1、L2 为备用 HW 线的总配线槽（对应备 BNET 板）。主用 HW 线总配线槽 J1、J2 的 HW 线分配情况如图 2-69 所示，备用 HW 线总配线槽 L1、L2 的 HW 线分配情况也一样。

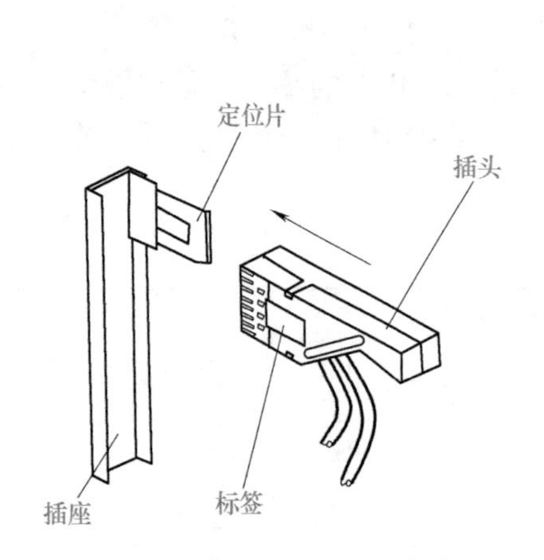

图 2-68 HW 线插头与插座示意图

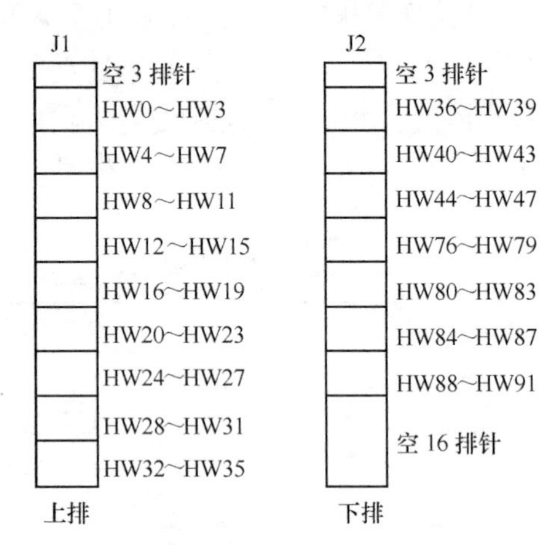

图 2-69 主用 HW 线总配线槽 J1、J2 的 HW 线分配

对主用 HW 线总配线槽 J1、J2 而言，J1 从上到下共可插 9 个插头（每个插头提供一组 HW 线），可以安装 9 组 HW 线（HW0～HW35）；J2 从上到下共可插 7 个插头，可以安装 7 组 HW 线（HW36～HW47，HW76～HW91）。每组 HW 含 4 条 HW 线，每条 HW 线有 8 根双绞线（其中含 4 根时钟线）。故 J1 与 J2 共可提供 16 组 HW 共 64 条 HW 线，即每个交换模块最多提供 64 条可分配的 HW 线，根据不同的用户/中继配置分配这些资源。

工程中将组号为偶数的 HW 作为主用 HW 线组，组号为奇数的 HW 作为备用 HW 线组。

1. 用户 HW 线的连接

（1）主控框母板侧用户 HW 线的连接　主控框母板侧用户 HW 线组按照用户框号由小到大（实际排列由下至上）、用户机架号由小到大（实际排列由近到远）的顺序，以电缆插头的标号为准，自 J1 最上端的插接位置 HW0，依次向下排列。J1 的 9 个位置插满后，自 J2 的最上端插接位置依次向下排列。

一个用户框需要 2 条 HW 线，在主控框母板总配线槽上一个 HW 电缆插头包含 4 条 HW 线，可为 2 个用户框提供 HW 线。

主控框母板侧的用户 HW 电缆插头标签含义如图 2-70 所示。由图可知，该组 HW 为主

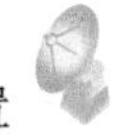

用HW线（插在J1或J2上），组号为30，为用户柜1的第1、2个用户框提供HW线。

（2）用户框母板侧用户HW线的连接　按照标签上标注的位置，把用户框侧HW电缆插头依次接在每块用户母板（SLB）的JB23处的插接位置，如图2-71所示。偶数HW组为主用HW线组，插在JB23的第一个插接位置（第1～8排针），奇数HW组为备用HW线组，插在JB23上面的第二个插接位置（第9～16排针）。

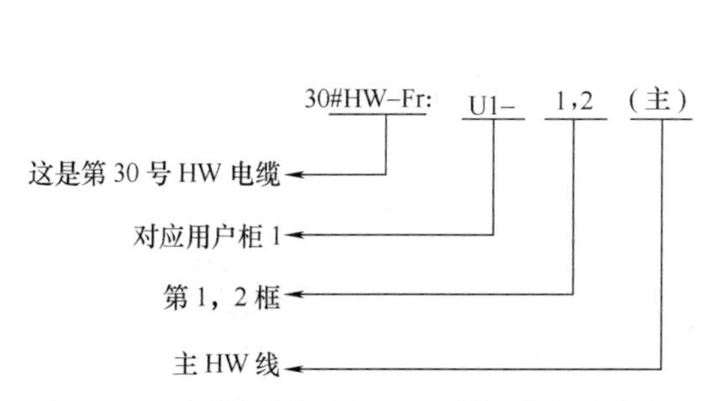

图2-70　主控框母板侧HW电缆插头标签含义

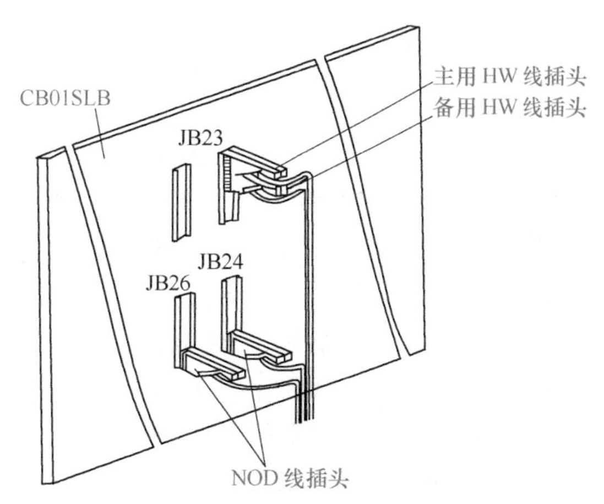

图2-71　用户框母板侧用户HW线的连接

用户框母板侧的用户HW电缆插头标签含义如图2-72所示。由图2-72可知，该组HW为主用HW（偶数HW组30），由其第1个分组（30.1）为用户柜1的第1个用户框提供HW线。

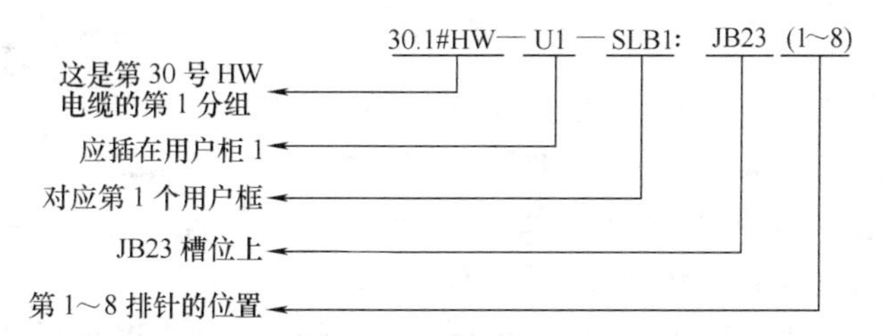

图2-72　用户框母板侧用户HW线电缆插头标签含义

（3）用户HW线连接实例　用户HW线连接实例如图2-73所示。

在图2-73中，30号HW组为主用HW线组，是J1的第一组，包含4条HW线：HW0、HW1、HW2、HW3；31号HW组为备用HW线组，是L1的第一组，同样包含4条HW线：HW0、HW1、HW2、HW3。用户柜1（SLB1）占用30号HW组的第一分组30.1，使用2条HW线：HW0和HW1；用户框2（SLB2）占用30号HW组的第二分组30.2，使用2条HW线：HW2和HW3。

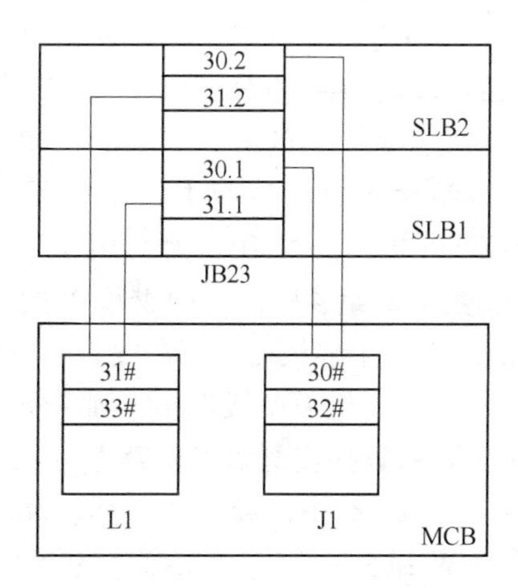

图2-73　用户HW线连接实例

2. 中继HW线的连接

（1）主控框母板侧中继HW线的连接　主控框母板侧中继HW电缆按照中继板号从小到大（从正面看排列由左至右，从背面看排列由右至左）、中继框由小到大（实际则从上到下）的顺序，以电缆插头的标号为准，自J2的最下端插接位置HW91，依次向上排列，J2的7个位置插满后，自J1的最下端插接位置依次向上排列。

一块数字中继板需要2条HW线，在主控框母板总配线槽上一个HW电缆插头包含4条HW线，可为2块数字中继板提供HW线。

主控框母板侧的中继HW电缆插头标签含义如图2-74所示。由图2-74可知，该组HW为主用HW线组（插在J1或J2上），组号为42，为数字中继框1的第0、1号数字中继板提供HW线。

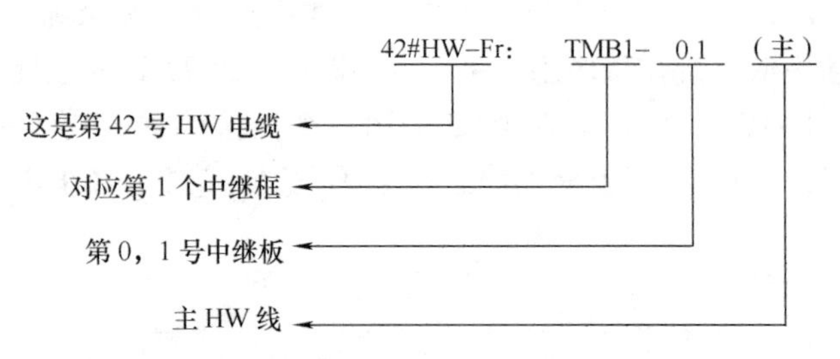

图2-74　主控框母板侧中继HW电缆插头标签含义

（2）数字中继框母板侧中继HW线的连接　数字中继框的HW电缆插头依照标签上标注的位置，按顺序从上到下分别插在数字中继框母板（TMB）的总配线槽XCA和XCB上。XCA对应DT0～DT7的主/备用HW线和NOD信令线，XCB对应DT8～DT15的主/备用HW线和NOD信令线。数字中继框母板侧中继HW线连接如图2-75所示。

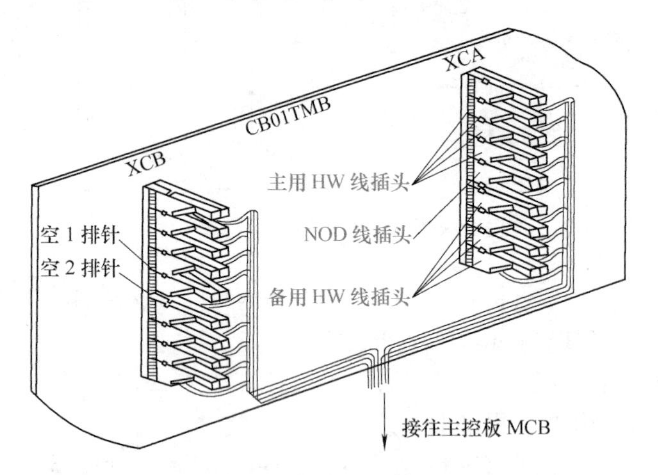

图2-75　数字中继框母板侧中继HW线的连接

数字中继框母板侧的HW电缆插头按照标签上标注的位置，按顺序从上到下分别插在总配线槽XCA和XCB上，如图2-76所示。数字中继框母板侧HW电缆插头要为2块数字中继板提供HW线，一个HW电缆插头包含了4条HW线，这与主控框母板上一个HW电缆插头包含4条HW线一致。因此，为数字中继框提供HW配线时，主控框母板侧与数字中继框母板侧的HW线插头一一对应，不会像用户框的HW线那样出分支。

中继框一侧的中继HW电缆插头标签含义如图2-77所示。由图2-77可知，该组HW为主用HW（偶数HW组42），为中继框1的第0、1号中继板提供HW线。

（3）中继HW线连接实例　中继HW线连接实例如图2-78所示。

图2-78中，42、40、38、36号HW组为主用HW线组，包含16条HW线：HW91～HW76；43、

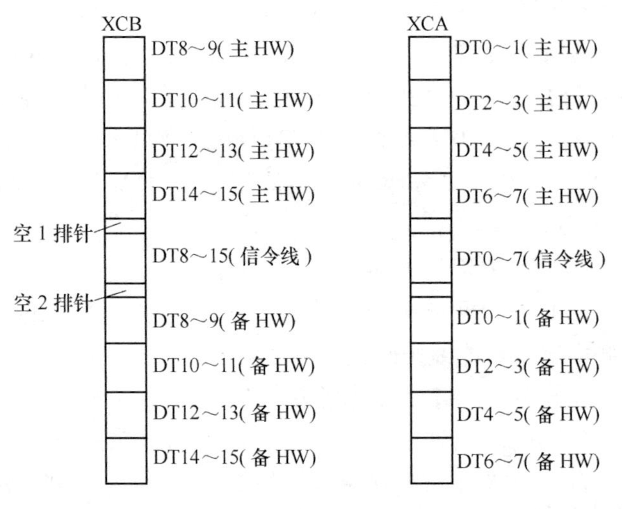

图2-76　数字中继框母板侧配线槽XCA、XCB中的HW配线

41、39、37号HW组为备用HW线组，同样包含16条HW线：HW91 ~ HW76。XCA为左半框8块数字中继板提供HW线，则DTM0占用HW90和HW91，DTM1占用HW88和HW89，依次类推，DTM7占用HW76和HW77。

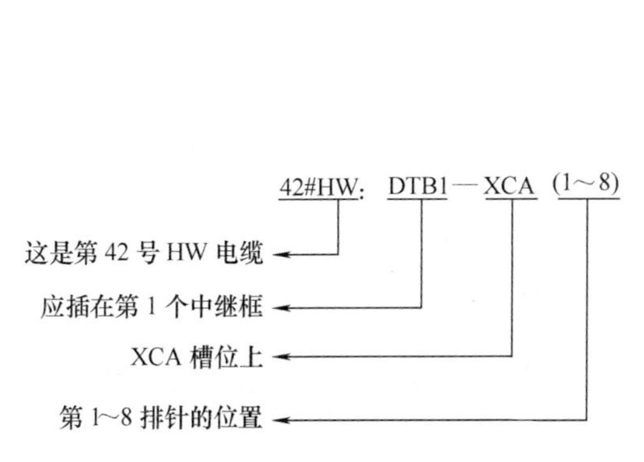

图2-77　中继框侧中继HW电缆插头标签含义

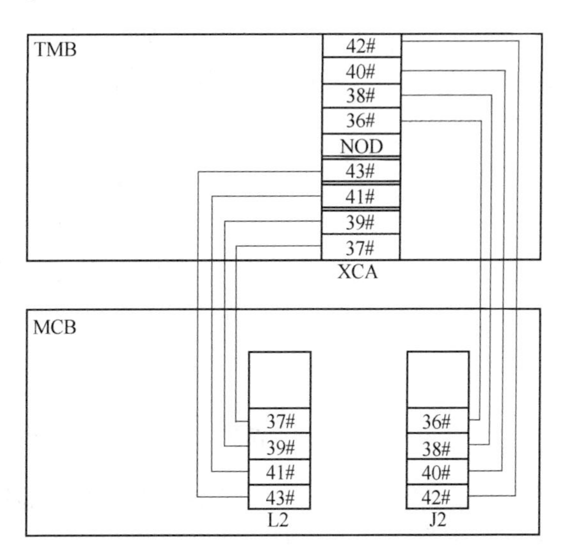

图2-78　中继HW线连接实例

注意

HW号的正确识别非常重要，如果HW号识别错误，在数据配置后得到的数据将无法正确启动相关的单板，导致电话无法打通。

4.1.5　交换模块中NOD线的连接

主节点线（NOD线）是交换模块的内部电缆，位于主控制框与用户框或主控制框与中继框之间，用于模块处理机和单板设备处理机间传送控制信息。它分为用户NOD线和中继NOD线两种，分别用于用户、中继与MPU间信令的传递。用户NOD线和用户HW线绑扎在一起，成为用户总线；中继NOD线和中继HW线绑扎在一起，成为中继总线。

NOD线采用非固定连接方式。主控框母板背面有11个NOD电缆插接位置（JB4、JB6、JB8、JB10、JB12、JB14、JB22、JB24、JB26、JB28、JB30），依次对应11块NOD板槽位最下端的插片位置。

每一个插接位置提供4组NOD线，每组NOD线支持4个用户半框或4块DTM板与主机的通信。前面提及的1个用户框分配2个NOD点，1块数字中继板分配1个NOD点，这是工程中NOD的分配原则。NOD板的槽位号与NOD主节号之间存在一一对应关系，其对应关系见表2-3（主控框NOD资源分配），这里不再赘述。主控框母板NOD配线槽NOD点的分配如图2-79所示。

1. 用户NOD线的连接

（1）主控框母板侧用户NOD线的连接　主控框母板一侧，用户NOD电缆按照用户框号从小至大（实际排列从下至上）、用户柜号由小至大（实际排列由近到远）的顺序以电缆

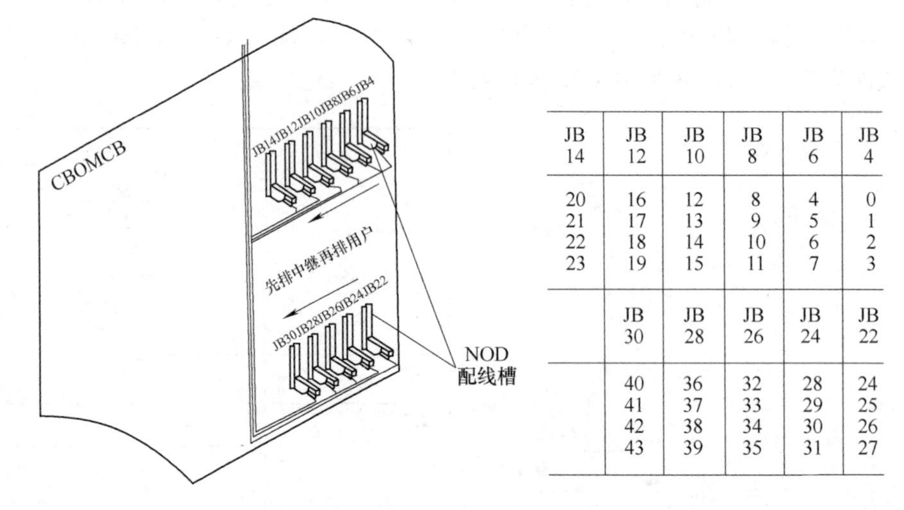

JB 14	JB 12	JB 10	JB 8	JB 6	JB 4
20 21 22 23	16 17 18 19	12 13 14 15	8 9 10 11	4 5 6 7	0 1 2 3
	JB 30	JB 28	JB 26	JB 24	JB 22
	40 41 42 43	36 37 38 39	32 33 34 35	28 29 30 31	24 25 26 27

图 2-79　主控框母板 NOD 配线槽 NOD 点的分配

插头上标签为准，自 JB4 的插接位置（最下端的第 25 ~ 32 排插针）开始依次向 JB30 插接，如图 2-79 所示。

主控框母板侧用户 NOD 电缆插头标签含义如图 2-80 所示。由图 2-80 可知，该 NOD 线组的组号为 10，为用户柜 1 的第 1 ~ 4 用户框的右半框提供 NOD。

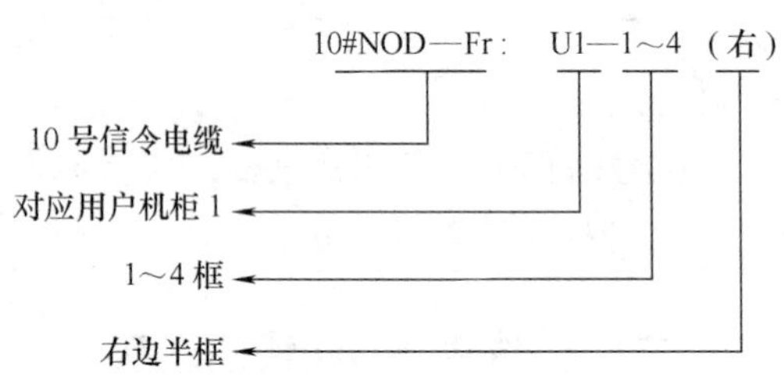

图 2-80　主控框母板侧用户 NOD 电缆插头标签含义

主控框 NOD 板主节点的分配采用互助方式，即同一框中分别负责两个半框的两个 NOD 点来自两块 NOD 板。比如：分配给一个用户框的 2 个主节点分别来自 2 块 NOD 板（通常选用相邻 2 块 NOD 板同一位置的 2 个主节点），如果其中一个 NOD 板故障，另一个 NOD 板可以负责起整个用户框与 MPU 板的通信工作。一块 NOD 板的 4 个 NOD 点从上到下分别对应用户机柜右（或左）侧从下到上的 4 个用户半框。标签上的“右”是指从机柜背面看的右侧，因此标“右”的插头应插在右边一块 NOD 板槽位上，而标“左”的插头应插在左边一块 NOD 板槽位上。

（2）用户框母板侧用户 NOD 线的连接　用户框一侧的 NOD 线，按照标签上标注的位置，把 NOD 线插头依次插接在每块用户框母板背面 JB24、JB26 两个 DRV 槽位最下端的插片位置（25 ~ 32 针），如图 2-71所示。

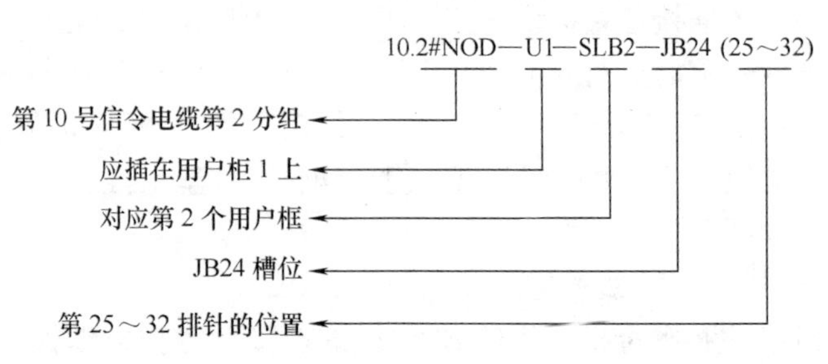

图 2-81　用户框母板侧用户 NOD 电缆插头标签含义

用户框母板侧用户 NOD 电缆插头标签含义如图 2-81 所示。由该图可知，该组 NOD

是10号NOD组的第二个分组（10.2），应插在用户柜1的第2个用户框母板JB24槽位第25~32排针的位置，为该用户框的右半框（从机柜背面看）提供NOD。

（3）用户NOD线连接实例　用户NOD线连接实例如图2-82所示。

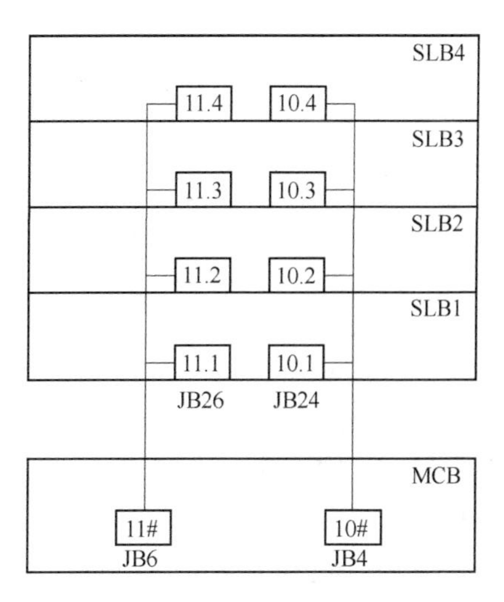

图2-82　用户NOD线连接实例

10号NOD线组对应0号NOD板，包括4个NOD点：NOD0、NOD1、NOD2、NOD3；11号NOD线组对应1号NOD板，包括4个NOD点：NOD4、NOD5、NOD6、NOD7。用户框1（SLB1）分配了10号NOD线组的第1个NOD点10.1和11号NOD线组的第一个NOD点11.1，即用户框1使用NOD0和NOD4。依次类推，用户框2使用NOD1和NOD5，用户框3使用NOD2和NOD6，用户框4使用NOD3和NOD7。

2. 中继NOD线的连接

（1）主控框母板侧中继NOD线的连接　在主控框母板一侧中继NOD线按照中继板号从小到大（从正面看排列从左到右，从背面看排列从右到左）、中继框从小到大（实际排列从上到下）的顺序，以电缆插头上标签为准，排在已插接好的用户信令电缆插头后面，按NOD板槽位顺序，依次向后插接。

主控框母板侧中继NOD电缆插头标签含义如图2-83所示。该组NOD是11号NOD线组的第一个分组（11.1），为第1个数字中继框的DTM0~DTM3提供NOD。

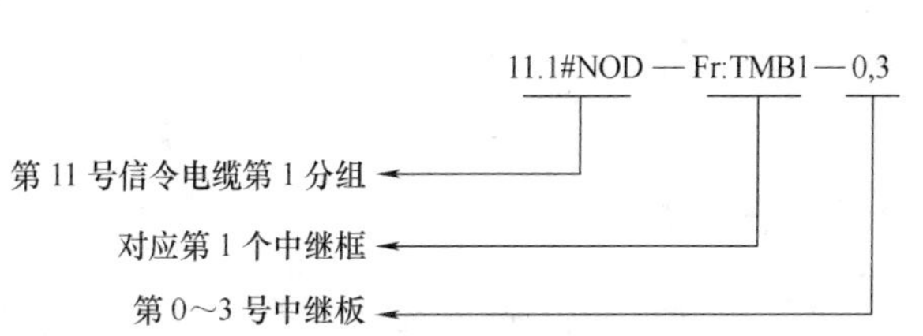

图2-83　主控框母板侧中继NOD电缆插头标签含义

（2）中继框母板侧中继NOD线的连接　在中继框一侧，按照标签上标注的位置，插接在中继母板XCA或XCB中间位置的NOD线，分别为左右各半框的8块数字中继板提供NOD，如图2-75所示。

中继框母板侧中继NOD电缆插头标签含义如图2-84所示。由图2-84可知，该组NOD的组号为11，插在第1个数字中继框XCA配线槽的第34~41排针的位置，包含8个NOD，为DTM0~DTM7提供NOD。

（3）中继NOD线连接实例　中继NOD线连接实例如图2-85所示。

数字中继框母板TMB的XCA为左半框8块DTM提供8个NOD点，合起来组成11号NOD线组。11号NOD线组分成2组，分别接到主控框母板的JB4和JB6。11.1号NOD分组对应0号NOD板，包含4个NOD点：NOD0、NOD1、NOD2、NOD3；11.2号NOD分组对应1号NOD板，包含4个NOD点：NOD4、NOD5、NOD6、NOD7，因此左半框的DTM0~DTM7分别对应NOD0~NOD7。

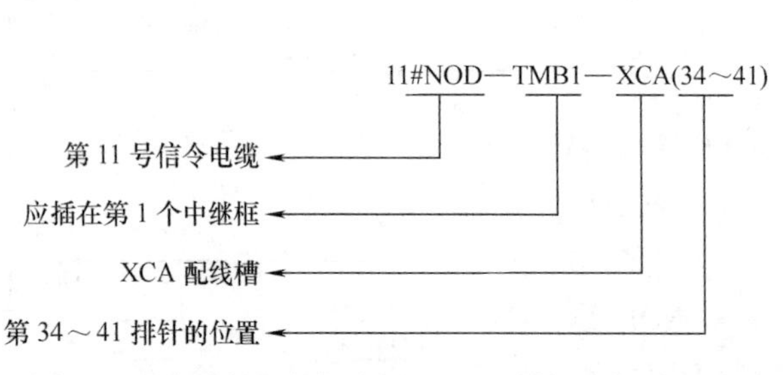

图2-84　中继框母板侧中继 NOD 电缆插头标签含义

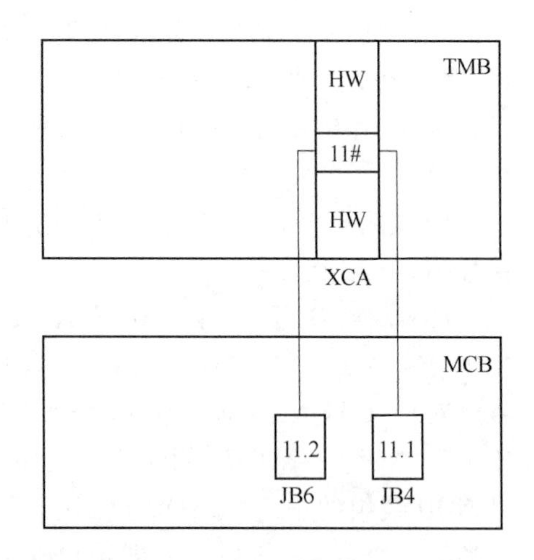

图2-85　中继 NOD 线连接实例

注意

NOD号的正确识别同样重要，如果NOD号识别错误，在数据配置后得到的数据将导致单板不会开工，业务维护系统中单板显示为红色。

4.2　工作任务单

4.2.1　任务描述

某学校程控交换实训室现有C&C08单模块交换机（B型独立局）一台及后台终端工作站若干。现要求技术人员根据已有程控交换机硬件物理配置和业务的要求，进行独立局硬件数据配置、调试并通过检验，为进一步开通电话业务创造条件。

4.2.2　任务实施

根据任务描述的基本要求，需要先查看C&C08交换机硬件机框、单板配置及电缆连接情况，然后再使用业务维护系统进行硬件数据配置并检验配置情况是否故障。

1. 查看单模块交换机的硬件机框、单板配置

1）填写实训室配备的C&C08交换机的机柜，请标注机框名称和机框编号，如图2-86所示。

2）实训室C&C08交换机的硬件配置情况。

该C&C08交换机具有1个机架，包含1个主控框、1个中继框和1个用户框，其单板配置情况如图2-87所示，其BAM为内置BAM。注意：该单模块交换机中存在一个空框，而且无时钟框，了解这一点有助于正确进行硬件数据配置。

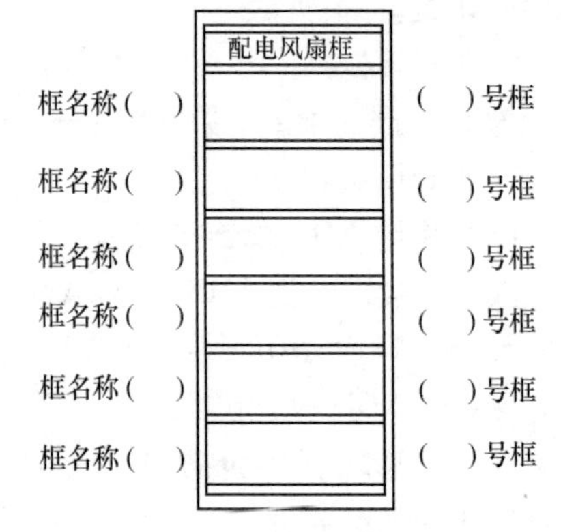

图2-86　C&C08单模块交换机的机柜

电源开关□ □ □ □ □ 告警显示

0	1	2	3	4	5	6	7	8	9	10	11	12	13	14	15	16	17	18	19	20	21	22	23	24	25
PWX		ASL	ASL									DRV											TSS	PWX	

0	1	2	3	4	5	6	7	8	9	10	11	12	13	14	15	16	17	18	19	20	21	22	23	24	25
PWC		DTM	DTM																					PWC	

0	1	2	3	4	5	6	7	8	9	10	11	12	13	14	15	16	17	18	19	20	21	22	23	24	25

0	1	2	3	4	5	6	7	8	9	10	11	12	13	14	15	16	17	18	19	20	21	22	23	24	25
PWC		NOD	NOD			NOD				MPU	CKV	BNET					LAP	MFC						PWC	
							SIG																		

0	1	2	3	4	5	6	7	8	9	10	11	12	13	14	15	16	17	18	19	20	21	22	23	24	25
BAM																									

图2-87　C&C08交换机硬件配置板位图

2. 硬件连接情况

（1）HW线的连接　查看HW线的连接，识别用户框、中继框占用的HW号。

1）查看实训室C&C08交换机HW线连接情况，画出HW线连接图。

2）分析实训室C&C08交换机的用户框、中继框占用的HW号是多少。

（2）NOD线的连接情况　查看NOD线的连接，识别用户框、中继框占用的NOD号。

1）查看实训室C&C08交换机NOD线连接情况，画出NOD线连接图。

2）分析实训室C&C08交换机的用户框、中继框占用的NOD号是多少。

3. 交换机硬件数据配置

登录业务维护系统后，依照图2-87，遵循交换机硬件数据配置由大到小的原则，即按“配置模块→配置功能机框→配置单板”顺序进行独立局的硬件数据配置。

1）设置工作站告警输出。

```
SET FMT:STS = OFF;                        //关闭格式转换
SET CWSON:SWT = OFF,CONFIRM = Y           //设置当前工作站告警输出为关
```

2）增加独立局模块。

```
ADD SGLMDU:CKTP = NET,PE = FALSE,DE = FALSE,DW = TRUE,PW = TRUE;
```

参数说明:

CKTP = NET　　时钟采用网板内置时钟

PE = FALSE　　程序不可用

DE = FALSE　　数据不可用

DW = TRUE　　数据可写

PW = TRUE　　程序可写

注意

由于该交换机没有配置时钟框，时钟信号由 CKV 单板产生，因此时钟选择设为采用 NET（网板内置时钟）。

3）设置本局信息。

SET OFI:LOT = CMPX,NN = TRUE,SN1 = NAT,SN2 = NAT,SN3 = NAT,SN4 = NAT,NNC = "AAAAAA",NNS = SP24,SCCP = NONE,TADT = 0,STP = FALSE,LAC = K'10,LNC = K'86;

参数说明:

LOT = CMPX　　本局类型 = 长市农合一

NN = TRUE　　国内网有效

SN1 = NAT　　网标识 1 = 国内

SN2 = NAT　　网标识 2 = 国内

SN3 = NAT　　网标识 3 = 国内

SN4 = NAT　　网标识 4 = 国内

NNC = "AAAAAA"　　本局信令点国内编码 = AAAAAA

NNS = SP24　　国内网编码结构 = 24 位编码方式

SCCP = NONE　　提供 SCCP 功能 = 不提供

TADT = 0　　传输允许时延 = 0

STP = FALSE　　信令转接点 STP 功能标志 = 否

LAC = K'10　　本地区号 = 10

LNC = K'86　　本国代码 = 86

注意

这里只是完成本局数据的基本配置，对于本局信令点、信令转接点、信令点编码方式等信令网相关知识将在后续中继数据配置中学习。

4）增加机框。

- 增加主控框

ADD CFB:MN = 1,F = 1,LN = 1,PNM = "电信学院",PN = 1,ROW = 1,COL = 1;

参数说明:

MN = 1　　模块号 = 1

F = 1　　框号 = 1

LN = 1　　机架号 = 1

PNM ="电信学院"	场地名为“电信学院”
PN =1	场地号 =1
ROW =1	行号 =1
COL =1	列号 =1

注意

1）单模块局SM模块编号固定为1。增加模块时，需要注意模块号的设定，如果没有注意到这一点，将导致后台界面的硬件数据配置与前台硬件实际配置之间不符，使得后续设置不能进行或者设置错误。

2）本实例中交换机的主控框占用1、2号两个框位，此时主控框编号取1。

● 增加中继框

ADD DTFB:MN =1,F =4,LN =1,PNM ="电信学院",PN =1,ROW =1,COL =1,BT =BP3,N1 =0,N2 =1,N3 =255,HW1 =90,HW2 =91,HW3 =88,HW4 =89,HW5 =255;

参数说明:

MN =1	模块号 =1
F =4	框号 =4
LN =1	机架号 =1
PNM ="电信学院"	场地名为“电信学院”
PN =1	场地号 =1
ROW =1	行号 =1
COL =1	列号 =1
BT = BP3	板类型 = DTM 板
N1 =0	主节点 1 =0
N2 =1	主节点 2 =1
N3 =255	主节点3以上不配，其他空槽位不占用主节点
HW1 =90，HW2 =91，HW3 =88，HW4 =89	增加2块DTM板，HW资源为88 ~91
HW5 =255	HW5以上不配，其他空槽位不配HW资源

注意

中继板类型此处选择“DTM”表示局间中继使用一号信令，若局间中继使用七号信令则应选“TUP”或“ISUP”。此处的设置与局内通话没有关系，但却会影响局间通话业务的开通。

● 增加32路用户框

ADD USF32：MN =1,F =5,LN =1,PNM ="电信学院",PN =1,ROW =1,COL =1,N1 =18,N2 =19,HW1 =4,HW2 =5,HW3 =255,BRDTP = ASL32;

参数说明:

MN =1	模块号 =1
F =5	框号 =5

LN = 1	机架号 = 1
PNM = "电信学院"	场地名为“电信学院”
PN = 1	场地号 = 1
ROW = 1	行号 = 1
COL = 1	列号 = 1
N1 = 18	半个用户框占用 1 个主节点，一个用户框占用 2 个主节点，左半框主节点 = 18
N2 = 19	右半框主节点 = 19
HW1 = 4，HW2 = 5	HW1、HW2 分别为 4 和 5
HW3 = 255	HW3 以上不配，其他空槽位也不配 HW 资源
BRDTP = ASL32	板类型 = 32 路用户板

5）调整单板配置。

硬件数据配置时，C&C08 交换机会默认一些单板配置，使用时应根据机器实际配置进行调整。

● 调整用户框单板

RMV BRD:MN = 1,F = 5,S = 4;　　　　　　　　　//删除单板

参数说明：

MN = 1	模块号 = 1
F = 5	框号 = 5
S = 4	槽位 = 4

> ⚠注意
>
> 由于用户框实际上仅 2、3、12、23 槽位配置了单板，因此需要根据实际配置加以调整，将 4 ~ 11、13 ~ 22 槽位的单板删除。为删除上述槽位单板，此命令需要执行 18 次，S 依次取值 4 ~ 11、13 ~ 22，使后台界面的硬件数据配置与前台硬件实际物理配置匹配。

● 调整主控框

RMV BRD:MN = 1,F = 2,S = 4;　　　　　　　　　//删除单板

参数说明：

MN = 1	模块号 = 1
F = 2	框号 = 2
S = 4	槽位 = 4

> ⚠注意
>
> 由于主控框上框实际上仅 2、3、6、10、17、18 槽位配置了单板且 17、18 槽位实际配置单板与默认单板不符，因此需要根据实际配置加以调整，将主控框上框 4 ~ 5、7 ~ 8、17 ~ 23 槽位的单板删除。为删除上述槽位单板，此命令需要执行 11 次，S 依次取值 4 ~ 5、7 ~ 8、17 ~ 23，使后台界面的硬件数据配置与前台硬件实际物理配置匹配。

RMV BRD:MN = 1,F = 1,S = 2;　　　　　　　　//删除单板

参数说明:

MN = 1　　　　模块号 = 1

F = 1　　　　框号 = 1

S = 2　　　　槽位 = 2

注意

由于主控框下框实际上仅7、12槽位配置了单板，因此需要根据实际配置加以调整，需将主控框下框2~6、8、10、14、17~22槽位的单板删除。此命令需要执行14次，S依次取值2~6、8、10、14、17~22，使后台界面的硬件数据配置与前台硬件实际物理配置匹配。

ADD BRD:MN = 1,F = 2,S = 17,BT = LPN7;　　　　//增加单板

参数说明:

MN = 1　　　　模块号 = 1

F = 2　　　　框号 = 2

S = 17　　　　槽位 = 17

BT = LPN7　　　　板类型 = LPN7

ADD BRD:MN = 1,F = 2,S = 18,BT = MFC;　　　　//增加单板

参数说明:

MN = 1　　　　模块号 = 1

F = 2　　　　框号 = 2

S = 18　　　　槽位 = 18

BT = MFC　　　　板类型 = MFC

提示

为主控框上框17、18槽位分别添加七号信令板LAP板、一号信令多频互控MFC板，使后台界面的硬件数据配置与前台硬件实际物理配置匹配。

6）加载设置。

- 激活后台监控状态

SET SMSTAT:MN = 1,STAT = ACT;　　　　//设置模块的后台监控状态

参数说明:

MN = 1　　　　模块号 = 1

STAT = ACT　　　　状态 = 激活

- 打开格式化状态开关

SET FMT:STS = ON;　　　　//设置格式转换的状态

参数说明:

STS = ON　　　　状态 = 开

- 格式转换

FMT ALL:;　　　　　　　　　　　　　　　//格式转换,将数据转换成交换机能接收的格式

● 联机

LON:;　　　　　　　　　　　　　　　　　//进入联机方式

1）在计算机数据库里，C&C08 交换机配置数据都保存为 SQL 数据库文件形式，由于 MPU 识别的是 0101 的机器代码，因此为了让 MPU 识别 SQL 数据库配置文件，就必须进行 SQL 数据库文件到机器语言代码的转换，这个过程称为“格式转换”。

2）将配置好的大批量数据一次性输入到 MPU 的过程，简称为“加载”。

4. 硬件数据配置验收

在完成硬件配置并加载数据后，可打开业务维护系统的“维护”导航页，选择“C&C08 维护工具导航”→“配置”，双击“硬件配置状态面板”，在窗口中观察各单板的运行状态。

窗口中应显示各单板的实际定义名称，单板运行正常时为绿色、蓝色或灰色，故障时为红色、黄色或紫色，如图 2-88 所示。如存在故障，请尝试排除故障，实现后台界面与前台硬件的实际物理配置匹配。

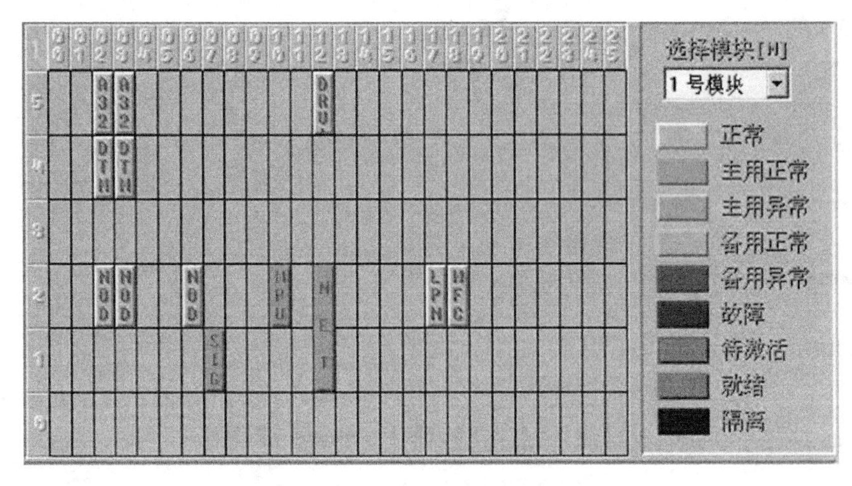

图 2-88　C&C08 交换机硬件配置状态面板

4.3　自我测试

一、选择题

1. 一个用户框的主备用 HW 线插头标签分别为“34. 2#HW…”和“35. 2#HW…”，而在主控框，34#HW 线插头和 35#HW 线插头分别插在主备网板从上往下数第三个定位片的位置，那么该用户框所占用的 HW 号是__________。

A. 0、1　　B. 2、3　　C. 6、7　　D. 8、9　　E. 10、11

2. 一个用户框的两个 NOD 线插头标签分别为“5. 2#NOD…”和“6. 2#NOD…”，而在主控框，5#NOD 线插头和 6#NOD 线插头分别插在 5 号和 6 号 NOD 板位置上，那么该用户框

所占用的 NOD 号是__________。

A. 8、12　　B. 10、14　　C. 11、15　　D. 9、13　　E. 17、21

二、填空题

1. 当 SM 模块用作单模块局时，它的编号固定为__________。
2. C&C08 交换机的 1 块 DTM 板占用__________个主节点，占用__________条 HW 线。
3. 硬件配置主要包括配置__________、__________、__________。

三、问答题

1. 什么是交换机的 HW 线？
2. 交换模块中 HW 和 NOD 的分配原则是什么？
3. 管理同一用户框的两个节点的工作方式是什么？
4. 简述单模块局硬件数据配置的流程。

项目3　本局用户互通

数字程控交换机是现代电信网络的核心交换设备，通过配置数据可实现多种业务，其中最为基本的是局内用户通话功能。C&C08 交换机硬件设备安装及数据配置已经完成，为本局用户开通电话业务做好了准备。

本项目以开通局内用户电话业务这一典型任务为核心，配置本局数据、调试校验，完成本局用户电话互通，为局间用户电话互通和实现电信新业务创造条件。

【教学目标】

1）能清楚解释呼叫接续的处理过程。

2）能简要叙述 C&C08 交换机本局呼叫接续流程。

3）能叙述本局用户电话业务数据配置的步骤。

4）能使用业务维护系统完成本局用户电话业务的数据配置。

5）能应用相关工具进行软硬件及数据故障排查。

6）具有查阅相关技术资料的能力。

任务1　C&C08 交换机本局呼叫接续处理

C&C08 交换机硬件设备安装及数据配置已经完成，从硬件方面为本局用户开通电话业务做好了准备。既然数字程控交换机采用程序来控制数字交换网络完成电话接续，本任务就来了解和认识交换机中的程序如何实现电话接续。

本次任务属于学习性任务，没有涉及技能训练。

本次任务的重点在于学习呼叫接续处理流程相关知识，为 C&C08 交换机开通局内电话业务做好准备。

1.1　知识准备

1.1.1　呼叫类型

电话交换机有四种基本呼叫任务，根据进出交换机的呼叫流向及发起呼叫的起源，可以将呼叫分为：本局呼叫、出局呼叫、入局呼叫和转接呼叫，如图 3-1 所示。

1. 本局呼叫

当主叫用户呼叫，被叫用户是本局中的另一个用户时，称为本局呼叫。

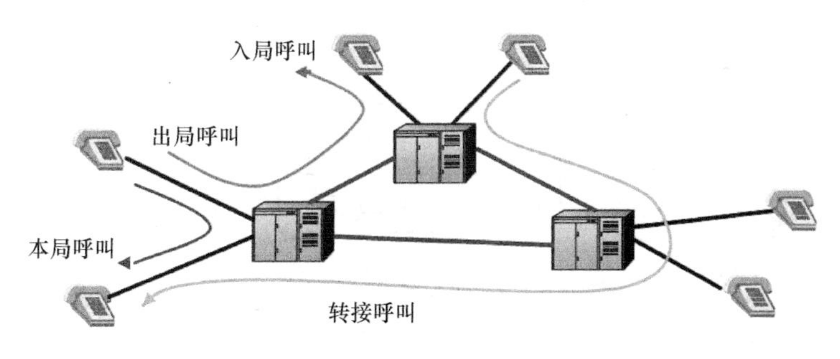

图3-1　呼叫类型

2. 出局呼叫

当主叫用户呼叫，被叫用户不是本局用户时，数字程控交换机需要将呼叫接续到其他的交换机，形成出局呼叫。

3. 入局呼叫

当经过入中继进来的呼叫在本局找到相应的用户时，称为入局呼叫。

4. 转接呼叫

呼叫的不是本局的一个用户，由数字程控交换机又接续到其他的交换机，只提供汇接中转的功能，则形成转接呼叫。

除了汇接局一般只具备转接呼叫的功能外，每个局的数字程控交换机都具备这四种呼叫的处理能力。至于长途和特种服务呼叫，可以看做是呼叫流向固定的出局呼叫。

1.1.2　呼叫处理的基本流程

数字程控交换机对所连接的用户状态周期性地进行扫描，当用户摘机后，用户回路由断开变为闭合，数字程控交换机识别到用户的呼叫请求后就开始进行相应的呼叫处理。呼叫接续过程主要包括呼叫建立、双方通话和话终释放。

发端交换局可完成本局呼叫和出局呼叫，发端交换局的数字程控交换机呼叫接续主要过程如下：

1）呼叫建立。用户摘机表示向数字程控交换机发出呼叫接续请求信令，数字程控交换机检测到用户呼叫请求后向用户送出拨号音，用户拨打被叫号码，数字程控交换机接收被叫号码（脉冲或DTMF信号）进行字冠分析。若字冠分析结果为本局呼叫，则本交换机建立主叫和被叫之间的连接；若字冠分析结果为出局呼叫，则选择占用至被叫方数字程控交换机的中继线。通路成功建立后，数字程控交换机向被叫振铃、向主叫送回铃音。

2）双方通话。主叫和被叫通过用户线或中继线以及数字程控交换机内部建立的链路进行通话。

3）话终释放。主叫或被叫挂机表示向数字程控交换机发出终止本次呼叫的请求，数字程控交换机检测到用户话终请求后立即或延时释放该话路连接。话终电路复原方式有主叫控制复原方式、被叫控制复原方式、互不控制复原方式、互相控制复原方式。例如普通模拟用户为主叫控制复原方式，119、110为被叫控制复原方式。

数字程控交换机一次成功的本局内部呼叫接续详细过程如图3-2所示。

本局呼叫接续的主要阶段如下：

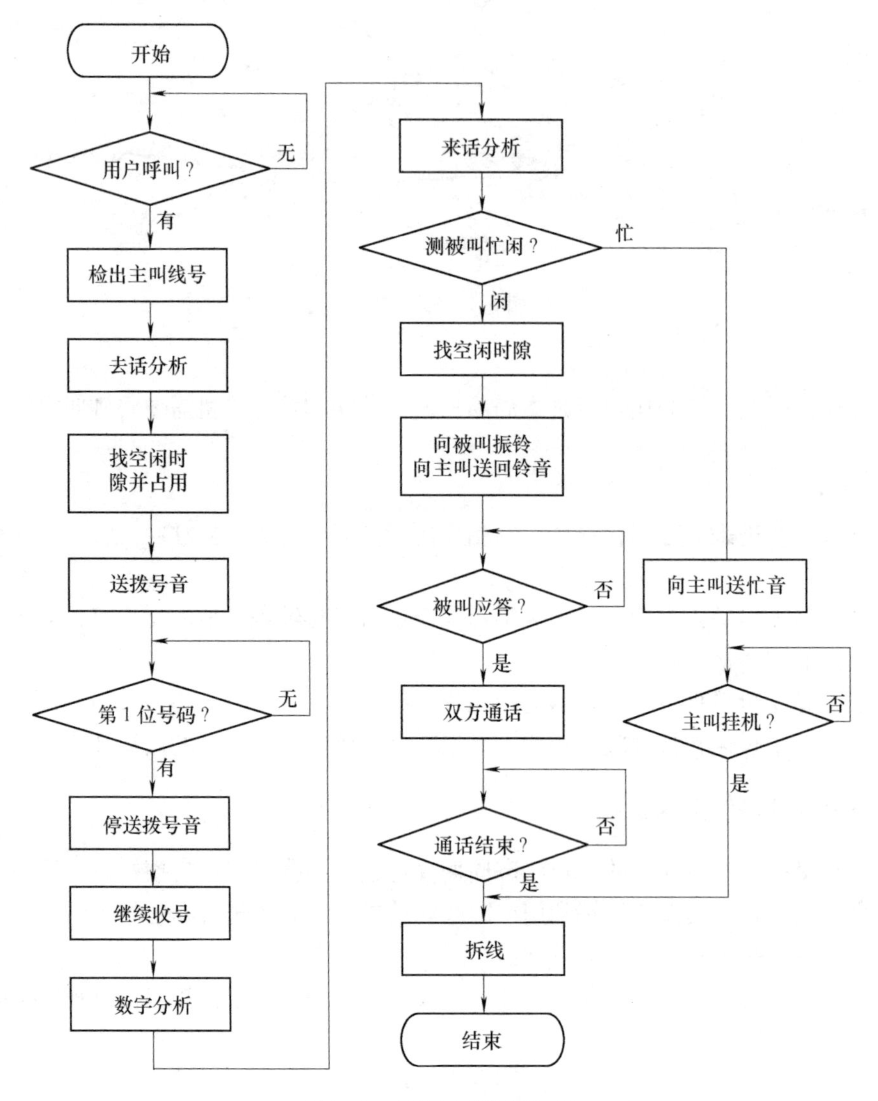

图3-2　本局呼叫接续流程

1）主叫用户摘机。数字程控交换机按一定的周期执行用户线扫描程序，对用户电路扫描点进行扫描，检测出摘机呼出的用户后，确定主叫用户类别和话机类别。

2）占用连接收号器和发送拨号音，准备收号。执行去话分析程序，若分析结果确定是电话呼叫，则数字程控交换机找出一个从数字交换网络通向用户的空闲时隙，然后选择一个空闲的收号器，建立主叫用户和收号器的连接，并向主叫用户送出拨号音，准备收号。

3）数字（号码）接收和分析。主叫用户拨打被叫号码，收号器接收被叫号码，数字程控交换机在收到第一位号码后，停送拨号音，接收到一定的号码后，开始进行字冠分析。字冠分析的主要目的是确定本次呼叫为本局呼叫还是出局呼叫，如果字冠分析结果确定本次呼叫是本局呼叫，则数字程控交换机同时接收剩余号码。

4）释放收号器。数字程控交换机接收号码完毕后，拆除主叫用户和收号器之间的连接，并释放收号器。

5）来话分析并接至被叫用户。数字程控交换机对被叫用户进行来话分析，并检测至被叫用户的链路和被叫用户是否空闲，如果链路和被叫用户空闲，则预占此空闲路由。

6）向被叫用户振铃和向主叫送回铃音。数字程控交换机建立至被叫和至主叫的电路连接，向被叫用户振铃，与此同时向主叫送出回铃音。

7）被叫应答、双方通话。被叫用户摘机应答，数字程控交换机检测用户应答后，停止振铃和停送回铃音，建立主、被叫用户之间的通话路由，同时启动计费设备，开始计费，并监视主、被叫用户的状态。

8）话终挂机、复原。数字程控交换机检测到主叫或被叫挂机后，进行相应的拆线工作，是否立即拆线取决于话终采用的电路复原方式。对于主叫控制复原方式，如主叫先挂机，通话电路立即复原，停止计费，向被叫送忙音；如被叫先挂机，启动再应答时延监视电路，超时后通话电路复原，停止计费，向主叫送忙音。

上述过程是一次成功的局内呼叫过程。实际上，处理一次呼叫的全过程并非都与上述步骤完全一样，如出局呼叫、入局呼叫就会有很大差别。而数字分析结果为用户无呼叫权限等情况出现时，则会提前结束这一过程。

1.1.3　呼叫接续分析处理

呼叫接续分析处理就是对各种信息进行分析，从而决定下一步应该做什么。分析处理由分析程序负责执行。按照要分析的信息，分析处理可分去话分析、号码分析、来话分析和状态分析。

1. 去话分析

所谓去话分析是指对主叫用户数据的分析，以决定下一步的任务和状态。数字程控交换机的用户数据包括基本用户数据和新业务数据。基本用户数据是每个用户都有的，同一数字程控交换机的不同用户有相同的基本用户数据结构，只是数值不同；新业务数据不是每个用户都有，用户可以根据自己的需要申请使用电话新业务。不同数字程控交换机的用户基本数据所包含的内容并不完全相同。

去话分析的过程如下：根据摘机呼出用户的设备码，在数据库中查找该用户的数据表格，查找得到的该用户基本数据有：用户设备码（EN）、用户电话号码（DN）、用户线状态、用户线类别、话机类型、新业务使用标志、用户计费类别等。然后对上述主叫用户的基本数据进行逐一分析，决定收号前工作，并作出正确判断确定应执行的任务，进行去话接续。

去话分析的过程是由去话分析程序来完成的，其程序流程图如图3-3所示。

经去话分析如果确定主叫是电话呼叫，则寻找由该主叫用户经过其用户级至数字交换网络的空闲链路，并在该主叫用户对应的时隙内，由连接在数字交换网络的数字信号音发生器送出拨号音至主叫。

2. 字冠分析

数字程控交换机对主叫用户拨打的被叫号码的处理分为字冠和剩余号码两部分。对字冠的处理称为字冠分析，即号码分析；对剩余号码的处理称为被叫识别，即来话分析。

如果是本地网电话呼叫，字冠就是被叫侧交换局的局号；如果是长途电话呼叫，字冠就是被叫侧用户所在城市的长途区号。所以，字冠分析的号码位数一般为1～4位。

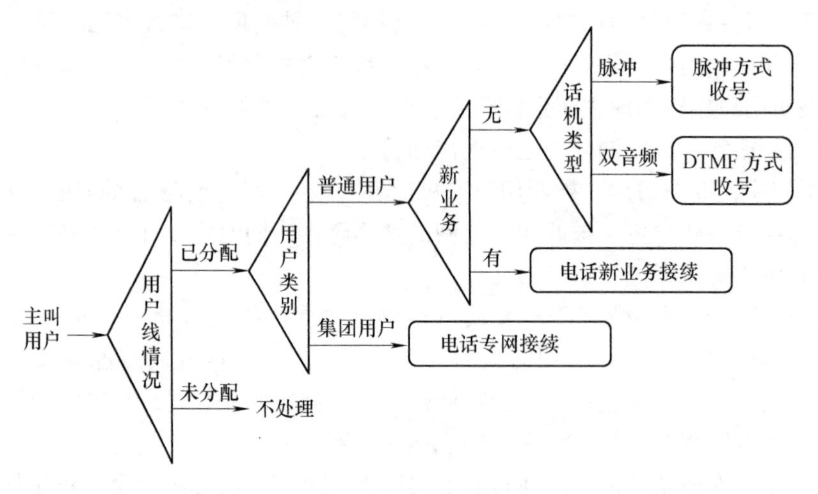

图 3-3　去话分析

字冠分析时，第 1 位为 0，则需根据第二位的值判断是国内长途还是国际长途；第 1 位为 1，则表明是特服接续；第 1 位为“ * ”和“#”，则表明是电话新业务接续；第 1 位为其他号码，则根据不同局号判断是本局接续还是出局接续。如果是本局接续，根据字冠分析的结果可以得到千群号；如果是出局接续，根据字冠分析的结果可以得到路由块标识。字冠分析的过程是由字冠分析程序来完成的，其程序流程图如图 3-4 所示。

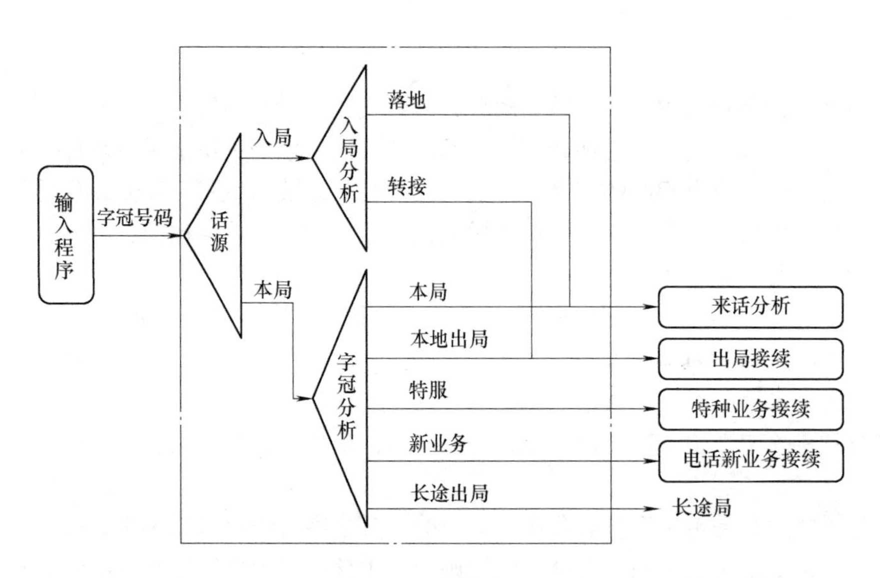

图 3-4　字冠分析

字冠号码有两个来源：一是本局用户，即来自本局用户拨打的被叫号码；二是入中继，即通过局间信令从其他交换局传送过来的号码信息。字冠分析的结果除了跟字冠号码有关外，还与呼叫源、呼叫类别和呼叫时间有关。这里的呼叫类别是指普通呼叫、测试呼叫、操作员呼叫、优先呼叫等。

3. 来话分析

字冠分析结束后是来话分析。若字冠分析的结果是本局呼叫，则通过来话分析进一步分

析被叫用户的情况。来话分析的依据是被叫用户的剩余号码和被叫用户的忙闲状态。

来话分析根据用户的剩余号码在数字程控交换机数据库中查找相应的用户数据表格，得到该被叫用户的设备码（EN）和其他业务数据，设备码标识了被叫用户在数字程控交换机中的硬件位置，然后测试该被叫用户的忙闲状态。如果测试结果是被叫用户空闲，则预占该被叫用户，建立被叫侧的振铃路由和主叫侧的送回铃音路由；如果测试结果是被叫忙而该被叫用户又没有遇忙转移、呼叫等待等新业务功能时，则控制主叫侧的用户电路向主叫用户送出忙音，而在本次呼叫中占用的软件和其他硬件电路立即释放。

来话分析的过程是由来话分析程序完成的，其程序流程图如图3-5所示。

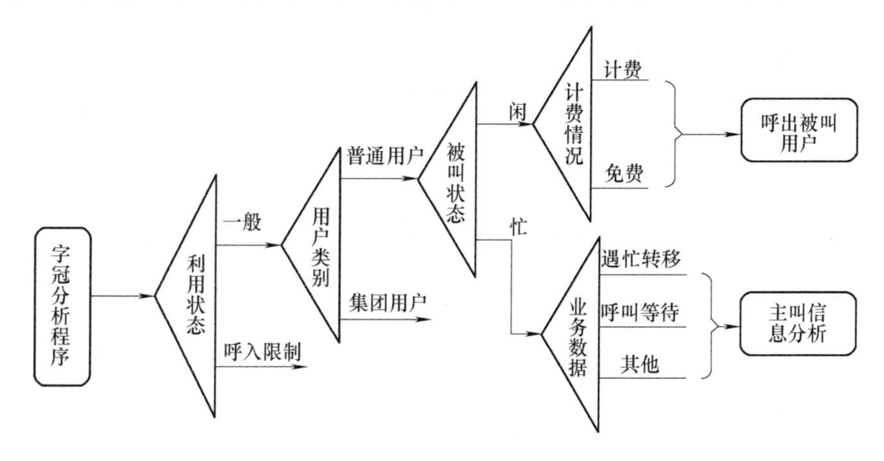

图3-5　来话分析

4. 状态分析

上述3个分析程序分别对应主叫摘机、号码接收和本局来话3种特定的情况，而对于呼叫过程中除了这3种情况以外的任何变化进行响应，就需要进行状态分析。

状态分析的数据来源于稳定状态和输入信息。当用户处于某一稳定状态时，处理机等待外部的输入信息，当有外部的输入信息提交时，处理机才会根据当时的稳定状态来决定下一步的工作，转移到什么新状态。

状态分析的依据是：

1）当前的接续状态（稳定状态）；

2）提出分析要求的设备或任务；

3）变化因素，包括被叫应答、主叫挂机、被叫挂机、拍叉簧和超时等。

状态分析就是根据上述信息，经过分析处理后，确定下一步的执行任务，如被叫铃响时被叫摘机，下一步是接通双方通话电路。

状态分析的过程是由状态分析程序完成的，其程序流程图如图3-6所示。

1.1.4　C&C08 交换机本局呼叫接续处理

1. 电话呼叫的流程

呼叫处理是交换机需要完成的最基本的任务。在人工交换机时期，呼叫处理的完成过程由人工控制。而对数字程控交换机来说，呼叫处理则由CPU来控制完成，即由软件控制硬件动作完成，该软件就是呼叫处理程序。呼叫处理的工作是完成数字程控交换机所有呼叫的

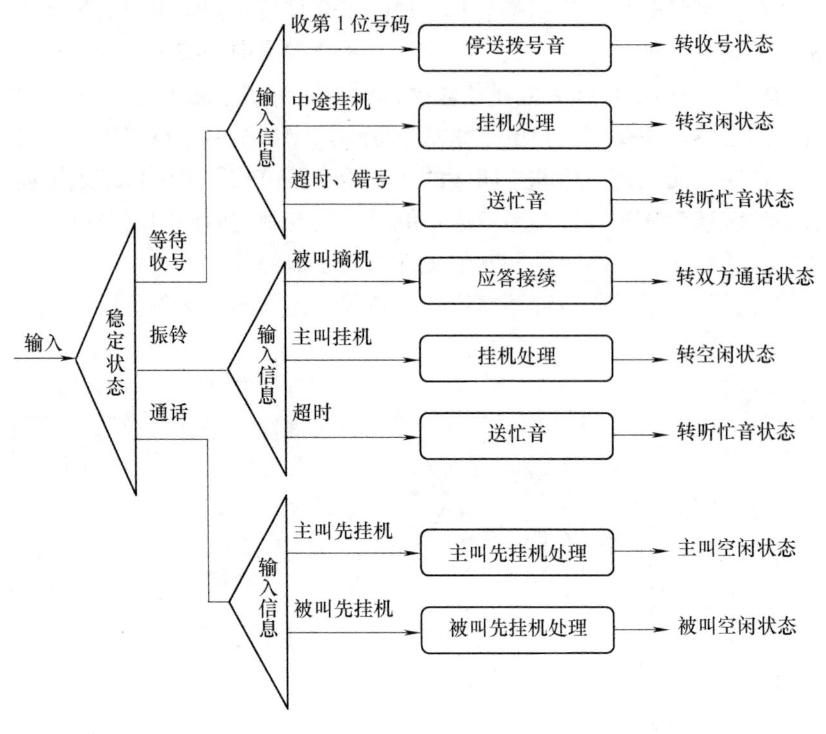

图 3-6　状态分析

建立和释放，以及各种电话功能的建立和释放。

在 C&C08 交换机中，呼叫处理程序预先存储在交换模块的 MPU 板上，通过 MPU 板上的 CPU 执行该程序。呼叫处理程序的工作，总的来说就是检测各硬件电路上所发生的事件，对这些事件进行分析处理之后，再输出命令驱动相关硬件动作。在这个过程中，它需要调用操作系统和数据库管理系统。

一次完整的呼叫过程，如图 3-7 所示。

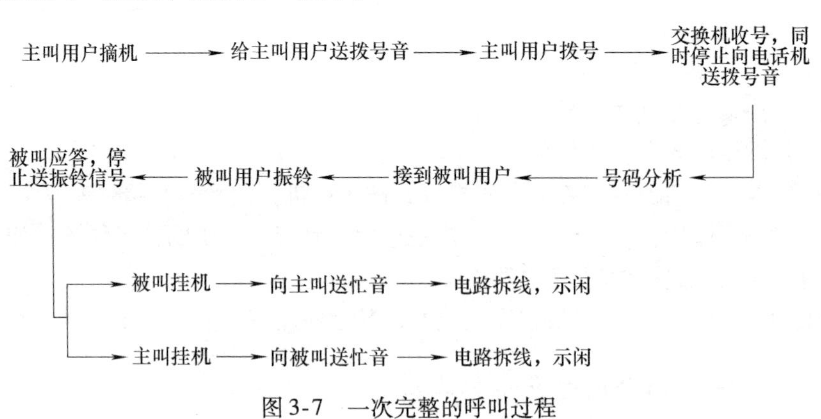

图 3-7　一次完整的呼叫过程

数字程控交换机程序所要处理的就是这一系列过程相关的软件和硬件的动作。对以上每一个过程，数字程控交换机要做大量的处理，使相关电路做出相应的响应。由于组网方式的不同，硬件配置的不同，所涉及的硬件动作也是不相同的，但呼叫流程都是一样的。

2. C&C08 交换机局内呼叫处理过程

局内呼叫处理主要是指局内各用户之间的相互呼叫，这类用户包括 PSTN 用户、ISDN 用户、AN 用户、Centrex 用户等，该呼叫不涉及到其他数字程控交换机。

（1）主叫摘机　主叫用户所在的 ASL 板检测到摘机事件上报 MPU，上报的信号还包括主叫的设备号和设备类型。

主叫摘机事件上报的路径为 ASL→DRV→NOD→MPU。

（2）给主叫送拨号音　MPU 对主叫用户进行分析，确定主叫用户属性后给主叫用户送拨号音。

MPU 对主叫用户进行分析，检索用户数据库，确定主叫用户的呼出权和设备类型，即是双音频话机还是脉冲话机。若主叫是一个存在的合法用户，MPU 为主叫用户预占话路时隙。而后，MPU 将连接收号器，准备接收主叫所拨打的电话号码。若主叫是双音频用户，则连接 DRV 板上一个空闲的双音收号器；若主叫是脉冲用户，则启动软件程序（拨号脉冲扫描程序和位间隔扫描程序），对于拨号脉冲的检测由 ASL 板完成；若主叫是自动用户（双音频或脉冲），则两种都准备。最后，MPU 板控制 BNET 板建立主叫与 SIG 板之间固定的拨号音时隙连接，给主叫送拨号音。

给主叫送拨号音的路径为 SIG→BNET→ASL，如图 3-8 所示。

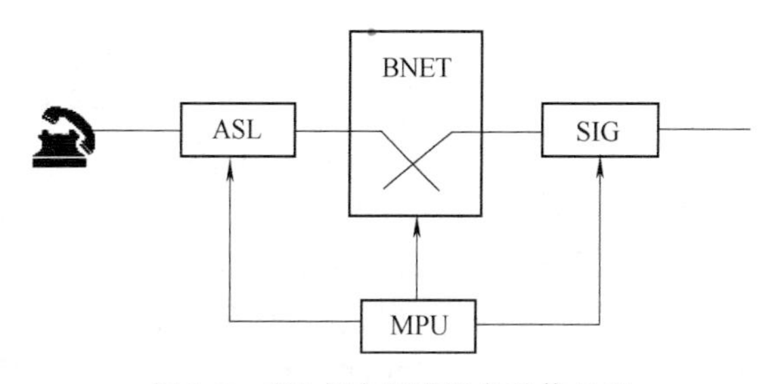

图 3-8　SIG 板向用户送各种信号音

（3）接收主叫拨号　主叫用户听到拨号音后，开始拨号，收号器开始收号。

收号器收到第一位号码后，上报 MPU 板。MPU 存储这位号码，并控制停送拨号音。

对于自动用户，如果 DRV 板的收号器首先收到双音频号码，则 MPU 释放脉冲扫描程序和位间隔扫描程序；反之，如果 ASL 板首先收到第一位脉冲号码，则释放 DRV 板上的收号器。DRV 或 ASL 重复收号，每收到一位号码都上报 MPU 并存储起来。

若主叫为双音频用户，则拨号上报的路径为 ASL→DRV→NOD→MPU；若主叫为脉冲用户，则拨号上报的路径为 ASL→NOD→MPU。

（4）字冠分析　MPU 收到一定位数的号码后，开始字冠分析，确定此次呼叫类型是出局呼叫还是本局呼叫。如果是出局呼叫，则进行出局呼叫处理过程。

这里假设确定为本局呼叫，DRV 继续收号，根据字冠的号长收齐号码后，MPU 控制释放 DRV。MPU 对被叫号码进行分析，确定被叫号码是否存在，以及是哪个模块的用户。

（5）接至被叫用户（振铃）　号码分析后找到被叫用户，接至被叫用户，向被叫用户送振铃。

1）查找被叫用户。MPU 根据被叫号码直接查找该号码所在的模块号和该号码占用的设备号。

2）占用被叫用户。如果主被叫在同一模块，MPU 先要申请设备的忙闲标志作相应的处理，如果被叫端口忙，将拒绝此次呼叫。

如果主被叫在不同模块，则MPU先要申请一段从主叫模块到被叫模块的模块间话路通道，然后将所占用的被叫端口的占用消息通过内部信令通路转发给被叫模块的MPU。被叫所在模块的MPU根据设备忙闲标志作相应的处理，如果被叫端口忙，将拒绝此次呼叫。

3）被叫空闲。当被叫空闲时，被叫所在模块的MPU为被叫预占话路时隙，并将被叫置忙，同时给被叫所在的ASL发命令，将PWX板产生的振铃信号送往被叫话机。如果被叫状态为忙，则拒绝此次呼叫。

4）向主叫送回铃音。主叫模块MPU在得到被叫空闲的信息后控制BNET板建立主叫与SIG板上回铃音时隙间的通路，向主叫送回铃音。

（6）被叫应答通话　被叫用户听到振铃后摘机应答，双方开始通话。

被叫用户听到振铃后摘机。ASL检测到被叫摘机后截断铃流，并将摘机事件上报到MPU。如果主、被叫不在同一模块，被叫模块的MPU将被叫摘机消息通过内部信令通路送给主叫模块的MPU。主叫模块MPU控制停送回铃音，并控制BNET板连通主、被叫间的话路，双方开始通话。

同一模块内通话路径为ASL→BNET→ASL，如图3-9所示。

如主、被叫不在同一模块，涉及的设备更多，话路通路更加复杂，这里不去描述。

（7）主、被叫挂机　通话结束，主、被叫用户挂机。

主叫用户先挂机时，ASL将挂机事件上报MPU。MPU将主叫及主叫时隙置闲。如果主、被叫不在同一模块内，还要将主叫挂机消息通过模块间内部信令通路送给被叫模块MPU。被叫所在模块的MPU控制向被叫送忙音（忙音的音源在SIG板上），听到忙音后被叫用户挂机，被叫模块中的ASL将挂机事件上报被叫模块MPU，由它将被叫及被叫时隙置闲。

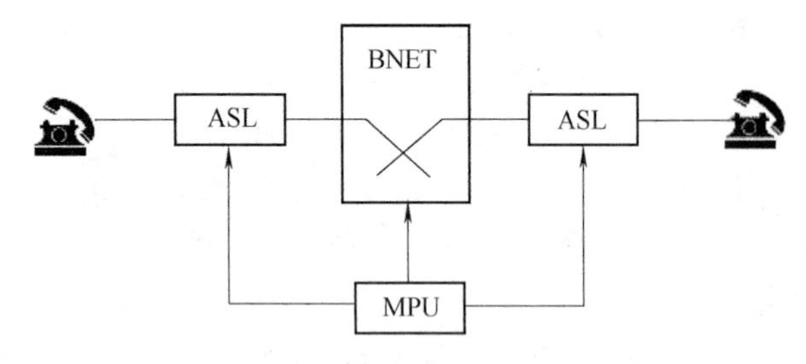

图3-9　本局呼叫通道话路

被叫用户先挂机与主叫用户先挂机的处理过程类似，此处不再赘述。

无论何种呼叫，都涉及两类信号：语音和控制信令。语音的交换以HW形式出现，所有和语音有关的信号都以HW形式进入BNET网板进行时隙交换。控制信令采用的是三级控制方式：MPU为第一级，NOD（实质是一单片机系统）为第二级，ASL（每块ASL板上有一单片机系统）为第三级。控制信令交换信息实质上就是不同总线、不同速率的计算机系统间相互通信的过程。本局呼叫语音通道与控制信令通道如图3-10所示。

1.2　学习活动页

通过讨论交流等方式，阐述呼叫处理的基本流程、呼叫接续分析处理及分析的目的和流程，在此基础上认识C&C08交换机是如何实现本局呼叫接续的。

1）呼叫类型有哪些？

2）呼叫接续的过程是怎样的？

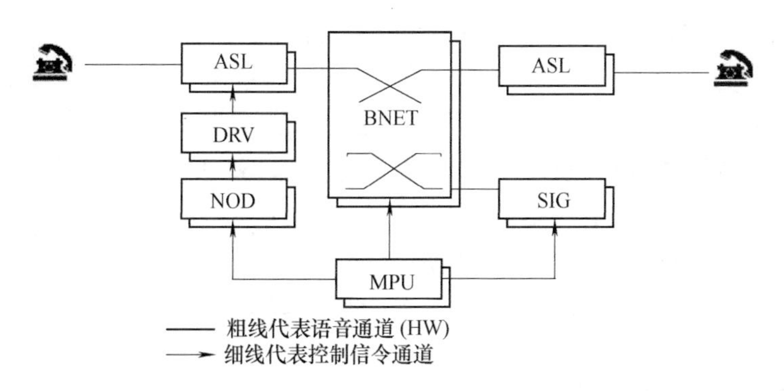

图3-10　本局呼叫语音通道与控制信令通道

3）什么是去话分析、字冠分析、来话分析、状态分析？这四种呼叫处理的基本功能是什么？

4）C&C08 交换机如何完成一次完整本局呼叫？

① 主叫摘机的信号经过哪些单板上报给 MPU？

② 给主叫送拨号音的路径是什么？

③ 主叫拨号上报的路径都包括哪些单板？

④ 同一模块内通话，话路通路经过哪些单板？

⑤ 通话结束，主叫先挂机，怎样实现拆线过程？

1.3　自我测试

1. 简述数字程控交换机呼叫处理的基本流程。

2. 简述去话分析、字冠分析、来话分析、状态分析四种呼叫分析处理的基本功能。

3. C&C08 交换机同一 SM 模块内呼叫的话路通路经过哪些单板？控制信令通路又经过哪些单板？

任务2　C&C08 交换机本局用户互通

通过任务1，我们学习了 C&C08 交换机本局呼叫处理的过程，对于本局用户互通的认识有了理论知识储备。以此为契机，本次任务在 C&C08 交换机硬件设备安装及其数据配置等硬件资源已齐备的条件下，配置本局数据、调试校验，开通本局用户电话业务。

2.1　知识准备

2.1.1　C&C08 交换机的基本用户数据设定方法

呼叫处理的目的是根据主叫拨叫的号码找到被叫用户线。实际上 ASL 用户板的物理端口与用户电话号码之间是一一对应的关系，如图 3-11 所示。

那么怎样建立上述的对应关系，顺利实现用户电话通信呢？

图 3-11 电话号码与物理端口的关系

数据配置就是要使实际的物理硬件设备实体和抽象逻辑数据进行关联，这样数字程控交换机才能执行呼叫接续处理过程中的一系列程序并驱动相关硬件电路做出相应的响应，最终完成电话接续。

1. 基本用户数据设定前的硬件准备

与基本用户数据相关的硬件如下：

1）ASL 板：ASL16 或 ASL32，每板提供 16 路或 32 路模拟用户接口。

2）DRV 板：用于双音多频收号。

3）SIG 板：提供用户所需的各类信号音。

进行基本用户数据设定必须确保上述硬件正常工作。

2. 基本用户数据配置的一般步骤

1）如果用户所属的呼叫源不存在，则增加相应的呼叫源：ADD CALLSRC。

2）如果用户号码的呼叫字冠不存在，则增加相应的呼叫字冠：ADD CNACLD。

3）增加号段：ADD DNSEG。

4）增加一个普通用户：ADD ST；或增加一批模拟用户：ADB ST。

2.1.2 C&C08 交换机基本用户数据设定涉及的几个概念

前面了解了基本用户数据设定的硬件准备及基本用户数据配置的一般步骤，但是在基本用户数据设定过程中包含有很多参数，要想正确设定基本用户数据，保证局内用户互通，必须先要认识基本用户数据设定过程中涉及的概念。

1. 呼叫源

呼叫源是指发起呼叫的用户或入中继。一般若干个用户或若干个中继属于同一个呼叫源。

呼叫源的划分是以主叫用户的属性来区分的，这些属性包括预收号位数、号首集、路由选择源码、失败源码、是否号码准备及呼叫权限等。

2. 号首集

号首集是号首（或字冠）的集合。号首集在实际应用中也称网号或网标识。号首是呼叫源发出呼叫的号码的前缀，所以号首集与呼叫源有一定的对应关系。

在实际应用中，公网使用 0 作为号首集；专网选用 1 或其他数字作为号首集。号首是决定与本次呼叫有关的各种业务的关键因素，在公网和专网混合的网络中，号首对不同的用户和中继群而言往往是重叠的，但意义可能不同。

3. 呼叫源与号首集的关系

一个呼叫源只能对应一个号首集，一个号首集可以为多个呼叫源共用。

呼叫源和号首集的关系可以这样描述：一个电话网（公网或专网）内所有的普通用户能够拨打的字冠（号首）的集合就是号首集，而这些用户可能因为某些呼叫属性如对字冠的预收号位数不同，划分为不同的用户组，每一个组是一个呼叫源。所以号首集涵盖的范围

大于等于呼叫源涵盖的范围。

对于一个呼叫源，需设定一个号首集，号首集为包含该呼叫可拨打的所有号首，对于非号首集内的号首，当用户拨打该号首时，需要进行号首集变换（网变换），否则系统会提示号码有误。

引入号首集这一概念是因为即使是同一号首，但对不同的主叫方（呼叫源），也可有不同的含义，交换机对其处理也不同。如9对公网为无线呼叫，对专网即为普通呼叫。222对一个网（如号首集0）的呼叫源0可能是本局呼叫，对另一个网（如号首集1）的呼叫源1则是出局呼叫。两个呼叫源可以对应相同的号首集，当同一个网（如号首集0）内不同呼叫源的用户拨打相同的号首时，交换机做相同的处理。当然，不同号首集中同一号首也可能含义相同，如7字头都代表出局。

号首集侧重对被叫号码进行分类，而呼叫源是侧重对主叫的属性进行分类。也就是说号首集定义呼叫字冠，呼叫源对主叫用户分类。

4. 用户号码

用户号码即用户的电话号码。用户号码必须落在号段表所描述的一个记录范围内，同时也要出现在一个用户表中。需要注意的是，在号段表中的用户号码是针对被叫用户的，而用户表中的用户号码则是针对主叫用户的。

5. 设备号和用户数据索引

（1）设备号　设备号是用户端口的编号，用来标识一个用户在模块上的物理位置。

设备号在模块内统一编号，与用户板的单板编号有对应关系，即设备号＝单板编号×32＋单板内通道（0～31）。需要注意的是这里假设用户板ASL板为32路用户板。

基本用户数据配置就是要通过数据设定关联电话号码和设备号。

（2）用户数据索引　用户数据索引与电话号码一一对应，有多少个电话号码就有多少个用户数据索引。

用户数据索引在全局内统一编号，一个设备号对应一个用户数据索引。

2.2　工作任务单

2.2.1　任务描述

某学校程控交换实训室现有C&C08单模块交换机（B型独立局）一台及后台终端工作站若干。现已完成该交换机硬件安装及物理配置，其单板情况如图3-12所示，现要求技术人员根据用户设备情况配置本局数据、调试并通过验收，实现局内用户电话互通，为进一步实现局间电话业务和实现电信新业务创造条件。

2.2.2　任务实施

1. 号码规划

从硬件板位图图3-12得知，该交换机包括2块用户板，可接64部话机；2、3槽位插入32路ASL板（该板在系统中显示为A32），则单板编号为0和1，对应的设备号为0～63。

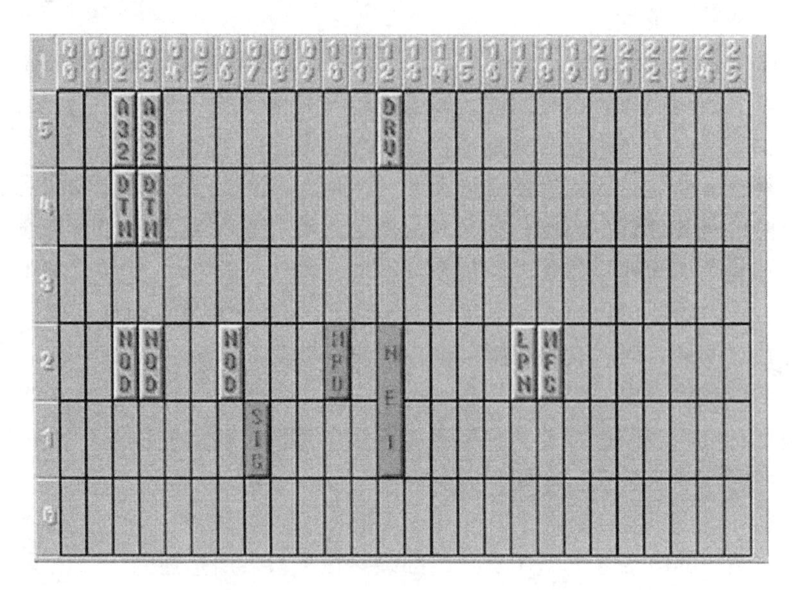

图 3-12　C&C08 交换机硬件板位图

现设定本局电话号码为 3330000 ~ 3330063。

2. 登录业务维护系统

按上电流程为 C&C08 交换机上电，从维护终端工作站登录业务维护系统。

3. 本局基本用户数据配置

（1）增加呼叫源　在业务维护系统“MML 命令”导航窗口，选择“C&C08 命令”→“局数据配置”→“号码分析”→“呼叫源”，双击“增加呼叫源”，填写相关参数（红色是必填参数）：

呼叫源码：0，预收号位数：3，号首集：0

其命令为：ADD CALLSRC：CSC = 0，PRDN = 3，P = 0；

> **提示**
>
> 1）呼叫源分类的依据是主叫用户的属性，如预收号位数、号首集、路由选择源码等。每个呼叫源都具有一个呼叫源码。本实例中呼叫源的呼叫源码设为 0。
>
> 2）呼叫源中的用户或入中继在发起呼叫时所拨打的号码会被交换机逐位接收，预收号位数表示交换机在收到多少位号码后开始进行号码分析。预收号位数取值范围为 0 ~ 9，这里由于局号为 333，预收号位数设为 3，用户拨到 3 位“333”后，交换机就开始进行号码分析。
>
> 3）号首集是号首（字冠）的集合，囊括了该呼叫源有权呼叫的所有被叫号码的集合，又称为网号或网标识，此处设为 0。

（2）增加呼叫字冠　在业务维护系统“MML 命令”导航窗口中，选择“C&C08 命令”→“局数据配置”→“号码分析”→“基本业务字冠”，双击“新增一个字冠”，填写相关参数：

号首集：0，呼叫字冠：333，业务类别：基本业务　业务属性：本局，最小号长：7，

最大号长：7

其命令为：ADD CNACLD:P=0,FX=K'333,CSTP=BASE,CSA=LCO,MINL=7,MAXL=7;

提示

1）呼叫字冠是指被叫用户号码的字冠，通常是被叫号码的前几位。本实例开通的电话号码范围是3330000~3330063，其局号为333，因此呼叫字冠设为333。

2）业务类别是指此字冠所代表的业务种类，可设为“基本业务”、“新业务/补充业务”、“测试”、“智能业务”、“Internet 接入码”、“特殊接入码”等。对于普通呼叫字冠，一般选“基本业务”；对于新业务，一般选“新业务/补充业务”，其他业务视情况而定。此处是普通局内呼叫业务，所以设为“基本业务”。

3）业务属性是指字冠所代表的呼叫种类，如本局、本地等，本实例为开通局内电话业务，因此选择“本局”。

4）最小号长表示此类呼叫所能允许的最短号码长度。如果用户所拨的电话号码小于最小号长，则交换机将不对其进行处理。

5）对于本局的普通用户，最大号长=最小号长。数字程控交换机处理程序对用户拨打的号码只分析到最大号长位号码，最大号长位号码以后的号码将不会被处理。

（3）增加号段　用来指定放号操作中电话号码的起始号与终止号之间的号码集合。

在业务维护系统“MML 命令”导航窗口中，选择“C&C08 命令”→“用户管理”→“号段管理”，双击“增加一个号段”，填写相关参数：

号首集：0，起始号码：3330000，结束号码：3330063

其命令为：ADD　DNSEG:P=0,SDN=K'3330000,END=K'3330063;

注意

1）起始号码必须小于等于结束号码，并且号长必须相等。

2）号长一样的两个号段不能有重叠的号码。

（4）增加一批/一个模拟用户　增加一批/一个模拟用户，可以对指定的模块中的指定设备进行放号。

在业务维护系统“MML 命令”导航窗口中，选择“C&C08 命令”→“用户管理”→“普通用户”，双击“批增一批模拟用户”，填写相关参数：

起始号码：3330000，结束号码：3330063，号码步长为：1，号首集：0，模块号：1，起始设备号：0，计费源码：255，呼叫源码：0

其命令为：ADB ST:SD=K'3330000,ED=K'3330063,DNSTEP=1,P=0,MN=1,DS=0,RCHS=255,CSC=0;

以上配置工作中使用了批量增加用户命令来实现快速放号。如果只想增加单一用户，则可在“MML 命令”导航窗口中，选择“C&C08 命令”→“用户管理”→“普通用户”双击“增加一个模拟用户”，填写相关参数：

电话号码：3330017，号首集：0，模块号：1，设备号：17，计费源码：255，呼叫源码：0

其命令为：ADD ST:D=K'3330017,P=0,MN=1,DS=17,RCHS=255,CSC=0;

> ⚠注意
>
> 1）批增一批模拟用户（ADB ST），其实现机理是循环调用单个增加的存储过程。
>
> 2）SM 单模块成局，其模块号固定为 1。如果不注意模块号的设定，导致后续配置不能进行。
>
> 3）起始设备号表示了批量增加用户中起始用户连接的物理设备号。本实例中的 64 个用户使用的物理设备号为 0 ~ 63，因此起始设备号设为 0
>
> 4）计费源码设为 255 是不想将计费数据牵扯进来，但是实际开局时，就需要填写实际的计费源码。通常应该在放号之前要先完成相应的计费数据。这里填写 255，表示无效。
>
> 5）一次批增不能超过 304 个用户。

4. 查看放号操作是否成功

在业务维护系统“维护”导航窗口中，选择“C&C08 维护工具导航”→“配置”，双击“硬件配置状态面板”，在弹出的窗口中选择 A32 板后右击，在弹出的菜单中选择“查询单板”，如图 3-13 所示。

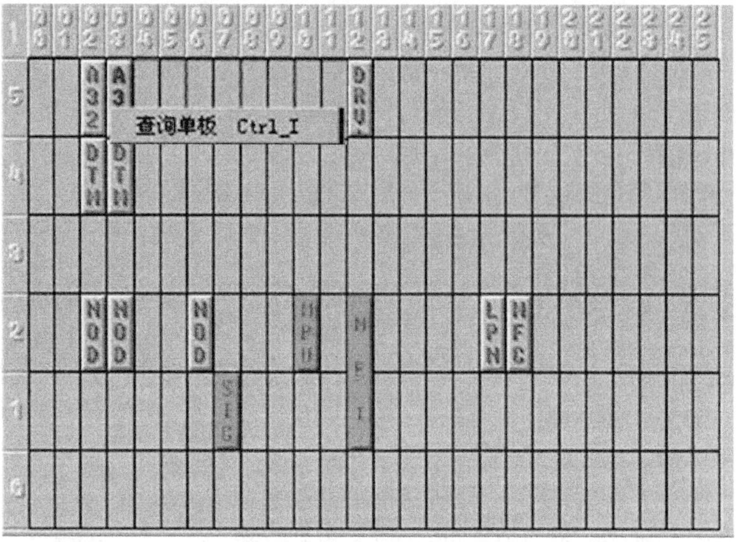

图 3-13　查询单板

单击“查询单板”后，出现结果窗口如图 3-14 所示。

5. 电话拨测校验

拨打电话进行通话测试。测试不成功时应分析原因并排除故障。对测试结果和配置中出现的问题进行记录。

6. 用户接续动态跟踪

当需要了解新放号用户的工作状态时，通常会使用业务维护系统所提供的接续动态跟踪功能，对用户进行实时监视。

启动用户接续动态跟踪功能方法有两种，分别为：

1）使用维护导航窗口启动用户接续动态跟踪。

用户类型	用户序号	号首集	电话号码	状态	占用
有线用户	16	255		空闲	未占
有线用户	17	0	3330017	空闲	未占
有线用户	18	255		空闲	未占
有线用户	19	255		空闲	未占
有线用户	20	0	3330020	空闲	未占
有线用户	21	255		空闲	未占
有线用户	22	255		空闲	未占
有线用户	23	255		空闲	未占
有线用户	24	255		空闲	未占
有线用户	25	255		空闲	未占
有线用户	26	255		空闲	未占
有线用户	27	255		空闲	未占
有线用户	28	255		空闲	未占
有线用户	29	255		空闲	未占
有线用户	30	255		空闲	未占
有线用户	31	255		空闲	未占

图3-14　查询用户板后显示的结果

在业务维护系统“维护”导航窗口中，选择“C&C08 维护工具导航”→“跟踪”双击“接续动态跟踪”，如图3-15a 所示，然后在弹出的窗口中进行接续动态跟踪设置，如图3-15b 所示，启动接续动态跟踪。

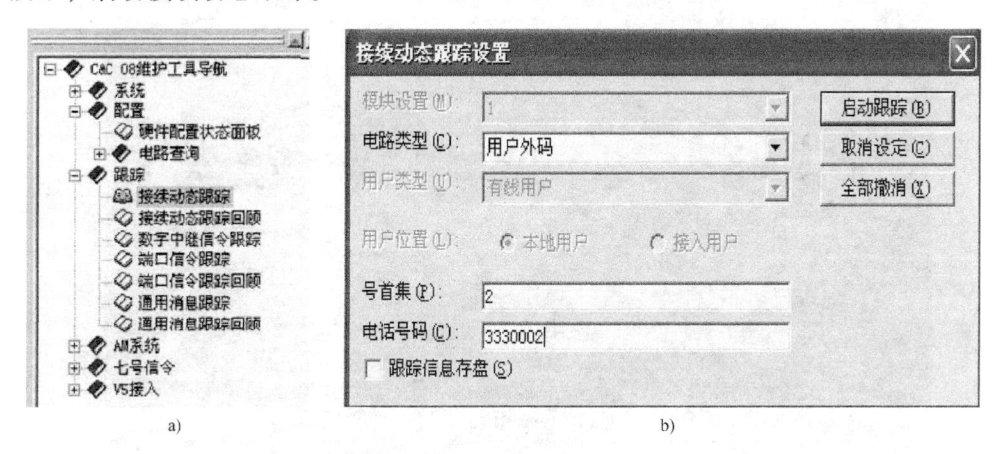

图3-15　启动接续动态跟踪

2）使用单板查询窗口启动用户接续动态跟踪。

启动用户接续动态跟踪也可重复任务实施第4步的“查询单板”操作，在图3-14中选择某一用户电话号码后，单击右键启动用户接续跟踪，如图3-16所示。

用户接续动态跟踪功能启动后，业务维护系统会显示跟踪结果，如图3-17所示。图3-17中被跟踪的用户为主叫用户，电话号码为3330002，被叫用户电话号码为3330000。通话结束后被叫先挂机。

7. 用户数据日常维护

1）删除一个用户电话号码。

在业务维护系统“MML 命令”导航窗口中，选择“C&C08 命令”→“用户管理”→“普通用户”，双击“删除一个用户”，填写相关参数：

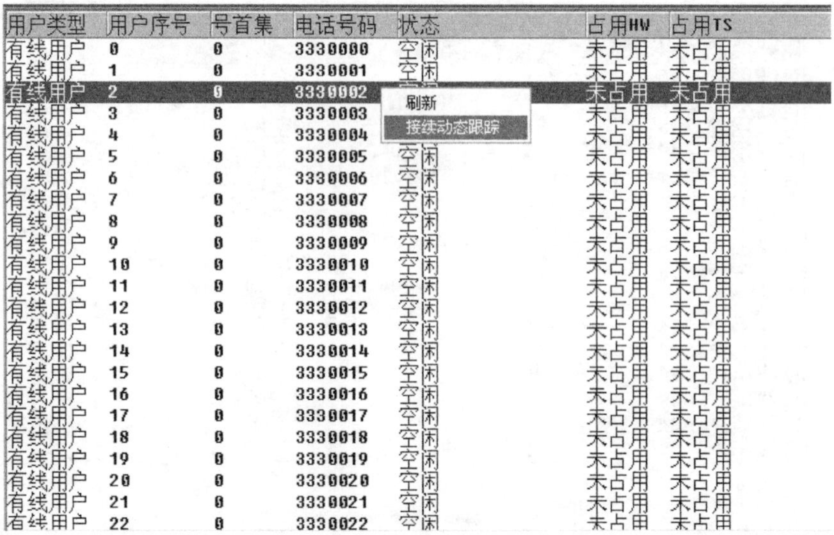

用户类型	用户序号	号首集	电话号码	状态	占用HW	占用TS
有线用户	0	0	3330000	空闲	未占用	未占用
有线用户	1	0	3330001	空闲	未占用	未占用
有线用户	2	0	3330002		未占用	未占用
有线用户	3	0	3330003		未占用	未占用
有线用户	4	0	3330004		未占用	未占用
有线用户	5	0	3330005	空闲	未占用	未占用
有线用户	6	0	3330006	空闲	未占用	未占用
有线用户	7	0	3330007	空闲	未占用	未占用
有线用户	8	0	3330008	空闲	未占用	未占用
有线用户	9	0	3330009	空闲	未占用	未占用
有线用户	10	0	3330010	空闲	未占用	未占用
有线用户	11	0	3330011	空闲	未占用	未占用
有线用户	12	0	3330012	空闲	未占用	未占用
有线用户	13	0	3330013	空闲	未占用	未占用
有线用户	14	0	3330014	空闲	未占用	未占用
有线用户	15	0	3330015	空闲	未占用	未占用
有线用户	16	0	3330016	空闲	未占用	未占用
有线用户	17	0	3330017	空闲	未占用	未占用
有线用户	18	0	3330018	空闲	未占用	未占用
有线用户	19	0	3330019	空闲	未占用	未占用
有线用户	20	0	3330020	空闲	未占用	未占用
有线用户	21	0	3330021	空闲	未占用	未占用
有线用户	22	0	3330022	空闲	未占用	未占用

刷新
接续动态跟踪

图 3-16　启动用户接续动态跟踪

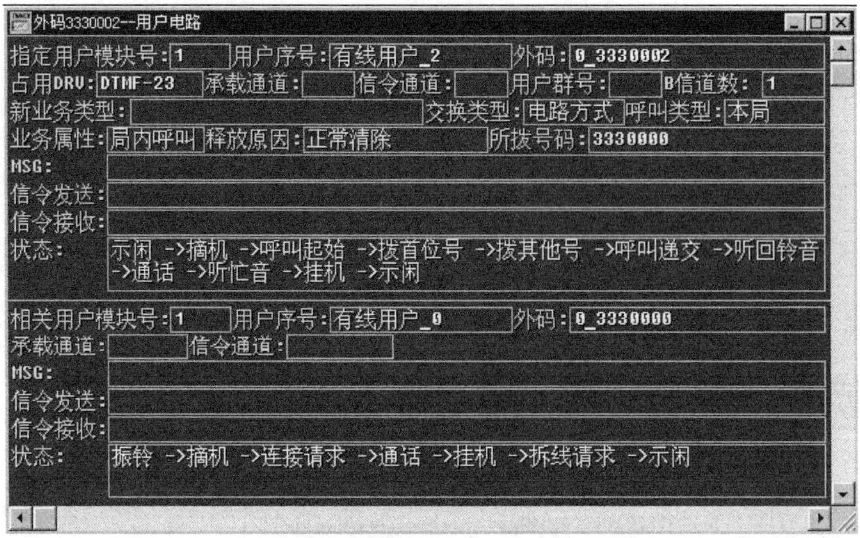

外码3330002--用户电路
指定用户模块号：1　用户序号：有线用户_2　外码：0_3330002
占用DRV：DTMF-23　承载通道：　信令通道：　用户群号：　B信道数：1
新业务类型：　交换类型：电路方式　呼叫类型：本局
业务属性：局内呼叫　释放原因：正常清除　所拨号码：3330000
MSG：
信令发送：
信令接收：
状态：示闲 ->摘机 ->呼叫起始 ->拨首位号 ->拨其他号 ->呼叫递交 ->听回铃音 ->通话 ->听忙音 ->挂机 ->示闲
相关用户模块号：1　用户序号：有线用户_0　外码：0_3330000
承载通道：　信令通道：
MSG：
信令发送：
信令接收：
状态：振铃 ->摘机 ->连接请求 ->通话 ->挂机 ->拆线请求 ->示闲

图 3-17　呼叫接续动态跟踪结果

电话号码：3330013。

其命令为：RMV　ST：D = K'3330013；

或者在业务维护系统“系统”导航窗口，选择“用户管理”→“用户常用操作”，再选择右边子菜单“普通用户”，找到右边的“删除用户”的图标，如图 3-18 所示，单击该图标，根据提示输入要删除的用户号码。

如果想删除一批用户的电话号码，可以使用批量删除命令来实现，在业务维护系统“MML 命令”导航窗口，选择“C&C08 命令”→“用户管理”→“普通用户”，双击“删除一批用户”，填写相关参数：

起始号码：3330000　批删数目：3

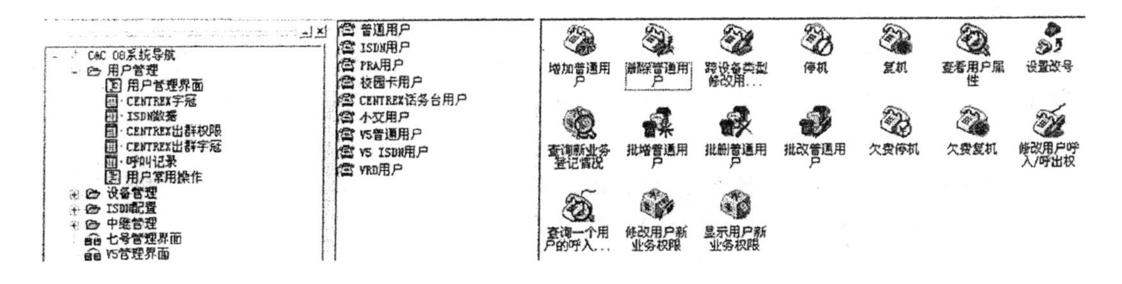

图3-18　用户常用操作界面

其命令为：RVB　ST:D=K'3330000,NUM=3;

也可选择“系统”导航窗口来实现批删一批用户。

2）欠费停机。

由于用户欠费而停机，使用欠费停机命令，取消用户的呼出权，可以选择保留默认呼入权或关闭所有呼入权。

如本局一用户3330017欠费，将该用户欠费停机，保留呼入权。在业务维护系统“MML命令”导航窗口，选择“C&C08命令”→“用户管理”→“其他用户日常维护命令”，双击“欠费停机”，填写相关参数：

电话号码：3330017。

其命令为：STP OWED:D=K'3330017;

停机设定成功后，该用户能接听，但不能呼出。该用户摘机，将听到“忙音”。

3）欠费复机。

欠费复机是欠费停机的逆操作，恢复该用户的呼出权限，并开放该用户的所有呼入权。

对刚才已停机的3330017用户进行欠费复机操作，在业务维护系统“MML命令”导航窗口，选择“C&C08命令”→“用户管理”→“其他用户日常维护命令”，双击“欠费复机”，填写相关参数：

电话号码：3330017。

其命令为：RES OWED:D=K'3330017;

复机操作设定成功后，该用户即可恢复“停机”前所有的权限。

也可选择“系统”导航窗口来实现欠费停机、欠费复机操作。

2.3　自我测试

一、选择题

1. 在本局对数字程控交换机的局数据、用户数据进行修改，通过__________进行人机命令操作。

A. 计费台（又称计费终端）　　　　B. 测量台（又称测量终端）

C. 维护台（又称维护终端）　　　　D. 维护话机

2. 某些多功能按键电话机的侧面有一开关，该开关对应P/T两个挡位，当开关在“T”挡时表示该话机__________。

A. 定时　　B. 双音频发号　　C. 只工作于免提　D. 免打扰

3. 某单模块局的局号为8880，号长为8位，号码范围为88800000～88800127，通过数据设定，使本局用户可以互相呼叫，关于“增加呼叫字冠”的设置下面正确的是__________。

A. 呼叫字冠为8880，最小号长为4，最大号长为4

B. 呼叫字冠为8880，最小号长为4，最大号长为8

C. 呼叫字冠为8880，最小号长为8，最大号长为8

D. 以上答案均不正确

4. 某单模块局的局号为8880，号长为8位，号码范围为88800000～88800127，通过数据设定，使本局用户可以互相呼叫，关于“增加呼叫源”的设置下面合理的是__________。

A. 呼叫源码为0，预收号位数为8，号首集为0

B. 呼叫源码为0，预收号位数为4，号首集为0

C. 呼叫源码为0，预收号位数为0，号首集为0

D. 以上答案均不正确

二、问答题

1. 简述呼叫源与号首集的概念，并说明它们的关系。

2. 什么是设备号？若单板编号为1，单板内端口顺序号为3，则此端口的设备号是多少？

3. 什么是用户数据索引，它与设备号有何关系？

4. 简述开通局内电话业务的步骤和所用命令的名称。

5. 某单模块局的局号为6680，号长为8位，号码范围为66800000～66800063，通过数据设定，使本局用户可以互相呼叫，应如何实现？

6. 在增加呼叫源中的“预收号位数”是否可以大于3？为什么？

项目4　局间用户互通

数字程控交换机的本局用户互相呼叫已实现，但是要组建电话网，就需要将不同地域的数字程控交换机相互连接起来。为保证数字程控交换机之间协调工作和语音信号的正常接续及传递，必须对数字程控交换机进行配置，实现局间用户电话业务互通。

本项目以C&C08交换机的本局硬件数据配置和本局用户互通为基础，以开通局间通话任务为核心进行C&C08交换机局间对接，配置、调测中继数据，完成局间用户电话互通，为电话网的扩展奠定基础。

【教学目标】

1）能区分一号信令与七号信令的不同。

2）能叙述C&C08交换机局间呼叫处理过程。

3）能解释七号信令的功能和结构。

4）能叙述信令网的功能。

5）能叙述局间电话业务数据配置的步骤。

6）能使用业务维护系统完成局间电话业务的数据配置。

7）能进行七号信令跟踪。

8）能应用相关工具进行软硬件及数据故障排查。

9）具有查阅相关技术资料的能力。

任务1　C&C08交换机局间呼叫处理

C&C08交换机的本局用户互相呼叫已实现，但是要实现地理位置不同的任意用户间能实现通话，需要组建电话网。这样就需要将这些数字程控交换机相互连接起来，为保证数字程控交换机之间协调工作和语音信号的正常接续及传递，在中继线上除了传递语音信号以外，还要传递信令。

本次任务属于学习性任务，没有涉及技能训练。

本次任务的重点在于学习局间中继信令相关知识，加强对信令的认识和理解，熟悉C&C08交换机局间呼叫处理过程，为C&C08开通交换机局间电话业务做好准备。

1.1　知识准备

1.1.1　信令系统

要进一步扩大交换设备的交换功能，联网是必然途径。为了保证交换网的正常运行，完成网络中各部分信息的交换和传递，实现任意两个用户间的通信，就必须有完善的信令方式。

前面已经认识到，在交换机与用户或各交换机之间，除传送语音业务信息外，为了使网络的交换设备、传输设备协调工作，还必须传送一些为完成电话接续、网络管理各种专用的控制信号，这些控制信号以“消息”的形式在各种设备之间经常性的传递，以说明各自的运行情况，使网络成为一个整体，正常、有序、协调地运行，这种消息称为信令（Signalling）。信令是用户以及通信网中各个节点相互交换信息的共同语言。信令不同于用户（语音）信息，用户信息在网络中未经任何处理地传递，而信令在网络的每一个节点中都被分析处理，并导致一系列的控制操作。

电话网中，为了在任意两个用户之间建立一条话路通道，相关电话交换局必须进行相应的话路接续工作，并把接续的处理结果或进一步要求以信令的方式送至另一相关局或用户。在接续过程中，信令的传送必须遵守一定的协议或规约，这些协议或规约称为信令方式，而实现信令方式的功能实体称为信令设备。各种特定的信令方式和与其相对应的设备构成了电话网的信令系统。正如人类社会必须有一个语言系统，任何通信网都必须有一个信令系统。信令系统就好像通信网的神经系统，是任何通信网必不可少的。

下面以市话网中两数字程控电话交换机用户进行通话接续为例，说明接续建立过程中信令信号传递及控制的流程，如图 4-1 所示：

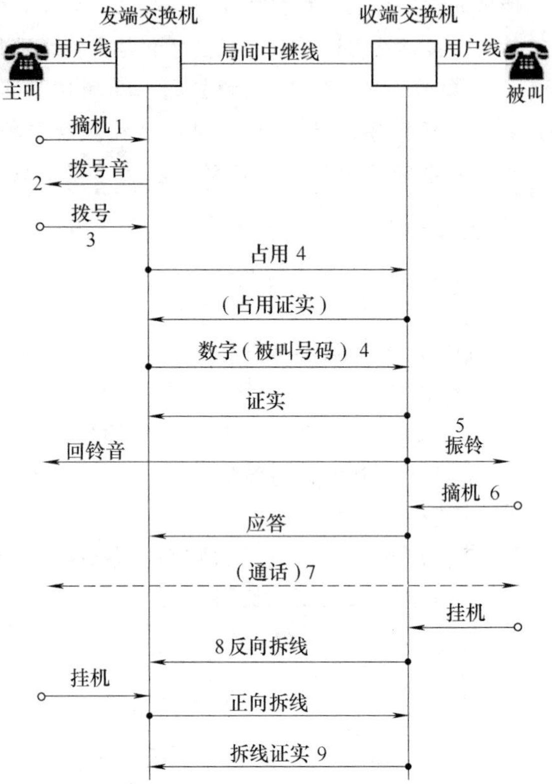

图 4-1　一次局间呼叫接续过程的信令流程图

1）用户摘机，用户摘机信号送到发端交换机。

2）发端交换机收到用户摘机信号后，立即向主叫用户送拨号音。

3）主叫拨号，将被叫号码送给发端交换机。

4）发端交换机根据对被叫号码的分析结果选择局向及中继线，在选好的中继线上向收端交换机发送占用信号，并把被叫号码送给收端交换机。

5）收端交换机接收被叫号码并回证实信息，然后根据被叫号码，将呼叫连接到被叫用户，向被叫用户送振铃信号，并向主叫用户送回铃音。

6）当被叫摘机应答时，收端交换机接收到应答摘机信号，并将应答信号转发给发端交换机。

7）用户双方进入通话状态，这时线路上传送语音信号。

8）通话结束后挂机复原，传送拆线信号。此处假定通话完毕后被叫先挂机。

9）发端交换机拆线后，收端交换机回送一个拆线证实信号，一切设备复原。

1.1.2　局间信令

信令按工作区域的不同划分为：用户线上传递的用户线信令与中继线上传递的局间信令，如图 4-2 所示。

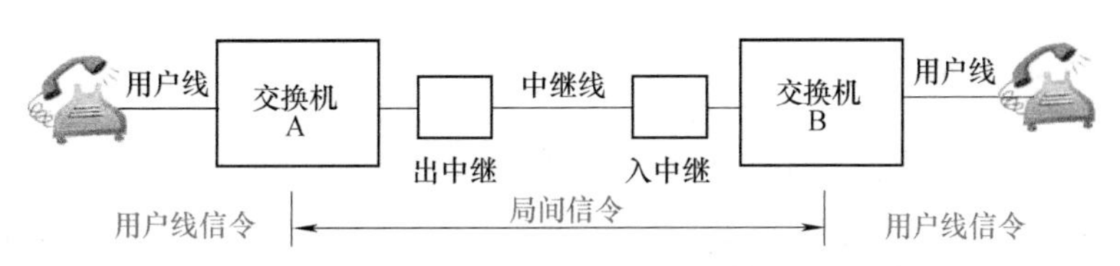

图 4-2　用户线信令与局间信令的工作区域

前面已经详细介绍了用户线信令，这里主要是对局间信令加以说明。

局间信令是交换设备和交换设备之间，或交换设备与网管中心、智能中心、数据库等设备之间使用的信令。它在局间中继线上传递，完成交换设备之间的“对话”，主要包括用来控制话路接续和拆线以及用来保证网络有效运行的信号。

按信令传输的方式不同，局间信令可分为随路信令和公共信道信令（共路信令）。随路信令主要是信令信息在对应的语音通道或者在与语音通道对应的固定通道上传送，共路信令将信令与语音分开，信令信息集中在一条专用的数据链路上传送。图 4-3、图 4-4 给出了随路信令与共路信令系统的示意图。

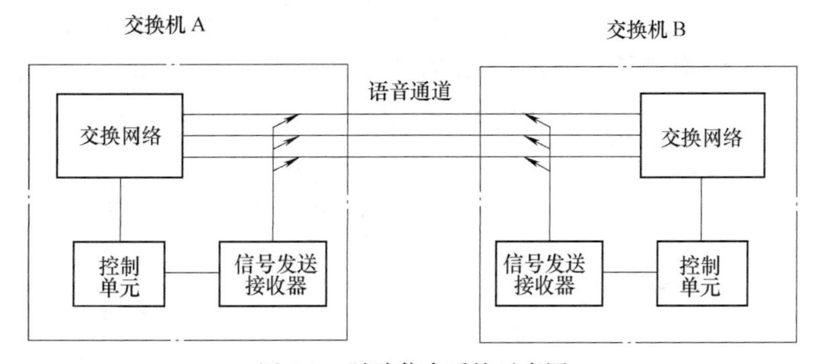

图 4-3　随路信令系统示意图

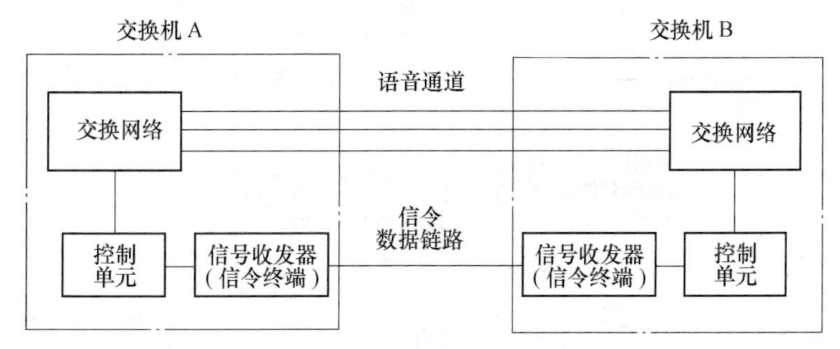

图 4-4　共路信令系统示意图

随路信令又包括线路信令和记发器信令两部分：

1）线路信令。

线路信令在线路设备（中继器）之间传送，一般包括示闲、占用、应答、拆线等信号，主要表明中继线的使用状态。

2）记发器信令。

记发器信令主要包括选择路由所需的地址信号（即被叫号码）。因其是在用户通话之前传送，因而可以利用语音频带实现传送。

1.1.3 一号信令系统

一号信令是一种随路信令，也就是说信令和语音信号是在同一信道上传送的。目前，我国还广泛使用着一号信令。

一号信令包括线路信令和记发器信令。

1. 线路信令

线路信令在线路设备间传送，主要用于传送相关中继的占用、空闲、闭塞的状态。线路信令又分为模拟型和数字型两种。线路信令在多段路由上的传送方式采用逐段转发方式，控制方式为非互控，即脉冲方式。

这里主要介绍数字型线路信令。

当局间中继使用 PCM 传输线时，则采用数字型线路信令。在一号信令数字传输线路上，一个复帧由 16 个子帧组成，记为 $F_0 \sim F_{15}$，每一个子帧有 32 个时隙，记为 $TS_0 \sim TS_{31}$。每一时隙包含 8 位二进制码字，即 8bit。32 个时隙中，TS_0 用于收发端同步，称为帧同步时隙，$TS_1 \sim TS_{15}$、$TS_{17} \sim TS_{31}$是语音时隙，TS_{16}用来传送复帧同步及数字型线路信令，称为信令时隙。具体说，每一个时隙包含 8bit 的二进制码字，而一路语音信号的线路信令只需用 4bit 来表示，那么一个 TS_{16}时隙就可以传送两路语音话路的线路信令，如图 4-5所示。

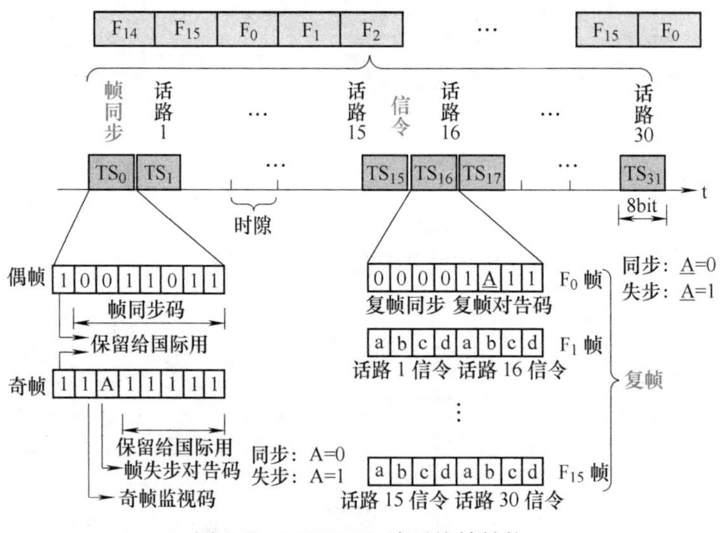

图 4-5　PCM30/32 路系统帧结构

> **提示**
>
> 请复习 PCM30/32 路系统的帧结构。

由图 4-5 可见，PCM30/32 路系统每一话路的数字型线路信令有 a、b、c、d 共 4bit，考

虑到目前我国电话网线路信令的实际容量，只启用了其中的3位码a、b、c。数字型线路信令按传输方向不同分为前向信令和后向信令，前向信令采用a_f、b_f、c_f来表示，后向信令采用a_b、b_b、c_b来表示，未用的1bit置为“1”。具体含义如下：

1）a_f码表示主叫用户挂机状态的前向信令。

$a_f=0$　表示主叫摘机（占用）状态

$a_f=1$　表示主叫挂机（拆线）状态

2）b_f码表示发端交换机故障状态的前向信令。

$b_f=0$　表示正常状态

$b_f=1$　表示故障状态

3）c_f码表示长途局话务员操作的前向信令。

$c_f=0$　表示话务员再振铃或进行强拆操作

$c_f=1$　表示话务员未进行再振铃或未进行强拆操作

4）a_b码表示被叫用户摘挂机状态的后向信令。

$a_b=0$　表示被叫摘机状态

$a_b=1$　表示被叫挂机（后向拆线）状态

5）b_b码表示收端交换机状态的后向信令。

$b_b=0$　表示示闲状态

$b_b=1$　表示占线或闭塞状态

6）c_b码表示长途局话务员操作的后向信令。

$c_b=0$　表示话务员进行回振铃操作

$c_b=1$　表示话务员未进行回振铃操作

根据上述编码含义，一号信令系统规定了13种数字型线路信令的标志方式，见表4-1。

线路信令一般不具备自检能力，在多段电路转接的电话接续过程中，为保证信令正确，通常采用“逐段识别，校正后转发”的方式来传送。所谓“逐段识别、校正后转发”就是每一转接局都对接收到的信令加以识别和校正，并把校正后的信令转发至下一局。这样就减小了信令经多段电路传送而产生的失真，避免了信令识别错误。

2. 记发器信令

记发器信令是由一个交换局的记发器发出，由另一个交换局的记发器接收的信令，在通话前利用语音通路来传送被叫号码、主叫号码、主叫用户类别、发端业务类别以及接续控制等信号，其主要功能是控制电路的自动接续。为保证有较快的传送速度和一定的抗干扰能力，记发器信令采用多频互控方式，因此称为多频互控信令，简称MFC，其传送方式为端到端方式，但在劣质电路上也可采用逐段转发方式，控制方式为全互控。

所谓“多频”指的是记发器信号由多种频率组合而成。多频互控信令分为前向信令和后向信令，前向信令采用六中取二方式（频率范围为1380～1980Hz，频差为120Hz）组合编码成15种信号，后向信令采用四中取二（频率范围为780～1140Hz，频差为120Hz）组合编码成6种信号。

前向信令又分为前向Ⅰ、Ⅱ两组，后向信令分为A、B两组。它们的定义见表4-2。

表 4-1　市话局间自动接续的数字型线路信令的标志方式

接续状态			编码			
			前向		后向	
			a_f	b_f	a_b	b_b
示闲			1	0	1	0
占用			0	0	1	0
占用确认			0	0	1	1
被叫应答			0	0	0	1
复原	主叫控制	被叫先挂机	0	0	1	1
		主叫后挂机	1	0	1	1
					1	0
		主叫先挂机	1	0	0	1
					1	1
					1	0
	互不控制	被叫先挂机	0	0	1	1
			1	0	1	0
		主叫先挂机	1	0	0	1
					1	1
					1	0
	被叫控制	被叫先挂机	0	0	1	1
			1	0	1	0
		主叫先挂机	1	0	0	1
		被叫后挂机	1	0	1	1
					1	0
闭塞			1	0	1	1

表 4-2　记发器信令的基本含义

前向信令			
组别	名称	基本含义	容量
Ⅰ	KA	主叫用户类别	15
	KC	长途接续类别	5
	KE	长市（市内）接续类别	5
	数字信号	数字 0 ~ 9	10
Ⅱ	KD	发端呼叫业务类别	6
后向信令			
组别	名称	基本含义	容量
A	A 信号	收码状态和接续状态的回控证实	6
B	B 信号	被叫用户状态	6

前向信令编码及含义见表4-3，后向信令编码及含义见表4-4。

表4-3　前向信令编码及含义

编码	频率/Hz	前向Ⅰ组				前向Ⅱ组KD
		数字	KA（KOA）	KC	KE	
1	1380+1500	1	普通用户，定期收费			长途话务员呼叫（半自动）
2	1380+1620	2	普通用户表用户，立即收费			长途自动呼叫（数据、传真或电话）
3	1500+1620	3	普通打印用户，立即收费			市内电话
4	1380+1740	4	优先用户，定期收费			市内用户传真或数据通信
5	1500+1740	5	普通用户，免费			半自动核对主叫号码，测试呼叫
6	1620+1740	6	小交换机			测试呼叫
7	1380+1860	7	备用			
8	1500+1860	8	备用			
9	1620+1860	9	备用			
10	1740+1860	0	优先用户，免费			
11	1380+1980		备用	优先呼叫	备用	
12	1500+1980		备用	指定号码呼叫	备用	
13	1620+1980		计划用于测试	测试接续	测试接续	
14	1740+1980		备用	备用	备用	
15	1860+1980	15		控制卫星电路段数		

注：数字15表示主叫号码已传送完毕。

表4-4　后向信令编码及含义

编码	频率/Hz	后向A组	后向B组	
			长途接续时KD=1，2，6	市话接续时KD=3，4
1	1140+1020	A1：发一位	B1：被叫用户空闲	被叫用户空闲，互不控制复原
2	1140+900	A2：由第一位发起	B2：被叫用户市话忙	备用
3	1020+900	A3：转至B信号	B3：被叫用户长途忙	被叫用户忙或机线拥塞
4	1140+780	A4：拥塞	B4：拥塞	
5	1020+780	A5：空号	B5：被叫用户为空号	被叫用户为空号
6	900+780	A6：发KA和主叫号码	B6：备用	被叫用户空闲，主叫控制复原

所谓“互控”是指信号传送过程中必须和对端发回来的证实信号配合工作。每一个信号的发送和接收都有一个互控过程。每一个互控过程分为四个节拍：

第一拍：发端记发器发送前向信号；

第二拍：收端记发器接收和识别前向信号后，发后向信号；

第三拍：发端记发器接收和识别后向信号后，停发前向信号；

第四拍：收端记发器识别前向信号停发以后，停发后向信号。

当发端记发器识别出后向信号停发以后，根据收到的后向信号要求，发送下一位前向信号，开始下一个信号周期。一个完整的互控制过程如图 4-6 所示。

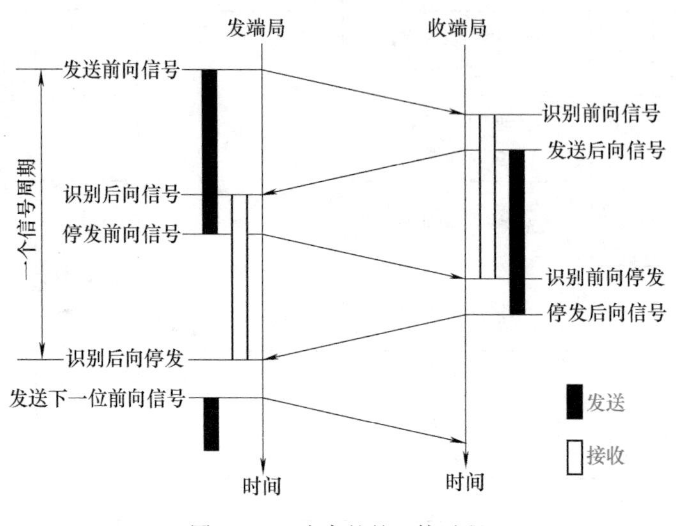

图 4-6　一个完整的互控过程

1.1.4　七号信令系统

信令信道和业务信道完全分开，在公共的数据链路上以消息的形式传送所有中继线和所有通信业务的信令信息，这是共路信令系统的基本特征。七号信令系统是目前最先进、应用最广泛的一种国际标准化共路信令系统。

1. 七号信令网的组成

信令网并不是一个独立的网络，它由通信网中的信令设备及信令设备间的连接通路所构成，是通信网中处理和传输信令的部分。一般说来，在物理上它和通信网是融为一体的。七号信令网是电信网中传输七号信令消息的专用数据网，它由信令点（Signalling Point，SP）、信令转接点（Signalling Transfer Point，STP）和信令链路（Signalling Link，SL）组成，其示意图如图 4-7 所示。

（1）信令点　信令点是产生和接收信令消息的网络节点，通常信令点就是通信网中的交换或处理节点，例如交换机、操作维护中心、网络数据库等。

信令点又分为源信令点（产生信令消息的信令点）和目的信令点（接收信令消息的信令点），实际上它们是交换机系统的一部分。信令点用信令点编码来识别，关

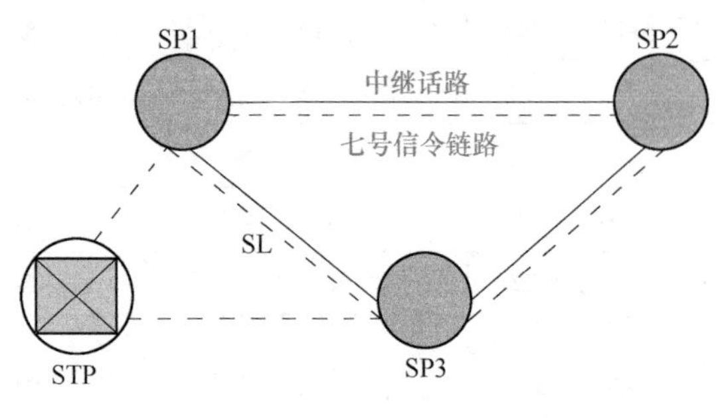

图 4-7　七号信令网构成示意图

于信令点编码会在信令单元格式中继续介绍。

（2）信令转接点　信令转接点是一些能将信令消息从一条信令链路转送到另一条信令链路上的信令点，既非源信令点又非目的信令点，它是信令传送过程中所经过的中间节点，仅仅具有转发消息的功能。信令转接点只转发、不处理信令。

（3）信令链路　信令链路是指连接每两个信令点或信令转接点，用来传送信令消息的物理通路。信令链路通常就是通信网中通信链路的一部分，它可以是透明的数字通路，也可以是高质量的模拟通路；可以是有线传输媒体，也可以是无线传输媒体。对于相邻两信令点之间的所有链路，进行统一编号，该编号即为信令链路编码（SLC）。

（4）信令链路集　信令链路集是信令链路的集合，当两个节点之间有多条信令链路时，可以将它们划分为一个或多个信令链路集。

（5）信令路由　信令路由是信令消息从源信令点到达目的信令点所经过的路径，它由信令关系和信令传送方式决定。信令路由可由一条或多条信令链路组成，它与信令链路的关系如图4-8所示。

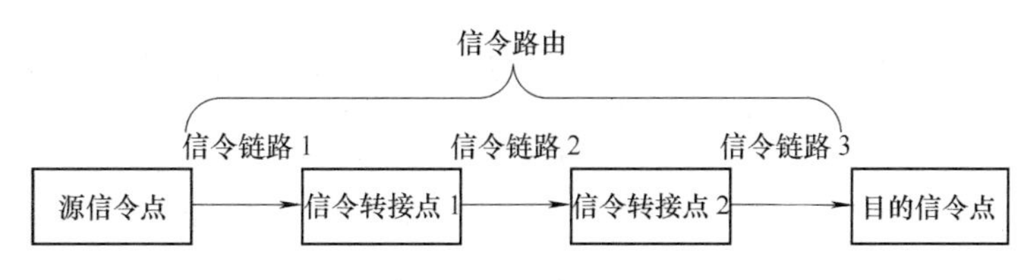

图4-8　信令路由与信令链路的关系

2. 信令传送方式

信令传送方式是指信令消息传送的路径和其所属信令关系间的结合方式，也就是说，消息是经由怎样的路线从源信令点到达目的信令点的。在七号信令网中，规定了直联和准直联两种信令传送方式。

（1）直联方式　两个信令点之间通过直达信令链路传递信令消息的方式称为直联方式，此时话路和信令链路是平行的，如图4-9所示。

（2）准直联方式　准直联方式是指两个信令点通过两段或两段以上串接起来的信令链路传送信令消息，而且信令消息只允许通过预定的路径和信令转接点进行传输，如图4-10所示。

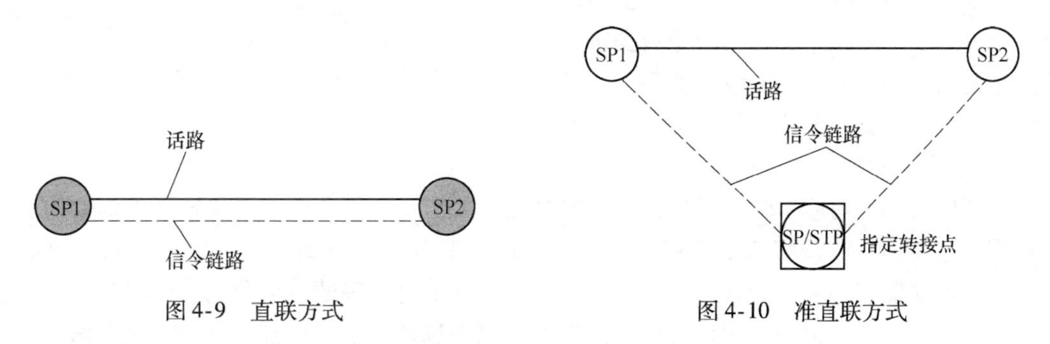

图4-9　直联方式　　图4-10　准直联方式

3. 七号信令系统功能结构

七号信令系统是由消息传递部分（MTP）和多个不同的用户部分（UP）组成，其功能结构与 OSI 七层体系结构的对应关系如图 4-11 所示。

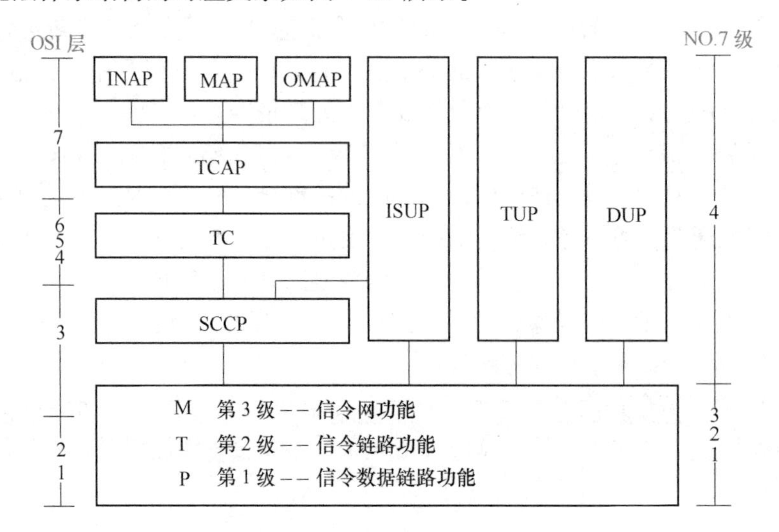

图 4-11 七号信令系统功能结构与 OSI 七层体系结构的对应关系

TUP—电话用户部分 ISUP—ISDN 用户部分 DUP—数据用户部分

INAP—智能网应用部分 OMAP—操作维护应用部分 MAP—移动应用部分

TCAP—事务处理能力应用部分 TC—事务处理能力 SCCP—信令连接控制部分

（1）消息传递部分 消息传递部分是传送信令消息的公共传递系统，主要为用户部分提供信令信息的可靠传递，并不处理消息本身的内容。它由信令数据链路功能（MTP1）、信令链路功能（MTP2）和信令网功能（MTP3）三个功能级组成。

1）信令数据链路功能。

信令数据链路功能级对应 OSI 参考模型中的物理层，其定义了信令数据链路的物理及电气功能特性，确定了数据链路的连接方法，是信令传递的物理介质（如电缆、光纤等）。信令数据链路是一个双向工作的信令传输通路，包括传输速率相同、方向相反的两个数据通路。目前，我国采用 PCM30/32 路系统，信令数据链路通常为 64kbit/s 的数字通路，可以使用除 TS_0 以外的任何一个时隙作为信令数据链路，习惯上采用 TS_{16}。

2）信令链路功能。

信令链路功能级对应 OSI 参考模型中的数据链路层，规定了信令消息在一条信令数据链路上传递的功能和程序。它与信令数据链路相配合，为两点间信令消息的传递提供一条可靠的信令链路。信令链路功能级可实现信令单元分界、信令单元定位、差错检测、差错校正、初始定位、信令链路差错监视和流量控制等功能。

3）信令网功能。

信令网功能级对应 OSI 参考模型中的网络层，规定了在信令点之间传送管理消息的功能和过程。它在信令链路和信令转接点发生故障时，对信令网重新组合，以保证消息可靠传送。信令网功能包括消息处理和信令网管理两部分。消息处理的主要目的是将消息从一个信令点送到相应的信令链路或用户部分，包括消息路由选择、信息识别及信息分配。信令网管理指在信令网中信令链路或信令点发生故障时，提供维持信令业务和恢复正常信令传送的操作，包括信令业务管理、信令链路管理和信令路由管理。

（2）用户部分　用户部分则是为各种不同电信业务应用设计的功能模块，其功能是处理信令消息的内容，用于实现各种呼叫业务。用户部分体现了七号信令系统对不同业务应用的适应性和可扩展性。不同业务的“用户”都要用到MTP传递功能的支持。

UP对应于OSI参考模型中的4～7层，具体定义了各种业务的信令消息和信令过程。MTP支持下列用户和应用部分：电话用户部分（TUP）、ISDN用户部分（ISUP）、数据用户部分（DUP）、信令连接控制部分（SCCP）、事务处理能力（TC）及其应用部分（TCAP）、智能网应用部分（INAP）、移动应用部分（MAP）和操作维护应用部分（OMAP）等。

TUP部分主要实现PSTN有关电话呼叫的建立和释放，同时又支持部分用户补充业务。

ISUP部分支持ISDN中的语音和非语音业务。

DUP部分定义了七号信令系统的电路交换数据传输业务。

MAP部分支持移动通信系统设备。

OMAP部分支持网管系统。

INAP部分支持智能网业务。

SCCP部分是对MTP功能的补充，可向MTP提供用于面向连接等功能。

TC及TCAP部分为各种应用业务信令过程提供基础服务，同时提供节点间传送信息的方式。TCAP用户目前包括OMAP、MAP和INAP三大部分。

为便于理解，可以把七号信令系统的各个功能级的功能形象地比喻成邮政系统信件的投递过程。为了保证信件能可靠地投递到对方，我们简单地看一下投递过程，如图4-12所示。例如：甲公司的张经理写好一封信给乙公司的王经理。张经理将写好的信交给秘书，秘书把信装入信封，写好收信人地址，贴上邮票交到收发室，投递员将信送到邮局，邮局经过分拣、盖戳、装入邮包。邮包经邮车、飞机，送到对方邮局。对方邮局盖戳，经投递员送到乙公司的收发室，乙公司秘书拿到信件，拆封后交王经理。从这个过程可以看出：秘书、收发室、投递员、邮局、邮车、飞机等都完成了投递过程中的一部分功能，这些功能串联起来就构成了完整的投递系统。

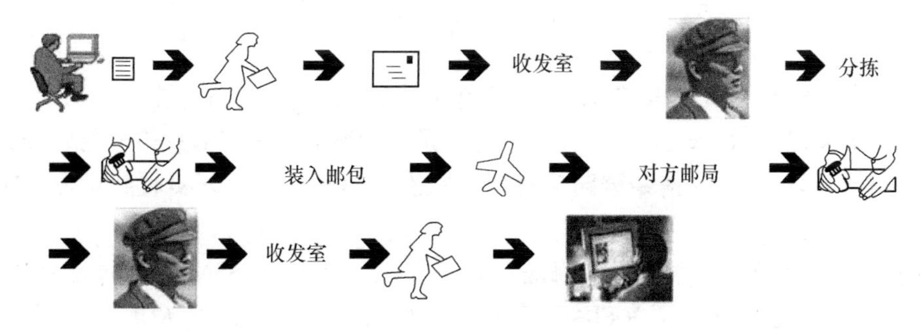

图4-12　信件投递过程

信件经过信封、收件人地址、发件人地址、邮票、邮戳、邮包等包装后，被运送到对方邮局，再经过一层层的拆包送到收信人手中。这些包装是为了：①保证信纸不被破坏；②准确地投递到收信人手中。

七号信令系统的各个功能级就像信件投递的各个环节一样，完成各自的功能。

第4功能级——经理、秘书，即要发送具体的消息内容。

第3功能级——邮局分拣、投递员，即将消息发往不同的目的地。

第 2 功能级——邮包包装，即完好无损地传递消息。

第 1 功能级——邮车、飞机，即提供消息传送的物理通道。

与投递信件不同的是七号信令系统传送的是消息编码，而不是信纸；消息编码的包装仍是一些编码，而非信封、邮戳、邮包等；传送的途径是传输电路而不是邮车、飞机。

4. 信令单元及其格式

七号信令系统以不等长的信令单元形式传送各种信令消息，这些消息包括了信令网管理消息、信令链路状态管理消息、业务接续控制消息等。信令单元是信令点间传送信令消息的最小单位，以数字编码的形式构成。

下面来看一看七号信令消息的包装方法——信令单元格式。

七号信令单元有三种，分别是：消息信令单元（MSU）、链路状态信令单元（LSSU）、填充信令单元（FISU），这三种信令单元格式分别如图 4-13 所示。

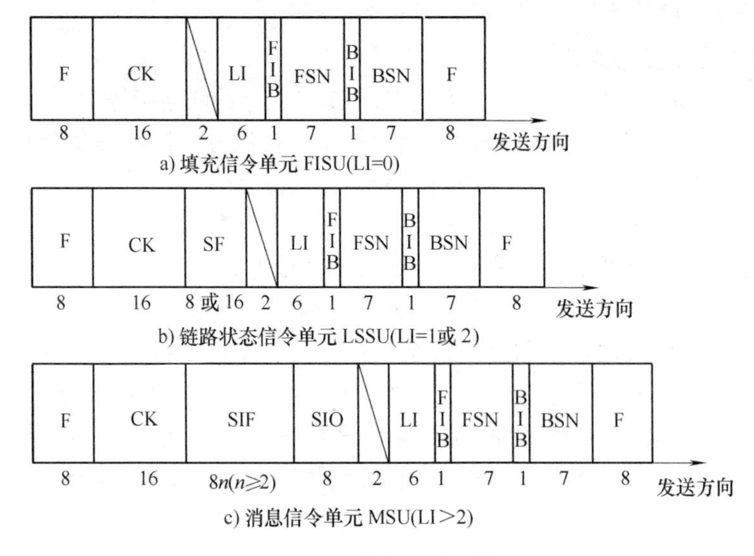

图 4-13　三种信令单元格式

图 4-13 中，MSU 是真正携带消息的信令单元。LSSU 为传送网络链路状态的信令单元，链路状态由 SF 字段指示。FISU 不含任何消息，是在网络节点没有消息传送的时候，向对方发送的空信号，其作用是使信令链路保持通信状态，同时可起到证实收到对方发来消息的作用。

每个信令单元都包含有开始/结束标志码（F）、后向序号（BSN）、后向表示语（BIB）、前向序号（FSN）、前向表示语（FIB）、长度指示码（LI）和校验位（CK），这些字段用于消息传递的控制，是信令单元的固有部分，由第 2 级信令链路功能处理。

- 标志码 F（Flag）

标志码 F 标志一个信令单元的开始和结束，固定编码为 01111110，位于两个 F 之间的部分就是一个完整的七号信令消息。

- 后向序号 BSN

BSN 表示收到对方发来的最后一个信令单元的序号，向对方指示序号直至 BSN 的所有消息均已经正确无误地收到。

• 后向表示语 BIB

BIB 表示是否正确收到对方发来的信号单元，BIB 位反转指示对方从 BSN +1 号消息开始重发。

• 前向序号 FSN

FSN 表示本信令单元的发送序号。

• 前向表示语 FIB

FIB 表示当前发送信号单元的标识，取值为 0 或 1，FIB 位反转指示本端开始重发消息。

后向序号（BSN）、后向表示语（BIB）、前向序号（FSN）、前向表示语（FIB）用在差错校正中，完成信号单元的顺序控制、证实和重发功能。

• 长度指示码 LI

LI 由 6bit 表示，其范围为 0 ~ 63。根据 LI 的取值，可区分三种不同形式的信令单元：LI =0 为填充信令单元，LI =1 或 2 为链路状态信令单元，LI >2 为消息信令单元。当消息信令单元中的信令信息字段（SIF）大于 62 个 8bit 组时，LI 的取值为 63。

• 校验位 CK

CK 采用 16bit 循环冗余码，用以检验信令单元传输过程中产生的误码。

除以上信令单元的固有部分外，消息信令单元（MSU）还包含业务信息字段（SIO）和信令信息字段（SIF），链路状态信令单元（LSSU）包含状态字段（SF）。

• 业务信息字段 SIO

SIO 是长度为一个字节的业务指示，分为两个子字段：业务指示码（SI）和子业务字段（SSF），各占 4bit，用来识别所传的 MSU 属于哪一个用户部分及哪一个信令网络，其编码的含义如图 4-14 所示。

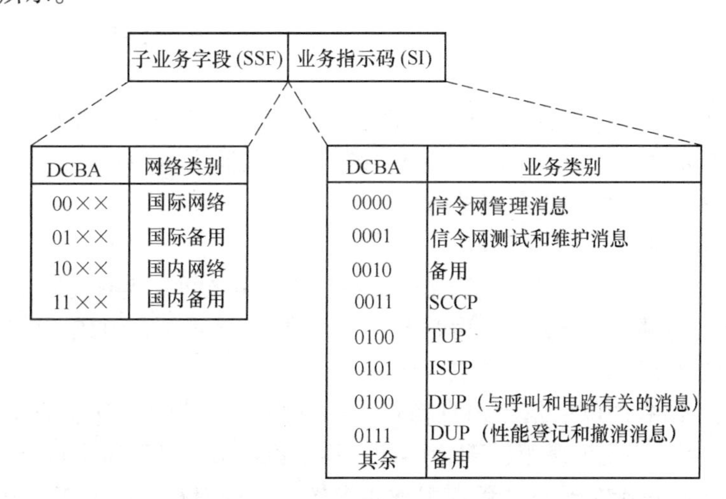

图 4-14　业务信息字段 SIO 的结构及编码含义

• 信令信息字段 SIF

SIF 用于放置用户部分真正要传递的消息，其内容由用户定义，最长可达 272 个 8bit 组。

• 状态字段 SF

SF 用于表示链路的状态。

5. TUP信令单元

采用七号信令进行电话接续时，由电话用户部分（TUP）来完成信令消息的接续控制。所有电话信令都必须通过TUP信令单元进行传送，其结构如图4-15所示。

在TUP信令单元中，只有信令信息字段（SIF）与电话用户部分的话路控制有关，其长度是可变的，由电话标记、标题码（H0、H1）和信令信息组成。每个电话信令都必须包括标记，供MTP的消息识别功能识别是本地的消息还是转接的消息。若是转接消息，由消息路由功能选择相应的信息路由。

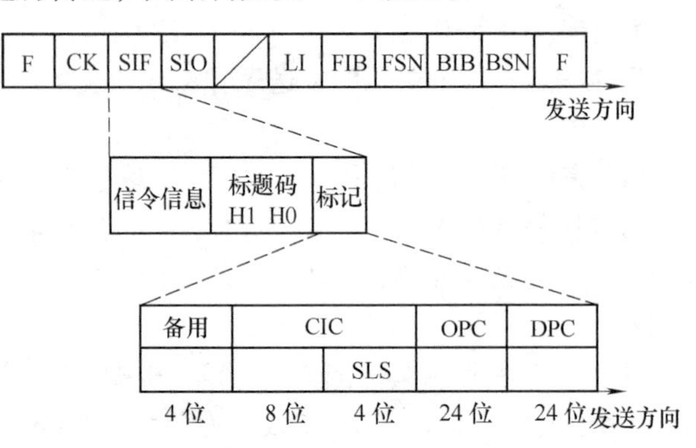

图4-15 TUP信令单元格式

（1）电话标记　标记是SIF的头部，如同信件的收信人地址和寄信人地址一样，它标明了信令单元的发送点和目的地，由目的信令点编码（DPC）、源信令点编码（OPC）、电路识别码（CIC）组成，加上4bit备用位共64bit。

1）DPC和OPC。

DPC为目的信令点编码，表示消息要到达的信令点；OPC为源信令点编码，表示消息源的信令点。信令网有一定的编码方案，使各个信令点都具有唯一的编码。

国际网中的信令点编码采用14bit编码，我国的国内网信令点编码采用24bit编码。同时，在SIO的子业务字段（SSF）中对应的网络标识也不一样，国际网为“0000”，国内网为“1000”。

2）电路识别码CIC。

CIC标识DPC与OPC之间语音电路的编号，用以表明该信令是属于哪个话路的，并识别信令与哪个呼叫有关。对于PCM30/32路系统，CIC最低位的5bit是话路时隙编码，其余7bit表示DPC和OPC之间PCM系统号码。

3）链路选择码SLS

当相邻两信令点之间有多条信令链路时，各信令链路之间以业务负荷分担方式工作。某信令单元选择其中的哪一条链路，是由SLS来决定的。SLS由4位组成，标记部分没有单独分配SLS位，而是利用CIC的低4位表示SLS。

（2）标题码　所有的电话信令消息都包含标题码，由H0和H1两部分组成，共8bit，其中H0为4bit，用于识别消息组；H1为4bit，用于识别每个消息组中特定的信令消息。根据H0、H1的不同可识别在呼叫过程中主被叫发送的各种消息，如IAM（初始地址消息）、ANC（应答消息及计费信号）、CBK（后向拆线信号）、CLF（前向拆线信号）、RLG（释放监护信号）等。标题码H1和H0的具体分配可参考有关文献资料。

（3）信令信息部分　信令信息部分是对消息的进一步说明。有些消息不需要详细说明，就只有标记和标题码，没有信令信息部分，如前向拆线信号CLF。

6. 七号信令在电话呼叫接续中的应用

以两个端局之间进行电话呼叫接续为例，一次简单的电话接续的正常传送过程如

图4-16所示。

图4-16中，初始地址消息（IAM）是由发端局前向发送的有关建立接续的第一个消息，它包括接续控制、地址等必要的信息。收端局收到IAM后，若语音电路正常且被叫空闲，回送地址收全消息（ACM），而后控制建立收端局与发端局之间的通话信道，向主叫送回铃音，向被叫振铃。被叫摘机、收端局发送应答消息及计费信号（ANC），主被叫可以通话。通话完毕，若主叫先挂机，发端局发送前向拆线信号（CLF），收端局收到前向拆线信号后拆除并释放主被叫的通话信道，回送释放监护信号（RLG）。

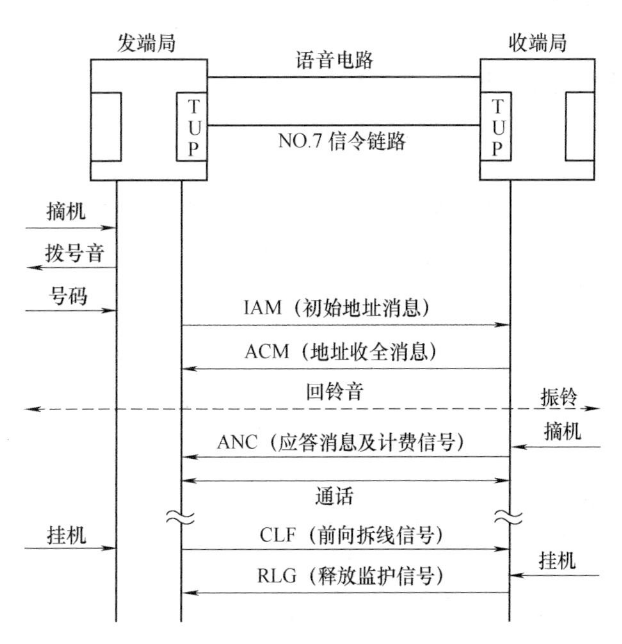

图4-16 TUP信令市话呼叫接续示例

七号信令系统虽然来源于电话网，然而它的应用不只限于话路交换。可以说，它最主要的潜在应用是非话路业务、话路业务智能化以及综合业务数字网。在这些领域内，其他信令是无能为力的。七号信令系统在电话网上叠加了一个共路信令网，电话网实行电路交换，而共路信令网实行分组交换，两者互补，使传统电话网的能力得到极大提高。电话网的局间信令在共路信令网上传输除了具有速度快、可靠性高、容量大的特点之外，还可在信令网上设置数据库服务器、网络管理监控中心、具有语音识别功能的智能节点等，使智能网（IN）成为现实。另外，七号信令系统还是蜂窝移动通信网、ATM网以及其他数据通信网的基础。

1.1.5 C&C08交换机局间呼叫处理

C&C08交换机的局间呼叫可分为出局呼叫、入局呼叫和汇接呼叫（即转接呼叫）三种，其处理过程与局内呼叫处理有很大的不同。局间呼叫处理需要中继链路和信令支持才能完成，而局内呼叫则不需要局间信令。

1. 出局呼叫处理

MPU在收到预定位数的号码后，查询本模块的数据库，开始字冠分析，确定此次呼叫类型是出局呼叫还是本局呼叫。如果是出局呼叫，MPU在进行一系列分析后，最终预占一条去该局的中继电路。占用中继电路的过程如下：出局字冠→路由→子路由→中继群→中继电路。MPU在为此次呼叫预占了话路中继后，还需启动相应的信令电路。

交换模块（SM）中的数据库只存储本模块的中继数据，全局中继数据则存储在中央数据库（CDB）里。在多模块交换系统中，SM通过数据库分析而得出是出局呼叫后，向CDB发查询消息，CDB查到出局电路后返回给SM。交换机正常运行时，SM与CDB之间要定期进行状态的一致性检查。由SM上报本模块的出中继电路状态给CDB，如果发现不一致，CDB将根据SM的状态修改自身的数据。对于单模块局，SM只需与模块内数据库交换中继

数据即可。

（1）一号信令出局呼叫处理　一号信令是随路信令，由线路信令和记发器信令组成，线路信令通过 E1（PCM30/32 路系统）的 TS_{16} 时隙传送，记发器信令通过话路时隙传送，MFC 单板就是用来发送和接收记发器信令的公用资源。一号信令出局呼叫的传送过程如图 4-17 所示。

1）发端局 MPU 分析电话号码为出局字冠后，预占用一条中继电路。

2）发端局 MPU 选择一空闲 MFC 电路，通过 BNET 与预占的出中继（DTM）连接起来，如图 4-18 所示。MFC 电路是全局所有一号中继的共用资源。

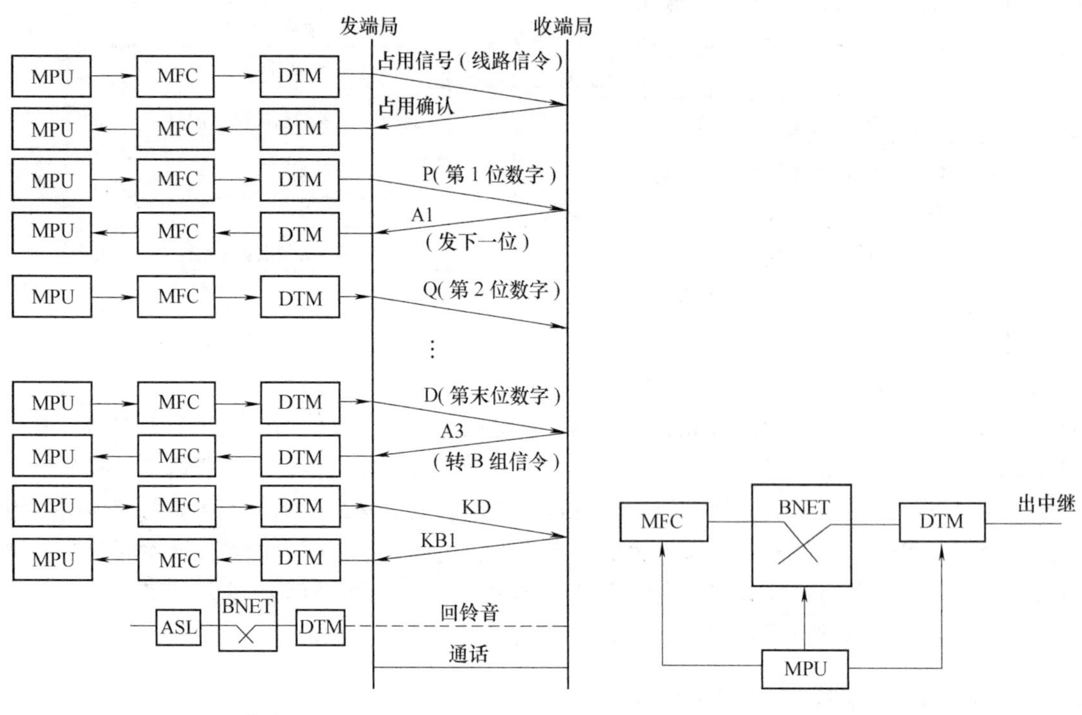

图 4-17　一号信令出局呼叫的发送和接收　　图 4-18　MFC 信令出局占用中继

3）发端局 MPU 控制出中继向对端局发占用信号，对端局回占用确认信号。MPU 与中继板 DTM 的通信路径是 MPU→NOD→DTM。

4）发端局 MFC 在 MPU 控制下，发出前向 I 组信号即被叫号码的第 1 位，收端局收到第 1 位号码后向发端局回送 A 组信令 A1，表示已收到第一位号码，并请求发下一位，发端局继续发送第 2 位直至末位号码，MFC 将收到的每一位后向信号译码并上报 MPU。

5）收端局判别收齐号码后送回 A3 信号，发端局 MFC 在 MPU 控制下向其收端局发 KD 信号，表明发端的呼叫业务类型。如果被叫空闲，收端局回送 KB1 信号，表示被叫空闲。至此，发端局 MFC 的工作已经完成，发端局 MPU 控制释放 MFC 电路资源，为下一次呼叫服务。

6）发端局 MPU 控制 BNET 建立主叫用户（ASL）与出中继（DTM）间的连接，如图 4-19 所示。收端局向被叫送振铃，同时通过中继话路将回铃音送到主叫局，并最终送往主叫用户。

7）被叫摘机，收端局通过入中继送出应答信号，主、被叫进入通话状态。

8）主叫挂机，ASL检测到挂机事件后上报MPU。MPU将主叫及主叫时隙置闲，并控制中继话路向收端局送出拆线信号。在收到收端局送回的拆线证实信号后，将中继置闲。

（2）七号信令出局呼叫处理　七号信令是共路信令，它与语音信号分开传输。七号信令板（LAPN7）和中继板（DTM）连接采用半永久方式，固定占用一个64kbit/s的通道，如图4-20所示。半永久连接属于非交换型信道，即用户数据信息是根据事先约定的协议，在固定带宽的通道中按约定速率连续传输。用户提出改变申请后，在网络管理人员允许的情况下，可由用户对传输速率、传输数据目的地和传输路由进行修改。

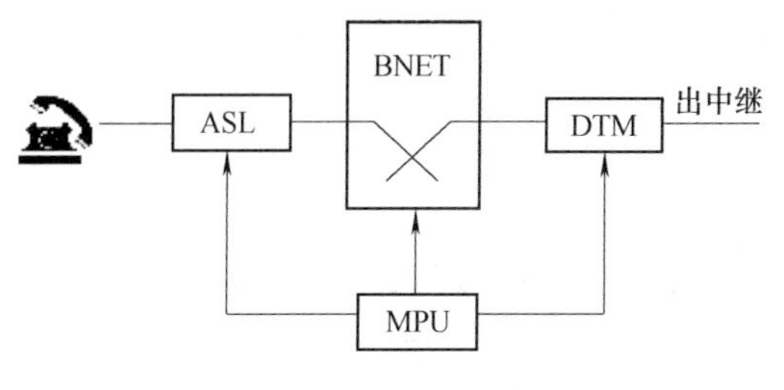

图4-19　出局语音通路

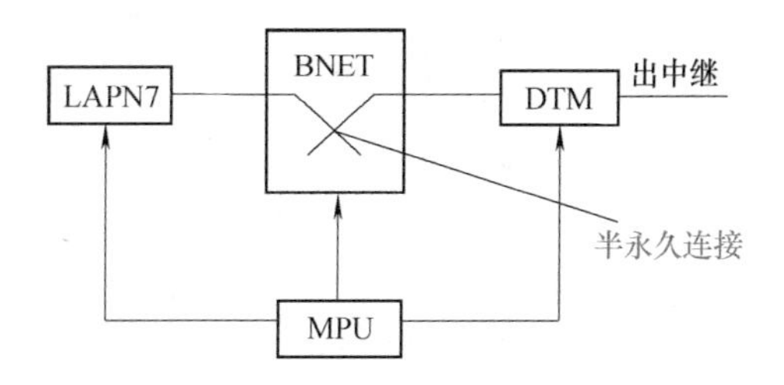

图4-20　七号信令板与中继板的连接

一次出局呼叫中七号信令的传送过程如图4-21所示。

1）MPU分析电话号码为出局字冠后，预占用一条中继电路。

2）MPU根据中继所对应局向的目的信令点编码，经过一系列的分析，确定一条信令链路。

3）LAPN7在MPU控制下，通过确定的信令链路向收端局发前向地址消息IAI或IAM。

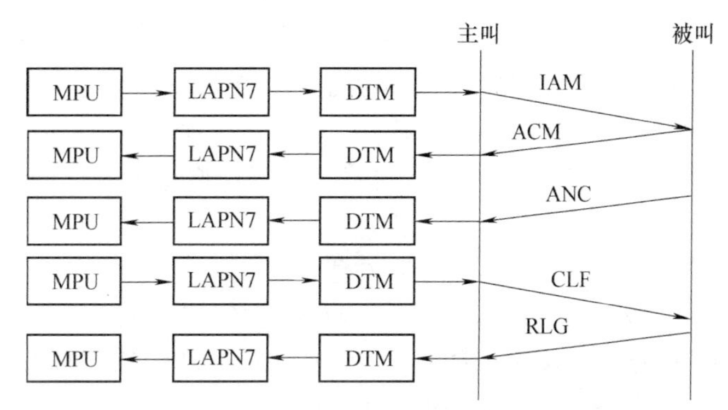

图4-21　七号信令出局呼叫传送过程

4）在接续过程中每一个消息的信令信息字段SIF都产生于MPU，对收到的消息进行鉴别和分配也由MPU完成，但消息的定界、校验和定位都由LAPN7完成。

5）收端局收齐被叫号码后回送地址收全消息ACM。

6）MPU收到ACM后，控制BNET板建立主叫与出中继的连接，如图4-20所示。收端局向被叫送振铃，同时通过刚建立起来的中继话路向主叫用户送回铃音。

7）被叫摘机，对端局通过信令链路送出应答消息及计费信号ANC，主、被叫进入通话状态。

8）主叫挂机，ASL检测到挂机事件后上报MPU。MPU将主叫及主叫时隙置闲，通过信令链路向收端局送出前向拆线信号CLF。收到对端局送回的释放监护信号RLG后，将中继置闲。

2. 入局呼叫处理

入局呼叫和出局相比，除多了向主叫送回铃信号的工作外，其他步骤大致与出局呼叫一样。当然，出局呼叫发前向信号，入局呼叫发后向信号，两者是相对的。

（1）一号信令入局呼叫处理

1）入中继收到占用信号并上报 MPU。MPU 控制 BNET 将一个空闲 MFC 和入中继连接起来．并控制入中继向主叫方回送占用确认信号。

2）MFC 收前向 I 组信号（被叫号码）发后向 A 组信号，然后将收到的每一位前向信号译码并上报 MPU。

3）收到预定位数号码后，MPU 开始分析字冠，确认被叫为本局用户，并确定待收号位数。

4）收齐被叫号码后，MPU 对被叫号码进行分析，确定被叫设备号并控制 MFC 通过入中继向主叫方回 A3 信号。

5）MFC 收到主叫方发来的 KD 信号后，上报 MPU。若被叫空闲，则 MPU 控制 MFC 向主叫方回 KB1 信号，同时为被叫预占通话时隙。

6）MPU 控制释放 MFC，并控制 BNET 板建立入中继与 SIG 板间的时隙连接，向主叫方送回铃音，如图 4-22 所示。

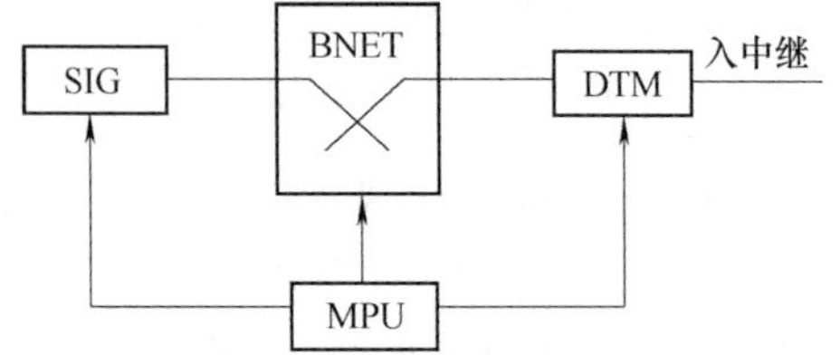

图 4-22　向主叫方送回铃音的路径

7）被叫摘机，ASL 截断铃流，并将摘机事件上报 MPU。MPU 释放 SIG 板所用回铃音时隙，并将入中继与被叫连接起来，通过入中继向主叫方送应答信号，主、被叫进入通话状态。

8）若主叫先挂机，被叫方通过入中继接收主叫方发来前向拆线信号，并上报给 MPU。MPU 收到前向拆线信号后，待被叫挂机后 MPU 通过入中继向主叫方送回拆线证实信号并将中继置闲。

（2）七号信令入局呼叫处理

1）收端局 LAPN7 板从一条链路收到前向地址消息，将此消息的 SIF 字段上报 MPU，其中的标记部分包含有 DPC、OPC 和 CIC。MPU 对 OPC 和 CIC 进行分析，确定这条消息与哪条中继电路有关，并将该中继电路置忙。

2）收端局 MPU 从前向地址消息里得到被叫号码，通过分析找到被叫设备号和设备忙闲标志。如果被叫空闲，则为其预占通话时隙，并通过信令链路向对方回送地址收全消息 ACM。同时，MPU 控制被叫所在的 ASL 向被叫送铃流，并控制 BNET 板建立与 SIG 板的连接，向对方送回铃音。

3）被叫摘机应答，收端局 ASL 检测到被叫摘机后，截断铃流，将摘机事件上报 MPU。收端局 MPU 控制 BNET 板拆掉入中继与 SIG 板的连接，将入中继与被叫连接起来，同时通过信令链路向主叫方回送应答消息及计费信号 ANC，主、被叫通话。

4）主叫挂机，收端局收到通过信令链路发来的前向拆线信号 CLF，LAPN7 板将此信号上报 MPU，MPU 将中继电路释放，并通过信令链路向发端局回送释放监护消息 RLG。

3. 汇接呼叫处理

汇接呼叫又称为转接呼叫，交换机此时只完成汇接中转工作，即将呼入的呼叫向其他交换局进行转发。

（1）一号信令汇接呼叫处理　一号信令汇接呼叫处理指从收到发端局占用信号到开始

字冠分析，汇接呼叫处理与入局呼叫处理是相同的。字冠分析确定为汇接呼叫后，还要根据所设定的不同汇接方式进行不同的工作。一号信令汇接呼叫共有三种方式，分别为转发、重发和延伸。

1）转发方式。转发方式是指汇接局收到发端局发送来的号码，并根据字冠判断出是汇接呼叫后，将收到的全部号码重新发一遍给收端局，如图4-23所示。这种方式对线路的要求低，信令传送速度慢，接续时间长，记发器利用率低，但接续比较可靠。

2）重发方式。在重发方式中，汇接局占用出中继并向收端局发占用信号，收到收端局回送的占用证实信号后，通过入中继向发端局送 A_2 信号并释放MFC。此后，发端局和收端局之间采用端到端的方式从第一位开始将全部号码传送一遍，如图4-24所示。重发方式信令传递速度快，拨号后等待时间短，记发器利用率高。

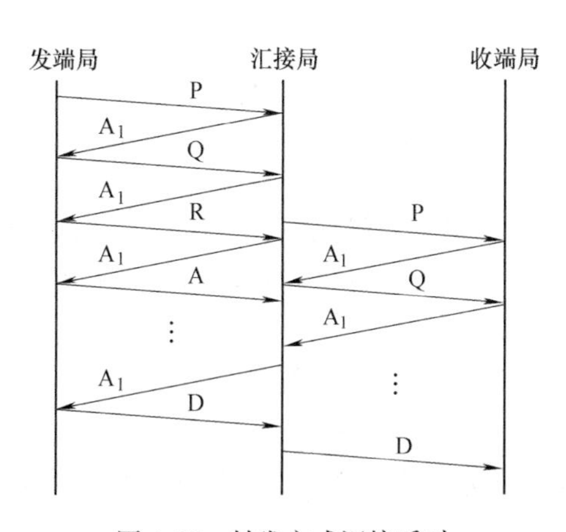

图4-23　转发方式汇接呼叫

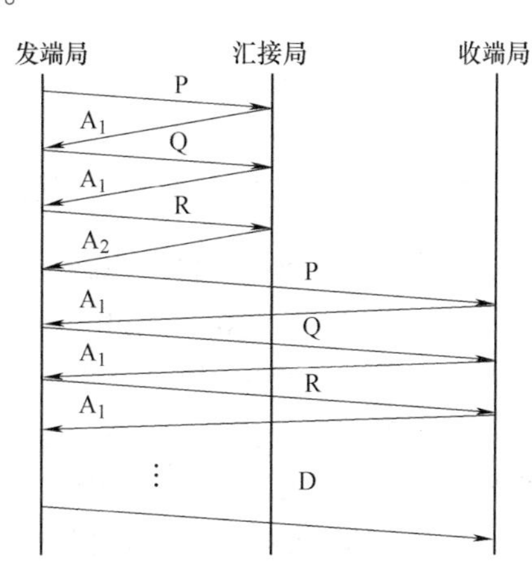

图4-24　重发方式汇接呼叫

3）延伸方式。与重发方式相类似，汇接局首先占用出中继并向收端局发占用信号，在收到收端局送回的占用证实信号后，通过入中继向发端局送 A_1 信号并释放MFC。而后，发端局和收端局之间采用端到端的方式传输其余的号码，如图4-25所示。延伸方式信令传递速度快，记发器利用率高，但对线路要求较高，目前已基本不再使用。

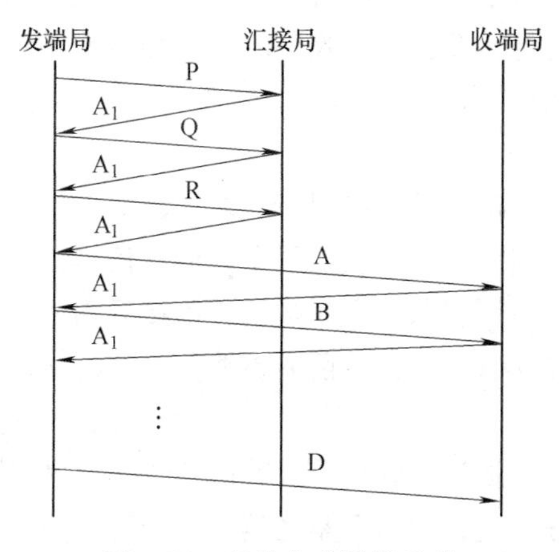

图4-25　延伸方式汇接呼叫

通过以上分析可以看出，无论采用哪种汇接方式，呼叫处理中的信令均以随路互控的形式进行传输。下面以转发方式为例，简述一号信令的汇接呼叫处理过程。

汇接局通过对所收字冠的分析，确定呼叫为汇接呼叫，并采用预先设定的转发汇接方式。MPU检索数据库，选择一条出中继并为该中继预占通话时隙。而后，MPU将一个空闲的MFC通过BNET板与出中继相连，并向收端局发送占用信号。此时信令接收与发送的路径如图4-26所示。

汇接局MPU通过连接在入中继上的MFC接收发端局送来的被叫号码，并使用与出中继相连的 MFC 向收端局进行转发。收端局收齐号码后，检查被叫用户状态。若被叫用户空闲，则向汇接局回送后向信号 KB1，指示用户空闲。汇接局 MPU 收到被叫空闲信息后，释放连接在出中继上的 MFC，并通过入中继向发端局送被叫示闲信号 KB1，随后释放与入中继相连的 MFC。最后，MPU 控制 BNET 板建立连接出、入中继的语音通路，如图 4-27 所示。被叫摘机后，汇接局收到收端局送来的被叫应答信号，MPU 控制将此信号转发给发端局，呼叫转入通话状态，主、被叫开始通话。

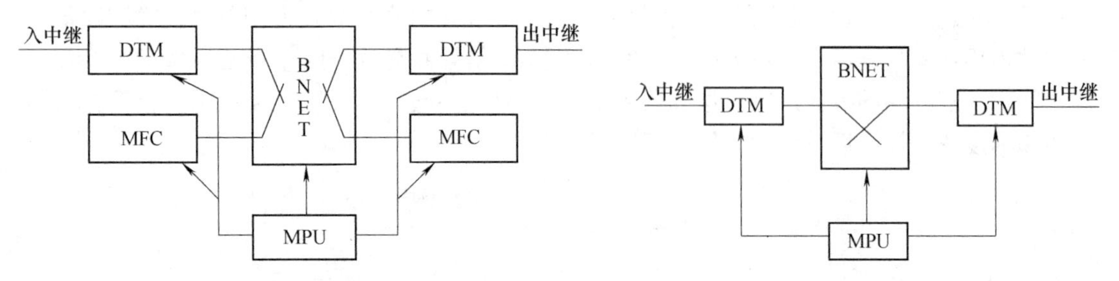

图 4-26　转发方式汇接局一号信令的接收与发送　　图 4-27　汇接局入、出中继的语音通路

主叫挂机，汇接局 MPU 收到发端局送来的正向拆线信号，确认可以拆线后，将入中继置空闲。与此同时，汇接局 MPU 向收端局送出正向拆线信号，待接到收端局送回的拆线证实信号后，将出中继置为空闲状态。

（2）七号信令汇接呼叫处理　汇接局 LAPN7 板从一条链路收到前向地址消息，将此消息的 SIF 字段上报 MPU，其中的标记部分包含有 DPC、OPC 和 CIC。MPU 通过 CIC 确定这条消息与哪条入中继有关，并依据前向地址消息里的被叫号码来确定此次呼叫是入局呼叫还是汇接呼叫。

如果是汇接呼叫，汇接局 MPU 根据前向地址消息里的被叫号码预占一条出中继，再根据这条出中继所对应的目的信令点和 CIC 编码确定相应的信令链路，并通过此链路将收到的消息转发出去。收到的消息和转发的消息虽然内容相同，但其标记和 DPC 却不一样。收到消息的 DPC 是本局的信令点编码，发出消息的 DPC 是目的信令点编码，即收话局的信令点编码。

汇接局 MPU 收到收话局送回的 ACM 消息后，控制 BNET 将出中继与入中继连接起来。被叫摘机后，收话局送来应答信号，汇接局 MPU 控制将此信号转发给发话局，主、被叫进入通话状态。主叫挂机，汇接局 MPU 收到发话局送来前向拆线信号，然后将入中继置空闲，并向收话局转发前向拆线信号。汇接局收到收话局送回的释放监护信号后，将出中继置闲。

4. C&C08 交换机局间呼叫两种信令方式的比较

通过 C&C08 交换机局间呼叫两种信令方式的比较，可以发现若采用一号信令方式，在呼叫过程中信令是在信令时隙和中继话路上共同传送的。在初始阶段，MPU 总是要先将中继与 MFC 连接起来，传送信令。信令传送完毕后，将中继与 MFC 的连接拆除，再将中继与用户连接起来，如图 4-28 所示。

若采用七号信令方式，在呼叫过程中信令是在专用的信令链路传送的。这条信令链路是为某一局用户所公用的，且在开局时已经建立起来，C&C08 交换机无需再专为某次呼叫建立信令链路。而话路则是在信令传送到某一阶段时才被建立的，如图 4-29 所示。

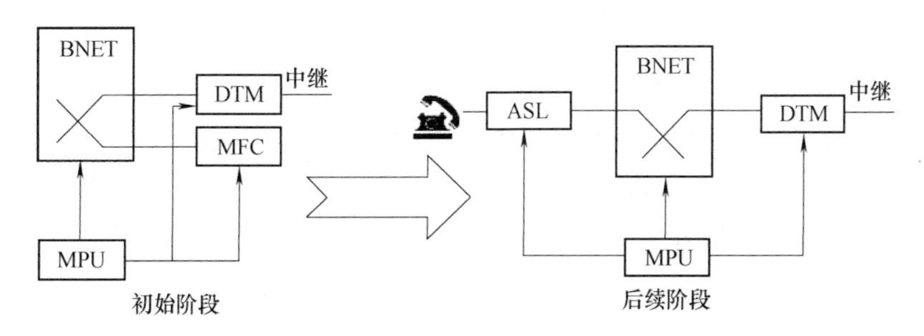

图4-28　一号信令方式局间呼叫

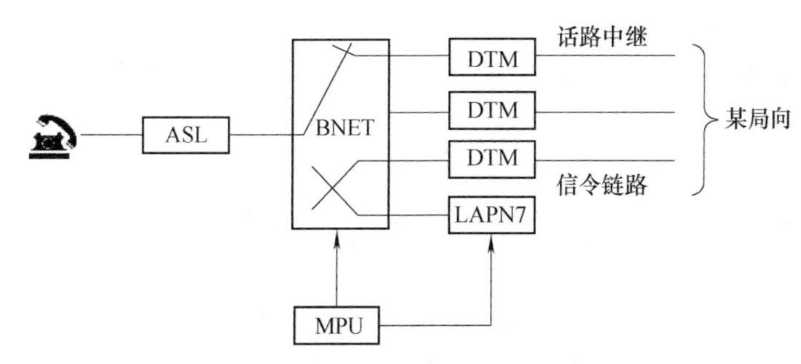

图4-29　七号信令方式局间呼叫

1.2　学习活动页

通过引导、讨论交流等方式，学习一号与七号局间信令，并在此基础上认识C&C08交换机使用上述两种信令如何实现局间呼叫接续。

1）信令的类型有哪些？

2）什么是随路信令？什么是共路信令？二者的主要区别是什么？

3）一号信令中记发器信号为什么又叫“多频互控信号”？该多频互控信号如何传送？

4）七号信令网由哪三个部分组成？什么是信令点、信令转接点、信令链路和信令路由？

5）OPC与DPC指的是什么？

6）国际电话网和我国国内电话网分别采用多少位编码标识信令点？

7）七号信令有哪两种传送方式？

8）七号信令的功能级结构是怎样的？

9）C&C08交换机如何使用七号信令进行出局呼叫处理？又如何实现入局呼叫处理？

1.3　自我测试

一、选择题

1. 七号信令是目前最先进、应用最广泛的一种国际标准化__________。

A. 信号音　　B. 用户信令　　C. 随路信令　　D. 共路信令

2. 局间中继采用PCM传输，话路时隙为TS_{21}，在随路信令情况下，MFC信令在________中传送。

A. TS_0　　B. TS_{21}　　C. TS_{16}　　D. 以上均可

3. 七号信令的信令数据链路功能（MTP1）对应 OSI 七层模型的________。

A. 物理层　　B. 链路层　　C. 网络层　　D. 应用层

4. 下面哪种信令是共路信令？________

A. MFC 信令　　B. 线路信令　　C. 一号信令　　D. 七号信令

二、填空题

1. 信令按传输区域分为________和________两类。前者是在________传送；后者是在________传送。

2. 局间信令可以分为________和________；一号信令属于________，七号信令属于________。

3. 一号信令的数字记发器信令英文缩写为________，全称为________。

4. 我国目前使用的随路信令为一号信令系统，具体分为________信令和________信令。

5. 共路信令的特征是将________和________分离。

6. 七号信令的信令点编码方式有两种，它们分别是________和________；其中，________方式用于________网，________方式用于________网。

7. 七号信令的功能级结构可分为________和________两大部分；其中，________部分的功能又可划分为三级，这三个功能级是________、________和________。

三、判断题（请填写"√"或"×"）

1. 一号信令系统中的 PCM30/32 路系统的线路信令，共用时隙 TS_{16} 传送，因此一号信令为公共信道信令。（　　）

2. 信令点编码是全世界范围内统一的，利用 24 位的信令点编码可对世界上任一信令点寻址。（　　）

3. 随路信号是指信令系统随语音信号交替传送。（　　）

四、问答题

1. 请简述共路信令系统的基本特征。

2. 七号信令数据链路使用的数字通道速率是多少？

3. 七号信令网的组成三要素是什么？

4. 七号信令系统采用哪两种信令传送方式？

5. 图 4-30 中都是从 SP1 向 SP3 发出的呼叫，请问 SU1、SU2、SU3、SU4 这四个信令单元中 DPC、OPC 各是多少？

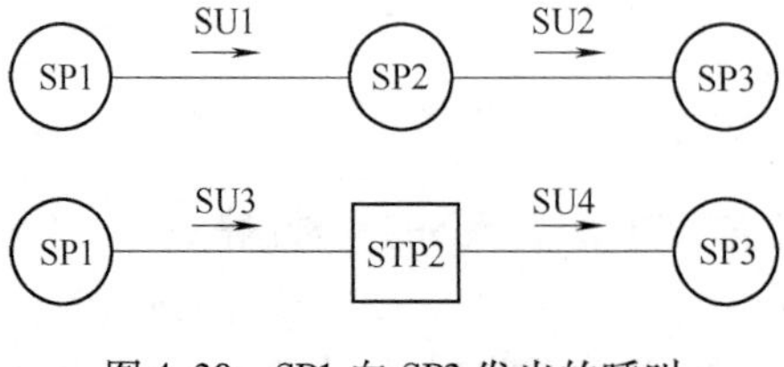

图 4-30　SP1 向 SP3 发出的呼叫

任务2　C&C08交换机局间用户互通

局间通话是电话网所提供的重要业务，它的实现要建立在数字程控交换机硬件数据和局内通话成功配置的基础之上。我们已经熟悉了一号信令与七号信令以及C&C08交换机局间呼叫处理过程，并且前期已经完成C&C08单模块交换机（B型独立局）的硬件物理数据配置和本局用户互通，本次任务在此基础上，进行交换机局间对接，配置中继数据，实现局间用户电话互通，为电话网的扩展奠定基础。

2.1　知识准备

2.1.1　局间通话的硬件准备

开通局间电话业务需要具备一定的硬件条件，如安装数字中继板（DTM）、协议处理板（LAPN7或MFC）以及必要的连接电缆等，在此基础之上才能设定相关的中继数据。

1. 局间数字中继板的连接

连接局间DTM板的中继电缆有75Ω和120Ω两种，使用不同的中继电缆时，DTM板上的开关有不同的拨法，以便实现阻抗匹配。本局DTM板通过配线架（DDF）与中继电缆相连，并进而连接到对端局的DDF和DTM板上。当与对端局中继接口连接好后，DTM板上对应于PCM系统的指示灯应全部熄灭。1块DTM板可提供2个2Mbit/s的PCM系统，每个PCM系统又具有发送（TX）和接收（RX）两个端口。通常情况下，某DTM板中第一个PCM系统的收/发端口被连接到DDF的上一排，而第二个PCM系统的收/发端口被连接到DDF的下一排，且位于第一个PCM系统端口连接点的正下方，如图4-31所示。图4-31中DDF上的偶数序号端口属于第一个PCM系统，而奇数序号端口属于第二个PCM系统。

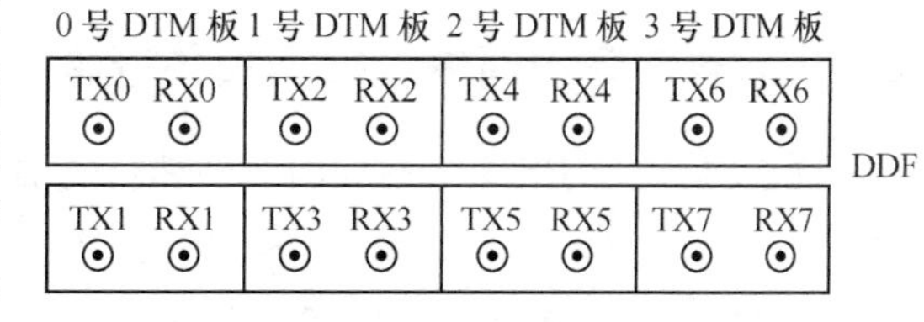

图4-31　DDF配线架

当对DTM板进行测试时，可使用电缆头将其TX端口与RX端口相连；在局间中继应用时，则将两个PCM系统的TX端口和RX端口分别相接，后用中继电缆引向对端局。

2. 数字中继板的硬件配置

根据所采用的局间信令方式不同，数字中继板的配置也不尽相同。

若采用七号信令方式，根据七号信令中用户部分的不同，DTM板应设为不同类型。若采用七号信令且用户部分为TUP，DTM应设为TUP类型；若用户部分为ISDN用户，DTM应设为ISUP类型。若采用一号信令方式，DTM则设为DTM类型。

每块DTM板可提供64条中继电路，即64个PCM时隙。中继电路号与DTM单板编号的关系为：电路号=64×单板编号+DTM板内电路号（0~63）。依据中继属性的不同，可将中继电路划分为若干组，即为中继群。

3. 协议处理板的硬件配置

使用一号信令时，需配置 MFC 板。使用七号信令且用户部分为 TUP 时，需配置 NO7 或 LAPN7 板；使用七号信令且用户部分为 ISUP 时，需要配置 LAPN7 板。

一个模块中的 NO7、MEM、LAPN7 和 MFC 板是统一编号的，单板编号与槽位相对应，即不论该槽位上是否插有单板，其单板编号都预留下来。LAPN7 板与 MFC 板槽位兼容，它们只能固定插在主控框上下两框中的 17～20 槽位，其单板编号与槽位的对应关系如图 4-32 所示。

每个七号信令板槽位支持 4 条 2Mbit/s 链路，对应 4 个链路号。每块 NO7 板支持 2 条 2Mbit/s 链路，当槽位上插的是 NO7 板时，其后 2 条链路号无效，每块 LAPN7 板支持 4 条 2Mbit/s 链路。LAPN7 板内链路号与 LAPN7 单板编号的关系为：链路号 =4×单板编号 +LAPN7 板内链路号（0～3），可根据单板编号计算得出 LAPN7 板对应的链路号，如图 4-32 所示。

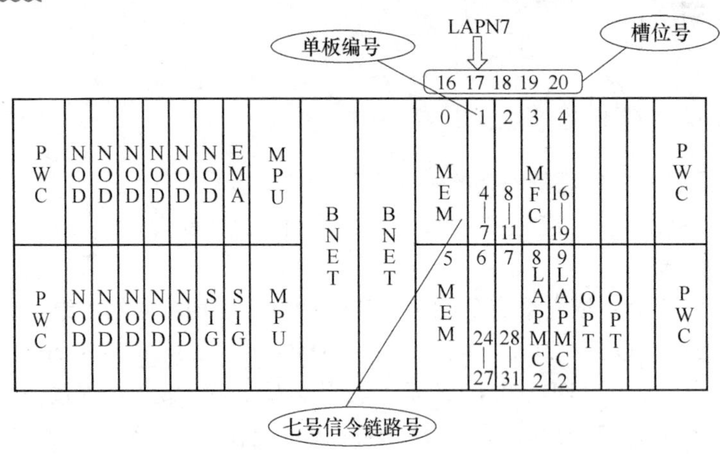

图 4-32 LAPN7 板槽位、编号及七号信令链路号的对应关系

2.1.2 七号信令局间中继数据相关概念

局间中继涉及的概念包括局向、相邻目的信令点、路由、子路由、路由选择源码和路由选择码等，下面通过一个中继组网案例加以说明，如图 4-33 所示。

图 4-33 中实线表示话路通路，虚线表示链路通路。本局为 222 局。本局与 555 局、666 局之间有话路通路和信令链路相连，555 局与 999 局之间有话路通路和信令链路相连。222 局到 888 局之间有话路通路连接但信令链路要通过 STP 转接。

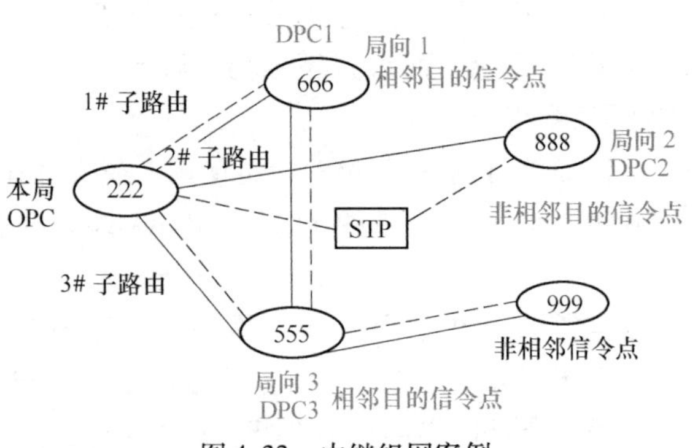

图 4-33 中继组网案例

1. 局向

若本交换局与某交换局之间存在直接话路相连，则该交换局就是本局的一个局向。给交换局的各个局向进行统一编号，产生局向号。以图 4-33 为例，对于本局 222 来说，有局向 666、888 和 555，分配局向号为 1、2 和 3。

2. 相邻目的信令点和非相邻目的信令点

目的信令点是从本局信令点的角度出发，在本局信令点所在的所有信令网络中可见的信令点。目的信令点根据在信令网络中同本局信令点的相对位置属性，可分为相邻目的信令点和非相邻目的信令点。其中，与本局有直达信令链路的称为相邻目的信令点；没有直达信令链路的称为非相邻目的信令点。

如图4-33所示，对于本局222来说，目的信令点的局有：555、666、STP、888、999，其中555、666、STP为相邻目的信令点，888局、999局为非相邻目的信令点。999局与本局222既没有直达的话路也没有直达链路的连接，本局到999局的呼叫要过555局转接，所以在本局无需进行相关中继数据的配置。

3. 子路由与路由

（1）子路由　若两个局之间有直达的话路，则认为两个局之间存在一条子路由。若本局与其他多个局之间都有直达话路，则存在多个子路由。分别对这些子路由进行编号，产生子路由号。

以图4-33为例，222局到666局、888局、555局有直达话路，就存在多条子路由，子路由号分别为1、2、3。

（2）路由　路由指本局到达某一局向的所有子路由的集合。该局向可以为相邻或不相邻的目的信令点。

以图4-33为例，如果666局与555局之间有话路相连，那么从222局至555局就有两条子路由：一条子路由是直接连接到555局，另一条子路由是经过666局转接。这两条子路由统称为222局到555局的路由。

一个路由可包含多个子路由，不同的路由中可能包含有相同的子路由，通过这些子路由最终可以到达指定局。对路由进行编码产生路由号。路由号是全局统一编号。

4. 路由选择源码与路由选择码

当本局不同用户在出局路由选择策略上有所不同时，可以根据不同的呼叫源，给予路由选择源码。路由选择源码与呼叫源码相对应。通常本局只有一个呼叫源，或虽然有几个呼叫源，但在出局的路由选择上都相同，那么只定义一个路由选择源码即可。

路由选择码是指不同的出局字冠，在出局路由选择策略上的分类号。因而路由选择码与呼叫字冠相对应，指呼叫某个出局字冠时，选择路由的策略。

出局字冠或目的码对应路由选择码，呼叫源码对应路由选择源码，再加上主叫用户类别、地址信息指示语、时间等因素，最终决定一条路由。对于不同的字冠，可能有相同或不同的路由选择，因此在路由选择码上也可能相同或不同。

图4-33中出局字冠555、666、888对应的路由选择源码、路由选择码、路由、子路由的关系见表4-4（999局是通过555局转接的，其路由选择码、路由及子路由与555的相同）。

表4-4　出局字冠路由选择源码、路由选择码、路由、子路由关系

呼叫源	路由选择源码	出局字冠	路由选择码	路由号	子路由号
0	0	666	1	1	1
0	0	888	2	2	2
0	0	555	3	3	3
0	0	999	3	3	3

5. 电路识别码 CIC、信令链路选择码 SLS 和信令链路编码 SLC

（1）CIC（Circuit Identification Code） CIC 为电路识别码，用于识别两信令点之间的话路，指明信令单元传送的是哪一条话路的信令。只有 TUP、ISUP 等电路交换业务的消息中，才有 CIC 字段，其长度定义为 12bit，所以两个信令点之间最多只能有 4096 条电路。在网络管理等消息中没有 CIC 字段。

（2）SLS（Signalling Link Selection） 当相邻两信令点之间有多条信令链路时，各信令链路之间以业务负荷分担方式工作。某信令单元选择其中的哪一条链路，就由 SLS 来决定。SLS 信令链路选择码为一个 4bit 的值（0～15），用来进行七号信令消息链路的选路，实际是利用 CIC 的低 4 位表示 SLS。

（3）SLC（Signalling Link Code） SLC 即信令链路编码（0～15），是用来标识某一条信令链路的，在对接时，双方同一条链路的 SLC 值应该一致，同一链路集中的 SLC 是唯一确定的，其作用类似于话路的 CIC 值。

2.1.3 七号信令局间中继数据配置

目前，我国电话网采用七号信令实现网络管理及局间中继接续。七号信令属于共路信令，语音通过中继话路传输，而信令则通过独立于话路的专用信令链路进行传送。因此，七号信令局间中继数据分为七号信令链路数据和七号信令中继话路数据，配置七号信令中继数据一般先配置七号信令链路数据，再配置七号信令中继话路数据。

1）配置中继数据前先检查局间数字中继板的连接、数字中继板的硬件配置及协议处理板的硬件配置等前期硬件准备情况。

2）配置中继数据之前应先确认本局信息已正确设置。

1. 配置七号信令链路数据

先来回忆一下七号信令系统。

七号信令系统由消息传送部分（MTP）和多个不同的用户部分（UP）组成。MTP 主要负责：①信令网的管理，比如链路故障时倒换等；②转发本端 TUP 或 ISUP 的消息到对端；③转发对端发来的 TUP 或 ISUP 的消息到本端的 UP。可见 TUP 或 ISUP 的消息是由 TUP 或 ISUP 产生，MTP 仅起传送的作用，所有的话路信息 MTP 都不关心，它只关心链路。因此配置信令链路数据即为设置信令消息的传递通路。

配置信令链路包括增加 MTP 目的信令点、增加 MTP 链路集、增加 MTP 路由和增加 MTP 链路，其配置流程如图 4-34 所示。

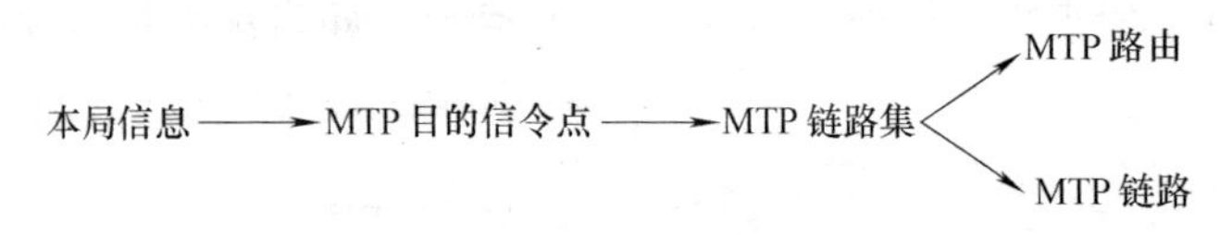

图 4-34 中继链路数据的配置流程

即按：设置本局信息（SET OFI）→设置 MTP 目的信令点（ADD N7DSP）→设置 MTP 链路集（ADD N7LKS）→设置 MTP 路由（ADD N7RT）→设置 MTP 链路（ADD N7LNK）的顺

序进行。如果是删除MTP数据，则从后面逆向开始。

下面仍以图4-33所示的中继组网案例来说明配置过程中涉及的MTP链路集、MTP链路、MTP路由等概念。由于信令链路与话路无关，因此去掉图4-33中的话路只保留信令链路，得到图4-35。

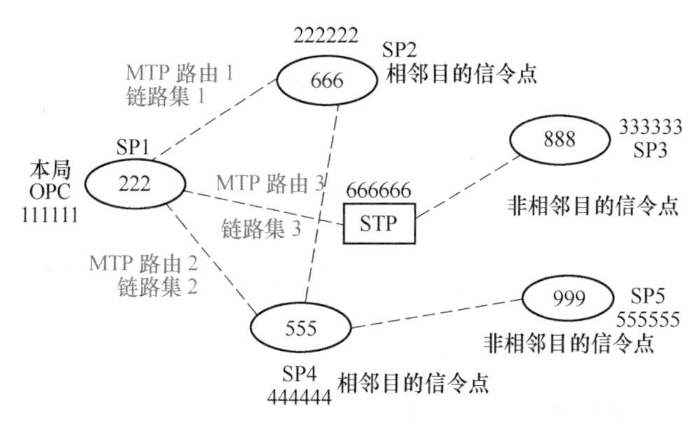

图4-35　中继组网局间对接信令链路案例

如图4-35所示，本局信令点为SP1（本局信令点编码：111111）。本局可见的目的信令点SP2（信令点编码：222222）属于相邻目的信令点，SP3（信令点编码：333333）属于非相邻目的信令点，SP4（信令点编码：444444）属于相邻目的信令点，SP5（信令点编码：555555）属于非相邻目的信令点，信令转接点STP（信令点编码：666666）属于相邻信令点。

下面介绍MTP链路、链路集及MTP路由的概念。

（1）MTP链路　MTP链路是指连接各个相邻信令点、传送信令消息的物理链路。

（2）MTP链路集　MTP链路集是连接两个相邻目的信令点之间的一束平行的信令链路的集合。

（3）MTP路由　MTP路由是指从本局信令点出发到达某信令点所经过的链路集的集合。

以图4-35为例，从本局信令点SP1出发，SP1到SP2的链路集1包括一条MTP链路，SP1到SP4的链路集2包括一条MTP链路，SP1到STP的链路集3包括一条MTP链路。SP1到SP2的MTP路由包括链路集1，SP1到SP4的MTP路由包括链路集2，SP1到SP3的MTP路由包括链路集3，SP1到SP5的MTP路由包括链路集2。

必须说明的是MTP链路的编号，从硬件上来看：七号链路编号随槽位固定，由系统自动生成（注意：信令板所占用的HW资源、NOD资源随槽位固定，由系统自动生成）。对于链路号与槽位关系前面已介绍过，参见图4-32所示。

2. 配置七号信令中继话路数据

再来回忆C&C08交换机局间呼叫处理过程。用户摘机拨号，MPU在收到预定位数的号码后开始字冠分析，确定此次呼叫是出局还是本局呼叫。如果是出局呼叫，MPU在进行一系列的分析后，最终占一条去该局的中继电路。占中继的过程如下：出局字冠（出局字冠对应路由选择码）→路由→子路由→中继群→中继电路。

图4-36为七号信令中继话路数据配置流程。如果要删除七号信令中继话路数据，则按此流程逆向进行。

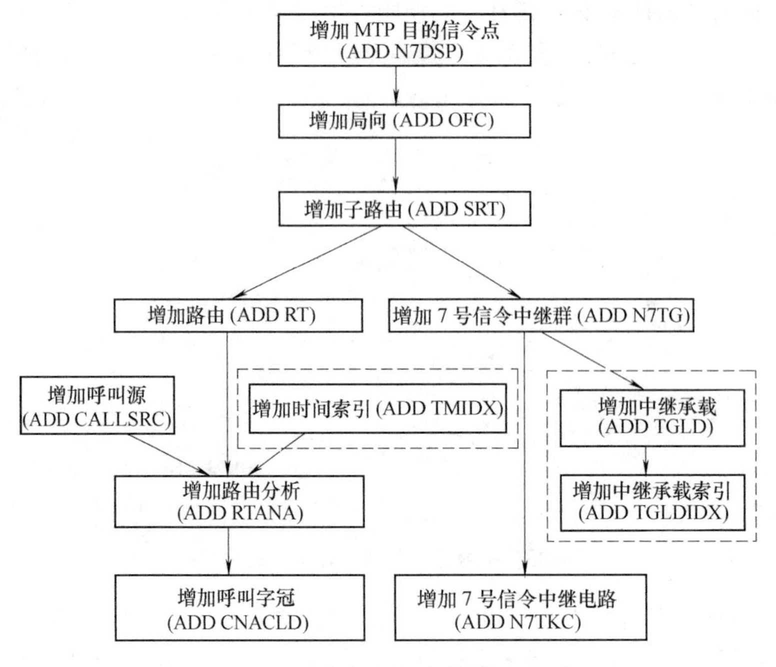

图 4-36　七号信令中继话路数据配置流程

2.2　工作任务单

2.2.1　任务描述

某学校程控交换实训室现有 A、B 两台 C&C08 单模块交换机（B 型独立局）及后台终端工作站若干，如果要实现局间用户的电话互通，需要通过中继线将两台交换机连接起来，并在各自的局端进行相关的交换机对接数据配置。现在的任务是通过七号信令实现 C&C08 交换机的自环配置，并进行调试校验，以保证本局设备的软硬件数据配置正常，为局间对接创造条件。

现 A 局数字程控交换机的硬件数据配置已完成，并能完成本局用户互通。通过业务维护系统查看硬件配置板位图如图 4-37 所示。

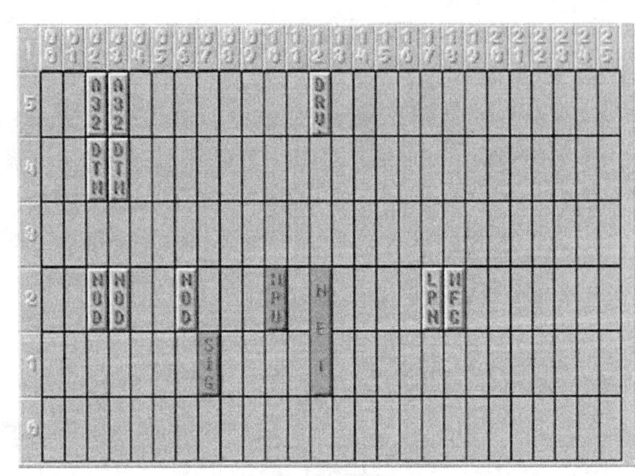

图 4-37　C&C08 单模块局板位图

具体配置要求如下：

1）电话号码为 0103330000 ~ 0103330063。

2）采用七号信令 ISUP 自环实现局间呼叫。

3）本局信令点编码为 AAAAAA，虚拟目的信令点编码为 222222，七号

信令链路号为 4 ~ 7，中继电路编号为 0 ~ 63、64 ~ 127。

2.2.2　任务实施

1. 任务准备

（1）自环连接　中继自环方式通常用于新局开局时割接前的中继测试和中继故障定位。通过不同位置的中继自环，可判断相应软件或硬件设备是否正常。通常可以在交换机侧、本端配线架侧、本端光端机侧、对端配线架侧和对端光端机侧等位置进行自环。

七号信令中继自环数据类似于普通七号信令中继数据，区别在于：

1）设置一个虚拟的对端局，给一个虚拟的目的信令点编码，并设置相应局向号。

2）需要偶数个 PCM 系统进行自环，并对相应电路进行 CIC 变换。

3）业务字冠属性应设置为本地或本地以上，并且需设置路由选择码。

4）对进行自环的中继群设置中继群承载数据，对被叫号码进行号码变换。

其中，号码变换部分也可以由号首处理来设置，需要注意的是相应号首处理中重新分析标志应为否。

在进行中继自环操作时，首先要保证所使用的 E1（2Mbit/s）接口硬件连接正确，即第一个 E1 接口的收（R）和发（T）要和第二个 E1 接口的发（T）和收（R）通过 E1 自环线连接起来。本任务中 C&C08 交换机配有两块 DTM 板，编号分别为 0 和 1。为避免中继电缆的交叉，将它们的收/发端口全部连接在 DDF 的同一排中，并使用 0 号 DTM 板实现自环，其电缆连接方法如图 4-38 所示。

o　o	o　o	o　o	o　o	o　o	o　o	o　o	o　o
oT　oR	oT　oR	oT　oR	oT　oR	o　o	o　o	o　o	o　o
2M-1	2M-2	2M-3	2M-4				

图 4-38　DDF 架 E1 电缆连接示意图

（2）中继电路与链路情况分析　根据实际连接情况分析中继电路与信令链路是如何应用的。

C&C08 单模块局板位中继框 2#、3#槽位插入 DTM 板，要实现七号信令，需将 DTM 板配置为 TUP 或 ISUP。根据自环连接情况，得知是将 2#槽位的 0 号 DTM 板进行自环连接实现中继，该 DTM 板提供了 2 个 2Mbit/s PCM 系统。2#槽位 DTM 板的中继电路号为 0 ~ 63，第一个 PCM 系统的 32 路（其电路号为 0 ~ 31）为一个中继群，第二个 PCM 系统的 32 路（其电路号为 32 ~ 63）为另一个中继群。

由于 C&C08 单模块局板位主控框 17#槽位插入 LAP 板（配置为 LAPN7），查询图 4-32 可知其对应链路号为 4 ~ 7。通常使用 TS_{16}时隙作为信令链路，本任务中使用 2#槽位的 0 号 DTM 板的两个 2Mbit/s PCM 系统进行自环，设置信令时隙分别使用 16 和 48，因此使用 2 条信令链路，使用的链路号为 4、5。

2. 预置条件

本局信息在硬件配置时已经设置。

3. 任务实施

（1）配置七号信令链路数据　七号信令中继数据分为七号信令链路数据和七号信令中

继话路数据，按照配置七号信令中继数据的顺序先配置七号信令链路数据，再配置七号信令中继话路数据。

1）修改中继单板类型。

由于使用2#槽位的0号DTM板进行自环连接，因此需将2#槽位DTM板类型设为ISUP。

RMV BRD:MN=1,F=4,S=2;　　　　//删除单板

参数说明：

MN=1	模块号=1
F=4	框号=4
S=2	板位=2

ADD BRD:MN=1,F=4,S=2,BT=ISUP;　//增加单板

参数说明：

MN=1	模块号=1
F=4	框号=4
S=2	板位=2
BT=ISUP	板类型=ISUP

2）增加MTP目的信令点。

七号信令自环时需要设置一个虚拟的对端局，为其分配一个虚拟的目的信令点编码，并设置相应局向号，下面就来设置虚拟对端局的目的信令点编码。

ADD N7DSP:DPX=2,DPN="自环",NPC="222222",NN=TRUE,APF=TRUE;

参数说明：

DPX=2	目的信令点索引=2
DPN="自环"	目的信令点名为“自环”
NPC="222222"	目的信令点编码=222222
NN=TRUE	国内有效=是
APF=TRUE	相邻标志=是

参数配置解释：

① 目的信令点索引是目的信令点在交换系统内部被引用时使用的索引号，这个索引号在系统内应该能唯一标识出该目的信令点。此处目的信令点索引设为2。

② 由于本任务采用自环中继方式，因此设置了一个虚拟信令点作为本局的目的信令点，其编码为222222。由于本局信令点在国内网中，目的信令点也在国内网中可见，因此国内有效标志设为是。

③ 目的信令点可分为相邻目的信令点和非相邻目的信令点。由于本任务采用自环中继方式，此处设置虚拟信令点与本局间有直达信令链路，所以相邻标志设为TRUE。

3）增加MTP链路集。

为实现七号信令中继控制，需要设置消息的传递通道。经过前面分析得知，本局与虚拟对端局之间存在两条信令链路（链路号为4和5），即为消息的传送通道。

ADD N7LKS:LS=2,LSN="自环",APX=2;

参数说明：

LS=2	链路集号=2

LSN = " 自环"　　　　　　链路集名为"自环"

APX = 2　　　　　　相邻目的信令点索引 = 2

参数配置解释：

① 由于 MTP 链路集是连接两个相邻信令点的一束平行信令链路集合，这里本局与虚拟对端局之间存在 2 条信令链路，构成 MTP 链路集。链路集在交换系统内统一编号，此处设置了一个编号为 2 的链路集。

② 相邻目的信令点索引指明了 MTP 链路集所连接的相邻目的信令点，这里设置为 2。

4）增加 MTP 路由。

ADD N7RT:RN = " 自环" ,LS = 2,DPX = 2;

参数说明：

RN = " 自环"　　　　　　路由名 = 自环

LS = 2　　　　　　链路集号 = 2

DPX = 2　　　　　　目的信令点索引 = 2

参数配置解释：

① 此处的链路集号设为 2，与前面保持一致，表明了本 MTP 路由在去往目的信令点途中所需经过的第一段信令链路集为链路集 2。

② 目的信令点索引设为 2，与前面相邻目的信令点索引保持一致，表明了该 MTP 路由去往目的信令点（编码为 222222）。

5）增加 MTP 链路。

前面分析得知本局与虚拟对端局存在两条信令链路，链路号为 4 和 5，信令时隙分别是 16 和 48，因此需要增加两条信令链路。

ADD N7LNK:MN = 1,LK = 4,LKN = " 自环 1" ,SDF = SDF2,NDF = NDF2,C = 16,LS = 2,SLC = 0,SSLC = 1;

ADD N7LNK:MN = 1,LK = 5,LKN = " 自环 2" ,SDF = SDF2,NDF = NDF2,C = 48,LS = 2,SLC = 1,SSLC = 0;

参数说明：

MN = 1　　　　　　模块号 = 1

LK = 4 与 LK = 5　　　　　　链路号 = 4、5

LKN = " 自环 1" 与 LKN = " 自环 2"　　　　　　链路名为"自环 1""自环 2"

SDF = SDF2　　　　　　中继设备标识 = ISUP

NDF = NDF2　　　　　　七号信令设备类型 = LAPN7

C = 16 与 C = 48　　　　　　电路号 = 16、48,即信令时隙为 16、48

LS = 2　　　　　　链路集号 = 2

SLC = 0 与 SLC = 1　　　　　　信令链路编码 = 0、1

SSLC = 1、0　　　　　　信令链路编码发送 = 1、0

参数配置解释：

① 信令链路编码（SLC）是信令链路在链路集内的逻辑编号，在数据配置时由工程人员定义。为了使信令链路连接的双方能够统一管理链路，一个链路集内的所有信令链路统一编号，并且针对同一链路，双方的信令链路编码必须一致。信令链路编码在其所在的信令链

路集内，唯一标识一条信令链路。

② 信令链路编码发送（SSLC）指明了对端局所用的信令链路编码，由于信令链路所连双方的信令链路编码一致，所以本局的信令链路编码必须等于信令链路编码发送，且等于对端局的信令链路编码和信令链路编码发送。

③ 此处本局内有两条中继信令链路，将 SLC 分别设为 0 和 1。因为采用了中继自环方式，本局同时又是虚拟对端局，所以必须对中继数据进行特殊处理，以实现信令的自发自收。具体处理方法是，将本局信令链路 0（SLC =0）中的 SSLC 设为 1，以便与虚拟对端局（本局）信令链路 1 对接；同时，将本局信令链路 1（SLC =1）中的 SSLC 设为 0，以便与虚拟对端局（本局）信令链路 0 对接。

（2）配置中继话路数据　按照配置七号信令中继数据的顺序完成七号信令链路数据配置之后，下面来配置七号信令中继话路数据。

1）增加局向。

与本局有直达话路的交换局称为本局的一个局向，增加一个局向要先知道该局向的有关属性，如对端局的类型、级别、网标识、目的信令点编码等数据。七号信令自环时需要设置一个虚拟的对端局，因此该虚拟的对端局为本局的一个局向，需要分配局向号。

ADD OFC:O =2,DOT = CMPX,DOL = SAME,NI = NAT,DPC ="222222",ON =" 自环";

参数说明：

O =2	局向号 =2
DOT = CMPX	对端局类型 = 长、市、农合一
DOL = SAME	对端局级别 = 同级
NI = NAT	网标识 = 国内
DPC ="222222"	目的信令点编码 =222222
ON =" 自环"	局向名为“自环”

2）增加子路由。

本局和对端局之间若存在直达话路，则认为这两个局间有一条子路由，本局到达某一局向的所有子路由的集合称为路由。此处使用七号信令自环，存在直达话路，因此存在子路由与路由。需要为子路由、路由分配子路由号、路由号。

ADD SRT:SR =2,DOM =2,SRT = OFC,SRN =" 自环",TSM = CYC,MN1 =1,MN2 =255;

参数说明：

SR =2	子路由号 =2
DOM =2	局向号 =2
SRT = OFC	子路由类型 = 局间子路由
SRN =" 自环"	子路由名为“自环”
TSM = CYC	中继群选择方式 = 循环
MN1 =1	第一搜索模块 =1
MN2 =255	第二搜索模块以后不配置

参数配置解释：

① 由于采用自环连接，本局和虚拟对端局之间存在直达话路，则认为这两个局间有一条子路由。子路由在全局内统一编号，此处设为 2。

② 此处的局向号是指该子路由所对应局向的编号，根据前面已设局向结果，此处设为2。

③ 中继群选择方式是指在子路由内根据中继群号挑选中继群的方法，包括最大、最小、循环或随机。通常选择使用其默认值即循环方式。

3）增加路由。

增加路由使新增的子路由属于该路由。

ADD RT:R = 2,RN = "自环",RT = NRM,SRST = SEQ,SR1 = 2,SR2 = 65535;

参数说明：

R = 2	路由号 = 2
RN = "自环"	路由名为“自环”
RT = NRM	路由类型 = 普通路由
SRST = SEQ	子路由的选择方式为顺序选择
SR1 = 2	第一子路由 = 2
SR2 = 65535	第二子路由以后不配置

参数配置解释：

① 本局到达某一局向的所有子路由的集合称为路由，它在全局内统一编号，此处设为2。

② 路由类型是指选路不成功时所采取的措施，分为普通路由和排队路由两类。若设为普通路由，则在选路不成功时不进行呼叫排队；若设为排队路由，则在选路不成功时可以在用户侧排队等待空闲电路。一般情况下设置为普通路由。

③ 一个路由最多可有五个子路由。子路由的选择方式分为顺序选择和按百分比选择。顺序选择指按从第一子路由到第五子路由的顺序选择子路由，即第一子路由全忙或不可用时，选第二子路由，依次类推；按百分比选择指按给出的各子路由的百分比进行选择，使子路由的选择遵循一定规律。一般情况下子路由的选择方式设置为顺序选择。

④ 第一子路由是指此路由中所包含的第一个子路由的编号，此处应与前面的子路由号保持一致，设为2。一个路由的5个子路由，分别标记为SR1、SR2、SR3、SR4、SR5。本局与虚拟对端局之间只有一个子路由，SR2设为65535，表示从第二个子路由开始以后的子路由都不进行配置。

4）增加路由分析。

增加路由分析的目的使新增的路由具有路由选择码，可供呼叫使用。

ADD RTANA:RSC = 2,RSSC = 1,RUT = ALL,ADI = ALL,CLRIN = ALL,TRAP = ALL,TMX = 0,R = 2,ISUPSL = NOCHANGE;

参数说明：

RSC = 2	路由选择码 = 2
RSSC = 1	路由选择源码 = 1
RUT = ALL	主叫用户类别 = 全部类别
ADI = ALL	地址信息指示语 = 全部类别
CLRIN = ALL	主叫接入 = 全部类别
TRAP = ALL	传输能力 = 全部类别

TMX = 0	时间索引 = 0
R = 2	路由号 = 2
ISUPSL = NOCHANGE	ISUP 优选 = 不改变

参数配置解释：

① 路由选择码与出局字冠相对应，路由选择源码与呼叫源相对应，该命令建立路由选择码、路由选择源码、路由号之间的关系，因而设置了呼叫源在呼叫某个出局字冠时，出局路由应该对应选择的路由号。

② 主叫接入是指主叫用户的类别，传输能力是指该路由所能提供的传送能力，通常都选择全部类别。

③ 时间索引是由时间索引分析获得的时间索引号，它在路由分析中参与路由的选择，从而达到在不同时间动态选择路由的目的。如果时间索引匹配不成功，则路由失败。时间索引为所有中继数据共享，系统默认值为0。

④ 路由号指明了与路由分析有关的路由，它通常与路由选择码相对应。这里设为2，表示此路由分析与前面所建的2号路由相关。

⑤ ISUP优选指ISDN用户呼叫的选路原则，ISUP优选标志必选ISUP，通常设为不改变。

5）增加中继群。

当有新增交换局与本局相连接时，需在本局添加去往该局的中继群，增加描述该中继群的中继群数据。增加中继群时，该中继群所属的子路由必须已知，否则须增加子路由。

根据自环连接情况可知，使用2#槽位DTM板进行自环，其中继电路号为0～63，存在入中继群和出中继群，并且已增加了子路由。

ADD N7TG:MN = 1,TG = 1,G = OUT,SRC = 2,TGN = "2号子路由出中继",CSC = 0,CT = ISUP,CSM = CTRL,SIGT = NO7,CCT = INC,CCV = 32;

ADD N7TG:MN = 1,TG = 2,G = IN,SRC = 2,TGN = "2号子路由入中继",CSC = 0,CT = ISUP,CSM = CTRL,SIGT = NO7,CCT = DEC,CCV = 32;

参数说明：

MN = 1	模块号 = 1
TG = 1 或 TG = 2	中继群号 = 1 或 2
G = IN 或 G = OUT	群向 = 入中继或出中继
SRC = 2	子路由号 = 2
TGN = "2号子路由入(出)中继"	中继群名 = 2号子路由入(出)中继
CSC = 0	呼叫源码 = 0
CT = ISUP	电路类型 = ISUP
CSM = CTRL	电路选择方式 = 主控/非主控
SIGT = NO7	信号类型 = NO7
CCT = INC 或 DEC	CIC 变换类型 = 增加或减少
CCV = 32	CIC 变换值为 32

参数配置解释：

① 中继群是指一簇同质中继电路集合，中继群号在全局内统一编号，此处设置了2个

中继群，编号分别设为1和2。

② 群向即为中继群的方向，七号中继群为双向，自环时选择2个PCM系统中的一个作为出中继，一个作入中继，此处将中继群1设为出中继，中继群2设为入中继。

③ 子路由号指明了中继群所属的子路由，此处该中继群属于子路由2，因此子路由号设为2。

④ 呼叫源是本局的用户和入中继。若本局用户和入中继有相同的呼叫属性，则应具有相同的呼叫源码。此处本局用户的呼叫源码为0，且与该中继群有相同属性，因此中继群呼叫源码也设为0。

⑤ 电路类型包括TUP和ISUP两种，分别针对七号信令电话用户和七号信令ISDN用户，根据任务要求，此处设为ISUP类型。

⑥ 电路选择方式就是通信双方依据电路号选择电路的模式。

电路选择方式包括最大方式、最小方式、循环方式、随机方式、FIFO方式和主控/非主控方式6种。最大方式是指发起呼叫时使用电路号最大的中继电路；最小方式是指发起呼叫时使用电路号最小的中继电路；循环方式是指每次都从上一次选择中继电路的下一条开始选择；随机方式指发起呼叫时以随机方式选择中继电路；FIFO方式以先进先出为原则，即先选择的电路先被释放；主控/非主控方式是指同一条双向中继电路的一端为主控，另一端为非主控。

当主控/非主控方式选择空闲电路时，先占用主控电路；当主控电路全忙时，再占用非主控电路。通信双方同时发起呼叫，即发生同抢时，非主控一端释放电路，并选择其他电路。设置主控/非主控的一般原则是：目的信令点编码大的一方主控偶数电路，目的信令点编码小的一方主控奇数电路。通常，系统默认七号信令中继电路选择采用主控/非主控方式。

⑦ 信令类型分为NO7和MAILBOX邮箱两种，默认为NO7。

⑧ CIC变换主要用于中继自环，包括增加和减少两种类型。通过变换，可使中继自环时收、发消息电路的CIC值一致。若不采用自环，则CIC变换类型设为不变换。

通过前面分析得知本局的中继电路编号为0～31和32～63，对应的CIC值为0～31和32～63，分别属于中继群1和中继群2。为实现自环，本局中继群1（CIC为0～31）在出局时应将CIC值加32，变换为32～63，以便与虚拟对端局（本局）中继群2（CIC为32～63）对接；而本局中继群2（CIC为32～63）在出局时应将CIC值减32，变换为0～31，以便与虚拟对端局（本局）中继群1（CIC为0～31）对接。

6）增加中继电路。

增加中继群后，应增加属于该中继群的中继电路。

ADD N7TKC:TG=1,SC=0,EC=31,SCIC=0,SCF=TRUE;

ADD N7TKC:TG=2,SC=32,EC=63,SCIC=32,SCF=FALSE;

参数说明：

TG=1或TG=2	中继群号=1或2
SC=0或SC=32	起始电路号=0或32
EC=31或EC=63	终止电路号=31或63
SCIC=0或SCIC=32	起始CIC=0或起始CIC=32
SCF=TRUE或SCF=FALSE	起始电路主控标志=是或否

参数配置解释：

① 起始电路号和终止电路号是中继群中新增电路的起始与终止编号。前面分析过2#槽位的DTM单板实现中继，提供2个2Mbit/s的PCM系统，其电路号分别是0~31、32~63。

② 起始CIC定义了与起始电路号相对应的CIC值。

③ 起始电路主控标志指明了中继群中起始电路为“主控”还是“非主控”。对于自环七号信令中继电路，起始电路的主控标志没有实际意义，因为自环发起呼叫局和落地局均为本局，不存在同抢问题。

7）增加中继字冠。

前面增加了路由数据和路由分析数据，但是只有当实际的呼叫字冠指向该路由时，该路由数据和路由分析数据才有实际意义。这里需设置自环字冠。

ADD CNACLD：P = 0，PFX = K'010，CSTP = BASE，CSA = NTT，RSC = 2，MIDL = 7，MADL = 10；

参数说明：

P = 0	号首集 = 0
PFX = K'010	呼叫字冠 = 010
CSTP = BASE	业务类型 = 基本业务
CSA = NTT	业务属性 = 国内长途
RSC = 2	路由选择码 = 2
MIDL = 7	最小号长 = 7
MADL = 10	最大号长 = 10

参数配置解释：

① 呼叫字冠是指被叫用户号码的字冠，通常是被叫号码的前几位。任务要求开通的电话号码范围是0103330000~0103330063，因此呼叫字冠设为010。

② 业务属性是指此字冠所代表的呼叫种类，如本局、本地等，此处为自环配置，开通局间电话业务虚拟局长途区号为010，因此选择“国内长途”。

③ 路由选择码是呼叫该字冠所采用路由选择策略的编号。由于前面增加路由分析命令中已定义路由选择码为2，所以此处也设为2。

④ 局内具有相同计费属性的用户和中继群被划分为一个计费组，计费组的组号就是计费选择码。此处由于还没有设置计费情况，因此选择默认值暂不计费。

⑤ 因为本任务中局内呼叫号码为7位，加上国内长途字冠“010”后号码总长为10位，所以此处最大号长为10。但由于采用中继自环，字冠分析后会把字冠“010”去除，将余下的位号码送到出中继上。因此，最小号长应设为7。

8）增加号码变换。

增加号码变换为自环数据配置中必须进行的步骤。由于自环时被叫号码没有送至对端局，而是被环回到本局，若要本局振铃，需要对被叫号码进行号码变换，以指示变换方式。

ADD DNC：DCX = 1，DCT = DEL，DCP = 0，DCL = 3，DAI = NONE；

参数说明：

DCX = 1	号码变换索引 = 1
DCT = DEL	变换类型 = 删号

DCP =0　　　　变换起始位置 =0

DCL =3　　　　变换长度 =3

DAI = NONE　　　　地址性质 = 不变

参数配置解释：

① 在局间中继接续中，对端局收到本局送去的号码后，通过字冠分析，确定本次呼叫是入局呼叫还是转接呼叫。若为入局呼叫，则去除出局字冠，而后对余下的号码进行分析，在局内寻找并连接被叫用户。本任务采用中继自环方式，本局发出的号码通过出中继和入中继（中继链路环）回到本局（虚拟对端局）。由于从入中继得到的字冠已被本局定义为长途字冠，所以本局将入中继送来的呼叫处理为转接呼叫，即将号码送往出中继，于是形成了接续的死循环。为完成对局间通话的模拟，必须在发送号码前进行变换，删除出局字冠。例如：3330000 拨打 0103330001，其中的长途字冠 010 在进入出中继前就已被删除，入中继送回的只是局内号码 3330001，通过这种处理实现了 3330000 和 3330001 两用户间的中继自环通话。

号码变换索引是对号码变换处理操作的编号，以方便引用，此处设为 1。

② 变换类型是对号码变换操作的描述，包括改号、删号、插号三种。本任务设为删号，以去掉出局字冠。

③ 变换起始位置是指号码变换的起始位置，此处设为 0，表示从第一位号码开始处理。

④ 变换长度是指号码变换处理的号码位数，本任务欲删除 3 位出局字冠，因此设为 3。

9）增加中继群承载。

号码变换在中继群承载或号首处理中引用，即七号信令中继自环可以用中继群承载，也可以用号首处理来实现。这里采用中继群承载方式进行数据配置。

中继群承载包括两部分数据：中继群承载和中继群承载索引。中继群承载和中继群承载索引在自环、汇接时可用于被叫的号码变换，一般情况下不设置。而现在的任务是进行七号中继自环，因此需要设置中继群承载及中继群承载索引。

ADD TGLD:MN =1,CLI =0,TOP =3,RI =0,EI =1;

参数说明：

MN =1　　　　模块号 =1

CLI =0　　　　承载索引号 =0

TOP =3　　　　中继占用点 =3

RI =0　　　　主叫号码发送变换索引 =0

EI =1　　　　被叫号码发送变换索引 =1

参数配置解释：

① 承载索引号是中继承载的索引编号，用来定义该中继群承载所对应的承载索引号，这里设为 0。

② 中继占用点定义交换机在收到第几位被叫号码后，开始占用出中继。本任务中要求出局字冠为 3 位，因此设为 3。

③ 主叫号码发送变换索引表示主叫号码发送变换方式，对应于号码变换表。如不进行主叫号码变换，则应填写不进行号码变换所对应的索引值。一般号码变换索引值为 0 表示不

变换。本任务主叫号码不需要进行号码变换，因此设为0。

④ 被叫号码发送变换索引表示被叫号码发送变换方式，对应于号码变换表。如不进行被叫号码变换，则应填写不进行号码变换所对应的索引值。一般号码变换索引值为0表示不变换。本任务中需要对被叫号码进行号码变换，根据前面已设置的被叫号码变换索引，此处设为1。

10）增加中继群承载索引。

增加中继群承载后，应该增加关于该中继群承载的索引。

ADD TGLDIDX:TG =1,CSC =0,P =0,PFX = K'010,CLI =0;

ADD TGLDIDX:TG =2,CSC =0,P =0,PFX = K'010,CLI =0;

参数说明：

TG =1 或 TG =2	中继群号 =1 或 2
CSC =0	呼叫源 =0
P =0	号首集 =0
PFX = K'010	呼叫字冠 =010
CLI =0	承载索引号 =0

参数配置解释：

① 中继群号为自环中继的两个中继群群号，前面已经设置的自环中继群号为1和2，此处只能设为1和2。

② 呼叫字冠是指需要在出中继上进行承载设定的呼叫字冠即自环时的被叫字冠。根据前面已设的自环呼叫字冠，此处设为010。

③ 承载索引号对应于呼叫承载索引表中的索引号。根据前面已设置的承载索引号，此处应设为0。

4. 电话拨测验证，用户接续动态跟踪

拨打电话进行通话测试，使用业务维护系统所提供的接续动态跟踪功能，了解用户局间接续情况和其所占用中继电路、工作状态。启动用户接续动态跟踪功能的方法已在项目3中进行了说明，此处不再赘述。

5. 中继话路动态跟踪

当要了解某中继话路工作状态时，也可以使用业务维护系统所提供的接续动态跟踪功能，只不过此时跟踪的是中继话路，而不是用户。有两种方法可以启动该功能，分别为：

1）使用维护导航窗口启动中继接续动态跟踪。

打开业务维护系统的“维护”导航窗口，选择“C&C08 维护工具导航”→“跟踪”，双击“接续动态跟踪”，弹出“接续动态跟踪设置”窗口，如图4-39所示。若跟踪一号中继话路，则“电路类型”选择“中继电路 TK”；若跟踪七号中继话路，则“电路类型”选择“七号中继（TUP）”或“七号中继（ISUP）”。输入所要跟踪中继信道号后，单击“启动

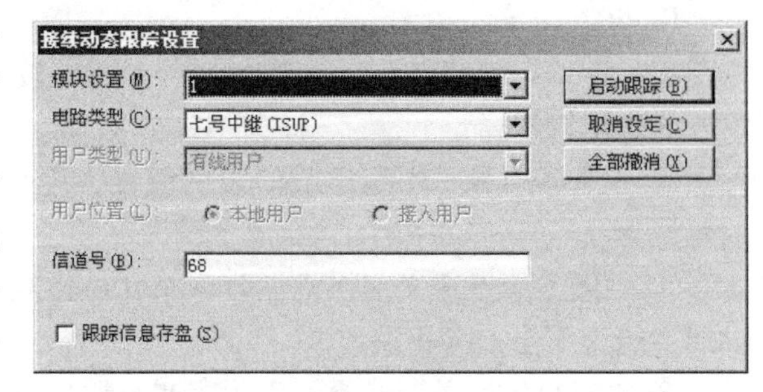

图4-39　接续动态跟踪设置

跟踪”按钮，即可对指定中继话路进行接续动态跟踪。

2）使用单板查询窗口启动中继接续动态跟踪。

右键单击“硬件配置状态面板”上的中继单板，在弹出的菜单中选择“查询单板”，打开“中继单板查询窗口”，右键单击“中继单板查询窗口”中所要跟踪的中继话路，在弹出的菜单中选择“接续动态跟踪”，即可启动对指定中继的接续动态跟踪，如图4-40所示。中继接续动态跟踪功能启动后，业务维护系统会显示跟踪结果。

6. 信令链路动态跟踪

当需要查询信令链路的工作状态及信令传输情况时，可使用业务维护系统的信令链路动态跟踪功能。一号信令为随路信令，七号信令为共路信令，它们的信令方式不同，所以启动信令链路动态跟踪功能的方法也不相同。

在业务维护系统“维护”导航窗口，选择“C&C08维护工具导航”→“七号信令”，双击“七号信令跟踪”，弹出对话框如图4-41所示，在操作选项输入待跟踪模块的模块号和该模块的七号链路号，启动跟踪。

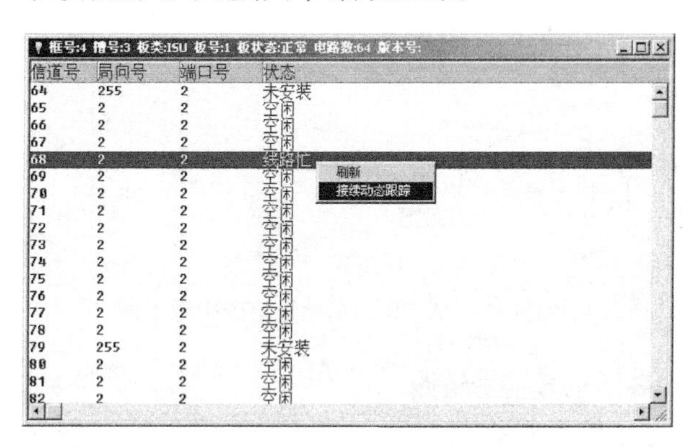

框号:4 槽号:3 板类:ISU 板号:1 板状态:正常 电路数:64 版本号:

信道号	局向号	端口号	状态
64	255	2	未安装
65	2	2	空闲
66	2	2	空闲
67	2	2	空闲
68	2	2	线路忙
69	2	2	空闲
70	2	2	空闲
71	2	2	空闲
72	2	2	空闲
73	2	2	空闲
74	2	2	空闲
75	2	2	空闲
76	2	2	空闲
77	2	2	空闲
78	2	2	空闲
79	255	2	未安装
80	2	2	空闲
81	2	2	空闲
82	2	2	空闲

图4-40　启动中继接续动态跟踪

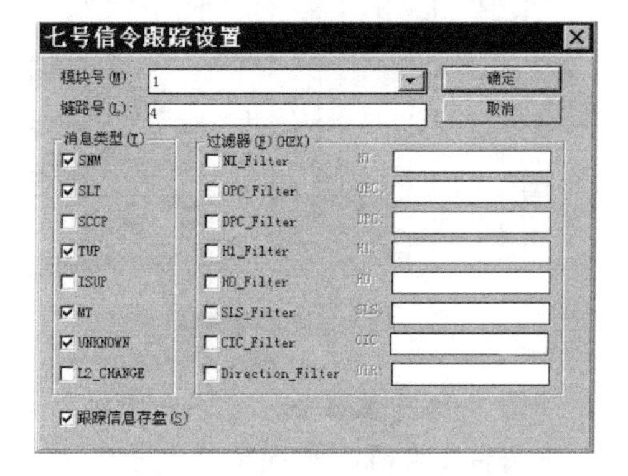

图4-41　七号信令跟踪设置

七号信令链路动态跟踪功能启动后，业务维护系统会显示跟踪结果，如图4-42所示。跟踪窗口显示了局间通话期间4号信令链路上信令的传送情况。

模块1第4号链路

Service	SubSer	Time	H1H0	CIC/SIC	SLS	OPC	DPC	Signal	Messag
<ISUP	NAT	3184	IAM	0000001	001	222222	AAAAAA	00 60 00 0A	
<ISUP	NAT	3188	ACM	0000033	001	222222	AAAAAA	06 04 01 29	
<ISUP	NAT	3322	ANM	0000033	001	222222	AAAAAA	01 11 02 06	
<ISUP	NAT	3474	REL	0000033	001	222222	AAAAAA	02 00 02 80	
<ISUP	NAT	3478	RLC	0000001	001	222222	AAAAAA	00	
<TEST	NAT	5873	SLTM	0000001		222222	AAAAAA	A0 AA AA AA	
>TEST	NAT	5876	SLTM	0000000		222222	AAAAAA	A0 AA AA AA	
<TEST	NAT	5877	SLTA	0000001		222222	AAAAAA	A0 AA AA AA	
>TEST	NAT	5880	SLTA	0000000		222222	AAAAAA	A0 AA AA AA	

图4-42　七号信令跟踪结果

2.3 拓展与提高

1. 任务描述

某学校程控交换实训室现有 C&C08 单模块交换机（B 型独立局）两台及后台终端工作站若干。两台交换机已能完成本局用户互通。通过业务维护系统查看硬件配置板位情况如图 4-43 所示。

现将两台交换机进行对接，其示意图如图 4-44 所示，通过七号信令数据配置完成两台交换机用户之间的电话互通。

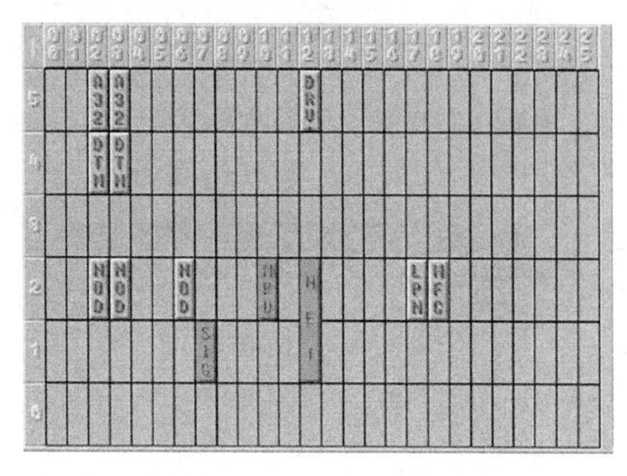

图 4-43　C&C08 交换机板位图

A 局　　B 局

图 4-44　A、B 两局七号信令中继组网

图 4-44 中实线表示七号中继话路，虚线表示七号信令链路。

每台交换机已实现本局互通并且 B 局七号信令数据已经配置完成。A 局电话号码为 3330000 ~ 3330063，B 局电话号码为 6660000 ~ 6660063。

根据硬件配置可以得到：A 局到 B 局有 4 个 E1（2Mbit/s），其 2 块 DTM 的中继电路编号分别为 0 ~ 63、64 ~ 127；A 局到 B 局有 4 条链路，七号信令链路号为 4 ~ 7。

设 A 局信令点编码为 AAAAAA，B 局的信令点编码为 222222。信令网标志均为国内网有效。

2. 任务实施

（1）预置条件　本局信息在硬件配置时已经设置。

（2）数据规划　在配置七号信令数据之前，必须将相关数据规划好。

由于七号信令局间中继数据分为七号信令链路数据和七号信令中继话路数据，因此数据规划需要包括规划信令链路数据，如目的信令点索引、链路集、MTP 链路路由、链路等；以及规划七号信令中继话路数据，如局向、子路由、路由、中继群、中继电路等。

按照数据配置原则及实际要求，以 A 局为本局，B 局为对端局（该局七号信令中继数据已配置完成），其数据规划如下：

1）目的信令点索引和链路集规划见表 4-5。

表 4-5　目的信令点索引和链路集规划

对端局名	目的信令点编码	目的信令点索引	链路集
TS	222222	0	0

2）信令路由规划见表 4-6。

表 4-6　信令路由规划

MTP 路由名	链路集名	链路集	优先级	目的信令点索引
TS	TS	0	0	0

3）链路规划包括链路号以及链路所属的模块和对应的电路号规划，见表 4-7。

表 4-7　链路规划

链路	链路集	所属模块	对应电路	信令链路编码
4	0	1	16	0
5	0	1	80	1

4）局向、子路由、中继群规划见表 4-8。

表 4-8　局向、子路由、中继群规划

局向	局向名	对端局类型	对端局级别	目的信令点编码	子路由	中继群
0	TS	CMPX	同级	222222	0	0、1

5）路由规划包括路由、路由选择码、路由选择源码、子路由和子路由选择方式规划，见表 4-9。

表 4-9　路由规划

路由	路由选择码	路由选择源码	子路由	子路由选择方式
0	0	0	0	顺序

6）七号信令中继电路规划包括电路所属中继群和电路对应的 CIC 值规划等，见表 4-10。

表 4-10　七号信令中继电路规划

E1 电路号	所属中继群	对应 CIC	所属模块
0 ~ 63	0	0 ~ 63	1
64 ~ 127	1	64 ~ 127	1

（3）任务实施　按照配置七号信令中继数据的顺序先配置七号信令链路数据，再配置七号信令中继话路数据。具体配置步骤如下：

1）配置七号信令链路数据。

① 配置 MTP 目的信令点：目的信令点编码和目的信令点索引见表 4-5，目的信令点名为对端局名。

ADD N7DSP:DPX =0,DPN = "TS",NPC = "222222";

其中 DPX 表示目的信令点索引，DPN 表示对端局名，NPC 表示目的信令点编码。

② 配置 MTP 链路集：链路集和目的信令点索引见表 4-5，链路集名为对端局名，链路

选择码为2。

ADD N7LKS:LS=0,LSN="TS",APX=0,LKS=2;

其中LS表示链路集号，LSN表示链路集名，APX表示相邻目的信令点索引，LKS表示链路选择码。

③ 配置MTP路由：路由名、链路集、优先级、目的信令点索引见表4-6。

ADD N7RT:RN="TS",LS=0,PR=0,DPX=0;

其中RN表示路由名，LS表示链路集号，PR表示优先级，DPX表示目的信令点索引。

④ 配置MTP链路：对于命令中的必填参数见表4-7，链路名为对端局名，其他参数取默认值。

ADD N7LNK:MN=1,LK=4,LKN="TS",SDF=SDF1,NDF=NDF2,C=16,LS=0,SLC=0,SSLC=0;

ADD N7LNK:MN=1,LK=5,LKN="TS",SDF=SDF1,NDF=NDF2,C=80,LS=0,SLC=1,SSLC=1;

其中MN表示模块号，LK表示链路号，LKN表示链路名，SDF表示中继设备标识，NDF表示七号信令设备类型，C表示电路号，LS表示链路集号，SLC表示信令链路编码，SSLC表示信令链路编码发送。

2）配置七号信令中继话路信息。

① 配置局向：局向号、对端局类型、对端局级别、目的信令点编码见表4-8，局向名为对端局名，对端局属性均为程控局，网标识为国内。

ADD OFC:O=0,DOT=CMPX,DOL=SAME,NI=NAT,DPC="222222",ON="TS",DOA=SPC;

其中O表示局向号，DOT表示对端局类型，DOL表示对端局级别，NI表示对端局所处的信令网类型，DPC表示目的信令点编码，ON表示局向名，DOA表示对端局属性。

② 配置子路由：子路由号、局向号见表4-8，子路由名为对端局名，中继群选择方式均为循环，第一搜索模块为1。

ADD SRT:SR=0,DOM=0,SRT=OFC,SRN="TS",TSM=CYC,MN1=1;

其中SR表示子路由号，DOM表示局向号，SRT表示子路由类型，SRN表示子路由名，TSM表示中继群选择方式，MN1表示第一搜索模块。

③ 配置路由：路由号、对应的子路由和子路由选择方式见表4-9，路由名为子路由名1_子路由名2，路由类型为普通路由。

ADD RT:R=0,RN="TS_TS",RT=NRM,SRST=SEQ,SR1=0;

其中R表示路由号，RN表示路由名，RT表示路由类型，SRST表示子路由选择方式，SR1表示第一子路由编号。

④ 配置路由分析；路由选择码、路由选择源码、路由号见表4-9，主叫用户类别为全部类别，地址信息指示语为全部类别，主叫接入为全部类别，传输能力为所有类别，时间索引为0，ISUP优选为不改变。

ADD RTANA:RSC=0,RSSC=0,RUT=ALL,ADI=ALL,CLRIN=ALL,TRAP=ALL,TMX=0,R=0,ISUPSL=NOCHANGE;

其中RSC表示路由选择码，RSSC表示路由选择源码，RUT表示主叫用户类别，ADI表

示地址信息指示语，CLRIN 表示主叫接入，TRAP 表示传输能力，TMX 表示时间索引，R 表示路由号，ISUPSL 表示 ISUP 优选标志。

⑤ 配置七号信令中继群：中继群号和子路由号见表4-8，群向为双向，其他参数取默认值。

ADD N7TG:MN=1,TG=0,G=INOUT,SRC=0,TGN="TS_0";

ADD N7TG:MN=1,TG=1,G=INOUT,SRC=0,TGN="TS_1";

其中 MN 表示模块号，TG 表示中继群号，G 表示中继群的方向，SRC 表示子路由号，TGN 表示中继群名。

⑥ 配置七号信令中继电路：中继群号、电路号、对应 CIC 见表4-10。起始电路主控标志按“信令点编码大的局主控 CIC 为偶数的电路，信令点编码小的局主控 CIC 为奇数的电路”的原则配置。

ADD N7TKC:TG=0,SC=0,EC=63,SCIC=0,SCF=FALSE;

ADD N7TKC:TG=1,SC=64,EC=127,SCIC=64,SCF=FALSE;

其中 TG 表示中继群号，SC 表示起始电路号，EC 表示结束电路号，SCIC 表示起始 CIC，SCF 表示起始电路主控标志。

（4）拨测验证　电话拨测验证，进行中继接续动态跟踪、中继话路动态跟踪及信令链路动态跟踪。

拨打电话进行通话测试，使用业务维护系统所提供的接续动态跟踪功能，了解用户局间接续情况及其所占用的中继电路和工作状态；使用业务维护系统所提供的中继话路动态跟踪功能，了解中继话路的工作情况；使用业务维护系统所提供的信令链路动态跟踪功能，了解局间通话期间七号信令链路上信令的传送情况。测试不成功时应分析原因并排除故障。对测试结果和配置中出现的问题进行记录。

2.4　自我测试

1. 中继电路号与 DTM 单板编号有何关系？
2. 中继链路号与 LAPN7 单板编号有何关系？
3. 什么是局向？
4. 什么是相邻目的信令点？
5. 什么是子路由？
6. 中继自环数据与普通中继数据相比有何区别？
7. 配置局间七号信令中继数据过程中，与中继话路有关的命令有哪些？与中继信令链路有关的命令有哪些？

项目5　交换机新业务开通

数字程控交换机在实现局内通话和局间中继通话的基础上还可设置多种特殊服务项目，如呼叫转移、来电显示、闹钟服务、遇忙回叫、商务群等。这些业务提高了交换设备的使用效率，满足了不同用户的需求，有力地促进了电信业务的发展，提高了电话网络资源的利用率。

本项目在电话局C&C08交换机硬件数据配置、本局用户及局间用户电话互通的设置工作均已完成的基础上，以开通呼叫转移、来电显示等常见新业务及开通商务群业务为核心，配置相关数据、调试校验，实现相关电信新业务，满足用户的需求。

【教学目标】

1）能叙述电信新业务的基本概念。

2）能叙述配置常见新业务的步骤。

3）能叙述配置商务群业务的步骤。

4）能根据需求对商务群数据进行分析规划。

5）能使用业务维护系统完成电信新业务的数据配置及调试校验。

6）具有查阅相关技术资料的能力。

任务1　开通常见新业务

数字程控交换机在前面的项目中已成功实现局内呼叫和局间中继通话。但是数字程控交换机除了提供基本的通话功能之外，还提供了诸如“来电显示”、“呼叫转移”等非通话新功能。本次任务基于用户对新业务的需求，完成数据配置，开通相关电信新业务，提高电话网络资源的利用率。

1.1　知识准备

1.1.1　电信新业务的概念

新业务是一种较为笼统的习惯说法，在新国标规范中是指补充服务。新国标中所规定的电话交换设备应提供的业务种类见表5-1。

表 5-1　新国标规定提供的业务种类

用户类型	提供的业务种类
PSTN 用户	1. 基本电话业务：本地用户间呼叫、国内/国际长途等 2. 补充服务：15 种
ISDN 用户	1. 承载业务：电路型、分组型 2. 用户终端业务 3. ISDN 补充服务：15 种
Centrex 用户	与 PSTN 和 ISDN 用户基本相同

由表 5-1 可知，对于 PSTN 用户，补充服务是相对基本电话业务而言的；对于 ISDN 用户，补充服务则是相对承载业务和用户终端业务而言的。

新国标中规定提供的新业务种类、提供的比例和使用范围与用户类型有关。电话交换设备为 ISDN 用户提供的许多新业务功能并不能提供给 PSTN 用户。由于 Centrex 群用户首先是 PSTN 用户或 ISDN 用户，在新业务方面继承了 PSTN 或 ISDN 用户的属性，因此其新业务种类与 PSIN 或 ISDN 用户相同。表 5-2 列出了新国标规定给 PSTN 用户所提供的新业务种类及比例，其中的比例是按交换机容量来计算的。对于 ISDN 的新业务功能这里不做介绍。

表 5-2　PSTN 补充服务的种类、提供比例及使用范围

种　类	比　例	使用范围
1. 缩位拨号	1%	
2. 热线服务	1%	
3. 呼出限制	100%	
4. 免打扰服务	2%	
5. 追查恶意呼叫	1%	
6. 闹钟服务	5%	
7. 无应答呼叫前转	100%	本地、长途
8. 无条件呼叫前转	100%	本地、长途
9. 遇忙呼叫前转	100%	本地、长途
10. 遇忙回叫	0.5%	本地
11. 呼叫等待	5%	本地、长途
12. 三方通话	5%	本地、长途
13. 会议电话	1%	本地
14. 主叫线识别提供	10%~30%	本地、长途
15. 主叫线识别限制	100%	

1.1.2　应用新业务时注意的问题

1. 开放新业务功能权限

为用户开通某项新业务功能需要首先开放该用户对该新业务的相应权限。

2. 新业务功能相互冲突

有些电信新业务在功能上相互矛盾，不能同时开通。例如，闹钟服务与免打扰服务不能同时申请。若同时申请，系统会提示“您已申请其他业务，本次申请失败”；再例如，当用户申请了免打扰服务后，就无法进行恶意呼叫查找操作，此时系统会提示“该用户已申请了免打扰服务”。具体冲突情况见表5-3。应该注意的是该表所列出的冲突为常见冲突，未必详尽。实际应用中，如有新业务功能不能实现并怀疑有冲突发生时，可参阅新国标。

表5-3　常见新业务冲突情况

已登记业务 正登记业务	闹钟服务	免打扰	缺席用户服务	秘书业务	无条件前转	无应答前转	遇忙前转	遇忙回叫	热线服务	呼出限制K=1	三方通话	会议电话
闹钟服务		+	#		+	+	+					
免打扰	#		+					+				
缺席用户服务	#	+			+	+	+	+				
无条件前转	#		+					+				
无应答前转	#		+					+				
遇忙前转	#		+									
查找恶意呼叫											*	*
遇忙回叫		+	+		+	+						
呼叫转移											*	*
热线服务										+		
呼出限制K=1									+			

特别注明：

“+”表示业务发生冲突，在同时登记时将听到新业务冲突提示音。

“*”表示在局内呼叫中，所标出的新业务将不能同时实现。

“#”表示当软件参数表中呼叫内部参数3的第8比特（CCB_PARA_3_BIT8）为默认值1时，业务不冲突。而该比特（CCB_PARA_3_BIT8）为0时业务发生冲突，在登记时将听到新业务冲突提示音。

3. 新业务功能登记申请

电信新业务中有些功能只需向电话局申请即可开通，如“主叫线识别提供”功能。电话局接受申请后开放此功能，用户话机即可显示主叫用户号码。另外一些电信新业务的开通则需要电话局与用户配合，即在电话局完成新业务设置后，用户还要使用话机进行登记，以便启动相应的功能。例如：某用户要为其办公室话机申请“无条件转移”新业务功能。首先用户向电话局申请该业务，电话局开放此功能后用户就可以随时登记使用了。若某日用户去会议室开会，希望将在会议期间呼入办公室的所有电话转到会议室话机6668888上。此时要在话机上登记，具体过程为：摘机，拨*57*6668888#，听到新业务登记成功提示音后，挂机即可。登记完成之后，发往办公室的所有呼叫均被转接到6668888话机上。会议结束以后，用户回到办公室，希望取消转移功能，在话机上执行取消操作：摘机，拨#57#，听到新业务已撤消通知音，挂机。

新国标规定了新业务登记、验证、使用和撤消的呼叫字冠，可使用“LST CNACLD”命令进行查看。对于每项新业务功能，应确认能在“LST CNACLD”查到相应的被叫字冠。需要注意的是，同一种电信新业务，双音频话机和脉冲话机所用的呼叫字冠是不一样的。例

如，对双音频话机而言，“无条件转移”新业务的被叫字冠是“＊57＊”；对脉冲话机而言，则是“157”。

1.1.3　电信新业务介绍

1. 缩位拨号

缩位拨号可使主叫用户在呼叫经常联系的被叫用户时，用1～2位号码替代原来的多位被叫号码（含长途字冠），我国统一为2位。该功能仅限双音频话机使用。

2. 热线服务

热线服务又称“免拨号接通”，即主叫用户摘机后在限定的时间内不拨号，就能自动接通到事先指定的某一被叫用户。一个用户所登记的热线服务只能有一个被叫用户。

3. 呼出限制

呼出限制是发话限制。使用该项服务时，可根据需要，限制该用户的某些呼出权限，如限制拨打国际长途、国内长途或全部电话。

4. 免打扰服务

免打扰服务是“暂不受话服务”。用户申请该项服务后，所有来话将由电话局代答，但用户的呼出不受限制。

注意事项如下：

1）当用户同时申请了呼叫前转（包括遇忙呼叫前转、无应答呼叫前转、无条件呼叫前转）与免打扰服务时，免打扰服务优先。

2）免打扰服务不能与缺席用户服务、遇忙回叫、闹钟服务同时申请。

3）用户申请了免打扰服务后，无法进行恶意呼叫查找。

4）用户申请了免打扰服务后，不可能有等待的呼叫。

5. 追查恶意呼叫

如用户遇到恶意呼叫，可通过相应操作查出恶意呼叫用户的电话号码。

注意事项如下：

1）追查恶意呼叫与免打扰服务不能同时申请。

2）A用户呼叫B用户，发生前转到C用户，且C申请了追查恶意呼叫，此时C用户将得到A用户的电话号码。

3）即使主叫用户具有主叫线识别限制功能，被叫仍能通过追查恶意呼叫得到主叫号码。

6. 闹钟服务

闹钟服务又称自动叫醒服务。利用电话机铃声，按用户预定的时间自动振铃，以提醒用户。

注意事项如下：

1）闹钟服务不能与无应答呼叫前转、遇忙呼叫前转或免打扰服务同时申请。

2）闹钟重复登记时以最后一次登记的时间为准。

7. 无条件呼叫前转

无条件呼叫前转是一种无条件呼叫转移，允许一个用户对于其来话呼叫转移到另一个号码，而不考虑该被叫用户的状态。

一般在用户离开自己的话机时使用无条件呼叫前转。当用户离开自己的话机时，可事先向电话局登记临时去处的电话号码。若有用户呼叫原电话号码时，就可自动转移到其临时去处，如图 5-1 所示。当用户回至原址后，应撤消转移呼叫登记。这种服务既方便了用户，又减少了电话网内的久叫不应和重复呼叫次数，使有效的呼叫比例提高。

图 5-1　无条件呼叫前转示例

注意事项如下：

1）无条件呼叫前转不能与缺席用户服务、遇忙回叫同时申请。

2）当用户同时申请了无条件呼叫前转与免打扰服务时，免打扰服务优先。

3）用户申请了无条件呼叫前转后，不可能有等待的呼叫。

8. 遇忙呼叫前转

遇忙呼叫前转是一种有条件的呼叫转移，当呼叫被叫遇忙时，则电话被自动转移到其指定的电话用户上，如图 5-2 所示。

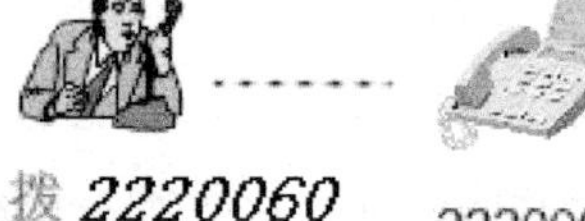

图 5-2　遇忙呼叫前转示例

注意事项如下：

1）遇忙呼叫前转不能与缺席用户服务、闹钟服务同时申请。

2）当用户同时申请了遇忙呼叫前转和免打扰服务时，免打扰服务优先。

3）用户申请了遇忙呼叫前转后，不可能有等待的呼叫。

4）A 用户呼叫 B 用户，遇忙呼叫前转至 C 用户，且 C 申请了追查恶意呼叫，此时 C 用户将得到 A 用户的电话号码。

5）若 A 用户呼叫 B 用户，遇忙呼叫前转至 C 用户，且 B、C 用户均申请了主叫线识别提供业务，则此时只有 C 用户能显示 A 用户的电话号码。

9. 无应答呼叫前转

无应答呼叫前转也是一种有条件的呼叫转移，对某用户的呼入呼叫在规定时限内无应答时自动转发到一个预先指定的号码，如图 5-3 所示。

图 5-3　无应答呼叫前转示例

注意事项如下：

1）无应答呼叫前转不能与缺席用户服务、遇忙回叫同时申请。

2）当用户同时申请了无应答呼叫前转和免打扰服务时，免打扰服务优先。

3）当用户同时申请了无应答呼叫前转和呼叫等待时，呼叫等待优先。

4）A 用户呼叫 B 用户，无应答呼叫前转至 C 用户，且 C 申请了追查恶意呼叫，此时 C 用户将得到 A 用户的电话号码。

5）若 A 用户呼叫 B 用户，无应答呼叫前转至 C 用户，且 B、C 用户均申请了主叫线识别提供业务，则此时只有 C 用户能显示 A 用户的电话号码。

10. 遇忙回叫

当用户拨叫对方电话遇忙时，使用此服务可不用再次拨号，一旦对方电话挂机随即自动回叫主叫，主叫摘机后，立即再向被叫振铃。

注意事项如下：

1）遇忙回叫服务不能与缺席用户服务、免打扰服务、呼叫前转同时申请。

2）若主叫用户在登记遇忙回叫后进行其他呼叫接续，则本次登记自动撤消。

3）若主叫用户回振铃一分钟没有摘机，则本次登记自动撤消。

4）若被叫用户一直忙或振铃后无人接听，则试呼10次后本次登记自动撤消。

11. 呼叫等待

当A用户正在与B用户通话，C用户试图与A用户建立通话连接，此时给A用户一个呼叫等待的指示，表示另有用户等待通话。

需要注意的是：若用户申请呼叫等待的同时又申请了主叫线识别提供，且话机具有来电显示功能，在听到来话提示音时可显示主叫号码。

12. 三方通话

当用户与对方通话时，如需要另一方加入通话，可在不中断与对方通话的情况下，拨叫另一方，实现三方共同通话或分别与两方通话。

需要注意的是：申请三方业务时，不应同时申请限制全部呼叫。

13. 主叫线识别提供

主叫线识别提供即来电显示，此项新业务用来向被叫用户提供显示主叫号码的功能，用户可在带有来电显示的电话机上看到来话的电话号码。

注意事项如下：

1）若主叫用户设定了主叫线识别提供限制，则无法在被叫上显示主叫号码。

2）若A用户呼叫B用户，呼叫前转至C用户，且B、C用户均申请了主叫线识别提供业务，则此时只有C用户能显示A用户的主叫号码。

14. 主叫线识别限制

此项新业务是与主叫线识别提供相对的，主叫通过此项新业务限制把号码提供给被叫用户，因此申请该项业务，被叫用户即使拥有来电显示话机也无法获得主叫用户号码。

1.2　工作任务单

1.2.1　任务描述

某学校程控交换实训室的C&C08单模块交换机硬件数据配置、本局用户及局间用户电话互通的设置工作均已完成。现某用户申请来电显示、呼叫转移等新业务功能；请技术人员为用户开放相应的新业务权限，满足用户需求。

1.2.2　任务实施

1. 用户数据的修改方法

由项目3的任务实施过程可知，使用ADD ST命令增加用户的同时已设置了相关用户数据，若要对已有用户的数据进行修改，则必须使用 MOD ST 命令（通过业务维护系统“MML 命令”导航窗口，选择“C&C08 命令”→“用户管理”→“普通用户”，双击“修改一个模拟用户的属性”，执行 MOD ST 命令），如图 5-4 所示。

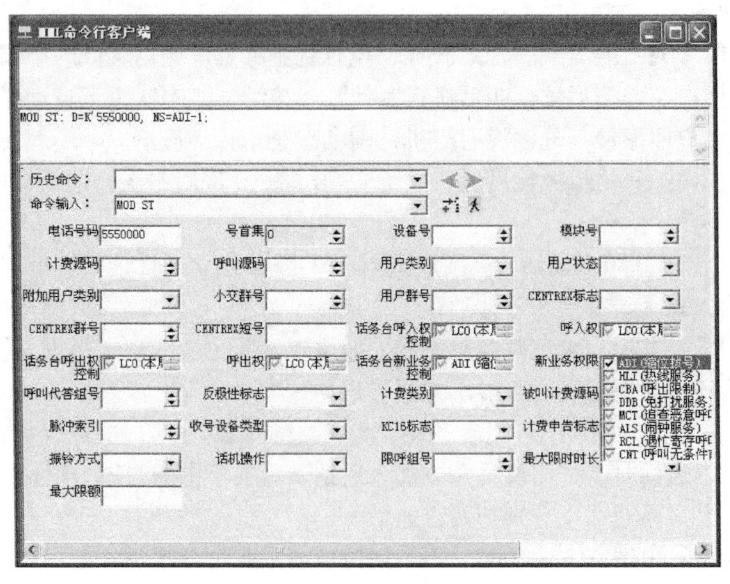

图 5-4　修改用户数据界面

MOD ST 命令的主要参数包括电话号码（D）、设备号（DS）、模块号（MN）、计费源码（RCHS）和新业务权限（NS）等。当只修改用户的新业务权限时，只需提供用户电话号码和新业务权限两个参数即可。

2. 开通常见新业务

为某用户开放无条件呼叫前转、遇忙呼叫前转、无应答呼叫前转、免打扰、追查恶意呼叫、闹钟服务的权限，拨打电话测试新业务开通情况并进行接续动态跟踪，了解电信新业务开通后用户的工作状态。测试不成功时应分析原因并排除故障。

（1）无条件呼叫前转　允许某一用户将其来话无条件呼叫转移另一个号码。

1）开放权限。

维护终端登录系统后，使用 MOD ST 命令修改某用户 A（假设用户 A 电话号码为 3330011，下面不做特殊说明，均指 3330011 用户）的新业务权限，设置无条件呼叫前转。其命令为：

MOD ST:D = K'3330011,NS = CNT-1;

执行上述命令，3330011 用户 A 已经具有无条件呼叫前转业务权限。

2）测试过程。

登记：A 用户摘机，在话机上拨“ * 57 * DN#”（DN 为要临时去处的电话号码，设该电话号码为 B 用户的号码）。

使用：用户登记后。C 用户拨打 A 用户。

撤消：A 用户摘机，在本机上拨#57#撤消该业务。

3）预期结果。

登记：若 A 有权限，摘机登记后则听新业务登记成功提示音；否则听越权使用通知音。

使用：用户登记后，C用户拨打A用户，A不振铃，B振铃。

（2）遇忙呼叫前转　只有当呼叫被叫遇忙时，才能将电话自动转移到指定的电话用户上。

1）开放权限。

维护终端登录系统后，使用MOD ST命令修改某用户A的新业务权限，设置遇忙呼叫前转，其命令为：

MOD ST:D = K'3330011,NS = CBT-1;

执行上述命令，3330011用户A已经具有遇忙呼叫前转业务权限。

2）测试过程。

登记：A用户摘机，在话机上拨“*40*DN#”（DN为要临时转移的电话号码，设该电话号码为B用户的号码）。

使用：用户登记后，C用户拨打A用户。

撤消：A用户摘机，在本机上拨#40#撤消该业务。

3）预期结果。

登记：若A有权限，摘机登记后则听到新业务登记成功提示音；否则听到越权使用通知音。

使用：用户登记后，C用户拨打A用户，A用户正忙，B振铃。

（3）无应答呼叫前转　只有当对某用户的呼入呼叫在规定时间内无人应答时才自动转移到一个预先指定的号码。

1）开放权限。

维护终端登录系统后，使用MOD ST命令修改某用户A的新业务权限，设置无应答呼叫前转，其命令为：

MOD ST:D = K'3330011,NS = NAT-1;

执行上述命令，3330011用户A已经具有无应答呼叫前转业务权限。

2）测试过程。

登记：A用户摘机，在话机上拨“*41*DN#”（DN为要临时转移的电话号码，设该电话号码为B用户的号码）。

使用：用户登记后，C用户拨打A用户。

撤消：A用户摘机，在本机上拨“#41#”撤消该业务。

3）预期结果。

登记：若A有权限，摘机登记后则听到新业务登记成功提示音；否则会听到越权使用通知音。

使用：用户登记后，C用户拨打A用户，A用户若振铃20s而无应答，则B振铃。

（4）免打扰　免打扰即“暂不受话服务”，该用户所有来话将由电话局代答，但用户的呼出不受限制。

1）开放权限。

维护终端登录系统后，使用MOD ST命令修改某用户A的新业务功能权限，设置免打扰，其命令为：

MOD ST:D = K'3330011,NS = DDB-1;

执行上述命令，3330011 用户 A 已经具有免打扰业务权限。

2）测试过程。

登记：用户 A 摘机后在话机上拨“ *56#”。

使用：其他用户拨打用户 A，用户 A 摘机发起呼叫。

撤消：用户 A 摘机拨“#56#”。

3）预期结果

登记：若 A 有权限，摘机登记后则听到新业务登记成功提示音；否则会听到呼叫受限音。

使用：其他用户拨打用户 A 时，会听到“您呼叫的用户已设置免打扰”的提示音；而用户 A 摘机时，听特种拨号音（较为急促），呼出不受影响。

（5）追查恶意呼叫　开通追查恶意呼叫业务，如用户遇到恶意呼叫，可通过相应操作查出恶意呼叫用户的电话号码。

1）开放权限。

维护终端登录系统后，使用 MOD ST 命令修改某用户 A 的新业务功能权限，设置恶意呼叫追踪，其命令为：

MOD ST:D = K'3330011,NS = DDB-0&MCT-1;

需要注意的是，此前设置了追查恶意呼叫，而追查恶意呼叫与免打扰服务不能同时申请，因此这里需要先取消免打扰服务新业务权限。

执行上述命令，3330011 用户 A 已经具有追查恶意呼叫业务权限。

2）测试过程。

登记：通过上述设定，用户 A 已具备追查恶意呼叫功能，不需要通过话机登记。

使用：在与发出恶意呼叫的用户 B 通话过程中或 B 挂机后 30s 内，A 进行如下操作：拍叉簧并拨“ *33#”或“3”。

撤消：取消权限后，该业务取消。

3）预期结果。

使用：用户 B 拨打用户 A，在通话过程中或 B 用户挂机后 30s 内，A 用户拍叉簧并拨“ *33#”（双音频话机）或“3”（脉冲话机），在听到追查恶意呼叫成功音时，随后即可听到对方用户的电话号码。若用户 A 无权限，则听到越权使用通知音。

（6）闹钟服务　用户利用电话机铃声，按用户预定的时间自动振铃来提醒用户。

1）开放权限。

维护终端登录系统后，使用 MOD ST 命令修改某用户 A 的新业务功能权限，设置闹钟服务，其命令为：

MOD ST:D = K'3330011,NS = NAT-0&CBT-0&ALS-1;

需要注意的是，闹钟服务不能与无应答呼叫前转、遇忙呼叫前转同时申请。前面设置了无应答呼叫前转、遇忙呼叫前转，因此这里需要先取消无应答呼叫前转、遇忙呼叫前转新业务权限。

执行上述命令，3330011 用户 A 已经具有闹钟服务业务权限。

2）测试过程。

登记：用户 A 摘机在话机上拨“ *55 * HHMM * D1D2#”。其中 HH 为小时：00 ~ 23；

MM 为分钟：00～59，D1D2 为天数（00～99）。

使用：用户 A 登记闹钟服务后，等待振铃提醒。

撤消：用户 A 摘机拨“#55#”。

3）预期结果。

登记：若 A 有权限，摘机登记后则听到新业务登记成功提示音；否则会听到越权使用通知音。

使用：当输入“*55*HHMM#”时，闹钟服务是一次性服务。到预定时间，用户的电话机将自动振铃，摘机即可听到提醒语音。如振铃一分钟无人接，铃声自动终止，过五分钟再次振铃一分钟，若仍无人接电话，则本次服务取消；若预定时间到时用户话机正在使用，本次服务取消。当输入“*55*HHMM*D1D2#”时，闹钟服务为周期性服务。在设定的天数内，闹钟服务有效。如果 D1D2 为“00”，则闹钟服务将永远生效，直到用户撤销该业务为止。

1.3　自我测试

一、单项选择题

1. 如果公用电话网全自动话机用户需要新业务，用户__________。

A. 应在电信局申请登记后，再由机房维护员在交换机上注册

B. 应在电信局申请登记后，再由用户在交换机上注册

C. 应由用户在交换机上注册，再在电信局申请登记

D. 应由机房维护员在交换机上注册，再在电信局申请登记

2. 公用电话网上全自动话机用户使用主叫线识别提供功能时，__________。

A. 交换机应提供主叫号码，用户需使用液晶显示话机

B. 交换机应提供主叫号码，用户需使用来电显示话机

C. 交换机不提供主叫号码，用户需使用来电显示话机

D. 交换机不提供主叫号码，用户需使用液晶显示话机

二、问答题

1. 在新国标规范中电信新业务是指什么？

2. 如何修改某个用户的新业务权限？新业务使用是否能同时实现？

任务2　开通商务群业务

数字程控交换机已成功实现局内呼叫和局间中继通话。通过任务1，我们认识到数字程控交换机的一些补充业务功能，实际上除了这些功能外，数字程控交换机还可提供商务群功能。

本次任务基于用户对商务群的需求，通过数据配置、调试校验，开通商务群业务，利用公用网的设备为用户提供用户小交换机 PABX 功能，提高电话网络资源的利用率。

2.1 知识准备

2.1.1 Centrex 群的基本概念

1. 小交换机

小交换机又称用户交换机或集团电话，俗称小交，英文为 PBX（Public Branch Exchange）、PABX（Public Automatic Branch Exchange），主要用于机关、厂矿、企业等单位内部电话交换。小交换机与公网交换机连接如图 5-5 所示。

公网交换机将小交换机接入公网的方法是将小交换机的出/入中继线接至公网交换机的用户接口。从公网交换侧看，小交换机的每一条中继线相当于一个公网交换机的一条普通用户线（即一个用户），小交换机的所有用户共用几条中继线。在公网交换机侧给小交换机分配一个用户号码（相当于小交换机的一个总机号码）。

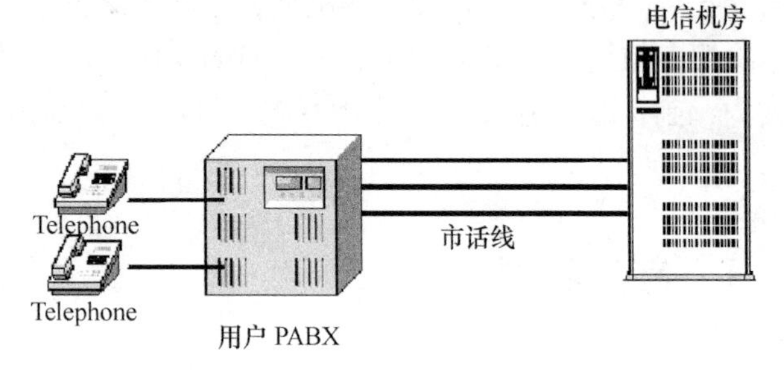

图 5-5 小交换机接入公网示意图

2. Centrex 群的概念

Centrex 英文直译即集中用户交换机（Central Exchange），与用户小交换机（PABX）比较，又称为虚拟小交换机，其实质是将市话交换机上的部分用户定义为一个基本用户群（BUG），该用户群的用户不仅具有普通市话用户的功能，而且还可享受类似于小交换机的功能。

每个 Centrex 群用户拥有两个号码，一个是 PSTN（Public Switched Telephone Network，公共电话交换网）统一的编号，称为长号；一个是 Centrex 群内用户间呼叫时使用的短号。一机双号、长短号并存，群内用户间呼叫直接拨短号，呼叫群外用户需拨打出群字冠，并且群内群外的来话可设成不同振铃方式。引入 Centrex 群业务，交换机除增加话务台外不再需要增加或修改任何硬件设备。Centrex 群用户与普通用户在硬件接口上完全相同。Centrex 群示意图如图 5-6 所示。

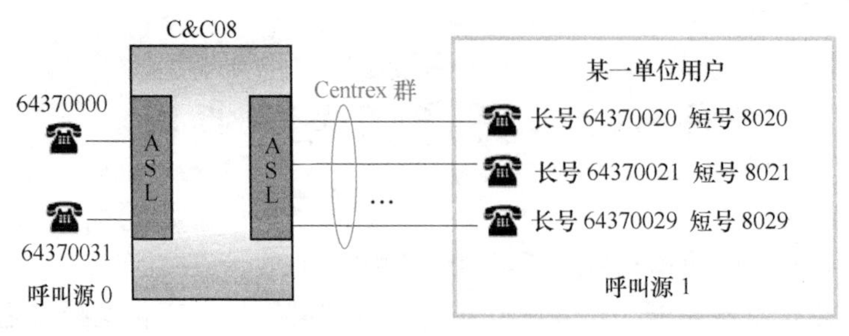

图 5-6 Centrex 群示意图

3. C&C08 交换机 Centrex 群的业务种类

C&C08 交换机拥有以下 Centrex 群的业务种类：

1）具有公用网上的所有基本业务及补充业务。

2）Centrex 群内用户间通话可直拨群内分机。

3）Centrex 群内用户拨群外用户时，听一次拨号音后先拨出群字冠，可以继续听拨号音（将此时的拨号音称为二次拨号音以示区别）再拨群外号码；当然也可与 PSTN 用户一样只听一次拨号音，即拨出局字冠后继续拨群外号码（听一次拨号音后拨出群字冠，数字程控交换机收到第一位号码后就停送拨号音，因此用户不会再继续听到拨号音）。

4）可根据需要设置 Centrex 用户呼叫权限级别，包括群内呼出、群内呼入、群外呼出、群外呼入。

5）Centrex 群内用户可拨话务台接入码或拨话务台分机号呼叫话务员。

6）Centrex 话务员功能包括排队呼叫、协助群内用户拨外线或将外线来话转群内分机、夜服功能、在遇被叫用户忙时进行插入及强拆。

7）呼叫中心功能，即可以在全网设置一个统一的呼叫中心，该呼叫中心的若干个话务员座席作为各个 Centrex 群中的公共话务员。有些 Centrex 群内可以不设自己的话务员，而由呼叫中心管理。呼叫中心话务员与各 Centrex 群内部专用话务员功能相同。

4. Centrex 群的优点

Centrex 群具有以下优点：

1）用户不需购买 PABX 即可享有 PABX 的全部功能。

2）PABX 用户局限在一个 PABX 内部，最大用户数受 PABX 容量的限制，Centrex 群的最大用户数取决于该群所在局点的交换机的容量，显然规模更大且扩容简便。

3）当市话局增加新业务时，所有 Centrex 群用户均可申请使用。

4）PABX 用户的出/入局呼叫受中继数量限制，而 Centrex 群用户则无此限制，Centrex 群内用户对群外用户的呼叫相当于市话局内普通用户呼叫。

5）用户及设备由邮电部门统一规划管理，维护管理水平高，设备运转更加稳定、可靠。

2.1.2　Centrex 群数据配置步骤

Centrex 群用户首先需要成为一个市话用户，然后再将该用户加入 Centrex 群。

增加 Centrex 群用户数据的一般步骤如下：

1）增加一个呼叫源（ADD CALLSRC）。

2）增加一个 Centrex 群（ADD CXGRP）。

3）设定 Centrex 群呼叫字冠（ADD CXPFX）。

4）设定 Centrex 群出群字冠（ADD OCXPFX）。

5）增加 Centrex 群用户（MOD ST）。

6）如果要增加话务台总机，需完成以下两步：修改该群内某一用户属性，将其设置为话务员（MOD ST），再增加 Centrex 群话务台总机（ADD CTRCONSOLE）。

7）如果需要，则设定 Centrex 群的出群权限（ADD CXOCR）。

8）增加 Centrex 群计费（ADD CHGCX）。

删除 Centrex 群用户数据的一般步骤正好与增加 Centrex 群数据步骤相反。

2.2 工作任务单

2.2.1 任务描述

某学校程控交换实训室的C&C08单模块交换机（B型独立局）的硬件数据配置、本局及局间用户电话互通的设置工作均已完成。现在要增加一个Centrex群，其群号为1、群名为“test”。该群有5个用户，其长号为3330054～3330058，对应的短号为8054～8058，话务台总机为3330055，接入码为0，出群字冠为9。请按客户需求完成Centrex群相关数据配置、调试及校验，实现Centrex群业务。

对该Centrex群的其他要求：

1）入群呼叫久叫不应答或被叫忙时不送话务台，话单也不送话务台。

2）群内所有用户都具有本局、本地、本地长途、国内长途、国际长途的呼入权和本局、本地、本地长途的呼出权。

3）群内呼叫和群外呼叫区别振铃，群内呼叫正常振铃，群外呼叫长振铃。

4）群内用户听到二次拨号音后拨被叫长号，群外用户呼叫群内用户直接拨长号。

2.2.2 任务实施

1. Centrex群用户数据配置

1）登录终端维护系统。

2）增加一个呼叫源。

在业务维护系统“MML命令”导航窗口，选择“C&C08命令”→“局数据配置”→“号码分析”→“呼叫源”，双击“新增呼叫源码”，填写相关参数。

其命令为：ADD　CALLSRC：CSC=1，PRDN=1；

参数配置解释：

该命令定义了一个呼叫源码为1的呼叫源，预收号位数为1。

1）Centrex群用户的呼叫源一般要求与普通用户的不同，因为二者的预收号位数不同。Centrex群字冠为8，因此预收号位数设为1。

2）本局用户的呼叫源为0，这里设Centrex群用户的呼叫源为1。

3）增加一个Centrex群。

在业务维护系统“MML命令”导航窗口，选择“C&C08命令”→“用户管理”→“Centrex群”，双击“增加一个Centrex群”，填写相关参数。

其命令为：ADD　CXGRP：CGN=“test”，CXG=1，OGP=K'9，DOD2=TRUE，UCPC=10，CXD=K'8055，DN=K'3330055，IGRMJ=NRM，OGRM=LONG，CBTCF=FALSE，NATCF=FALSE，BSCF=NO，DELPRIX=TRUE，MN1=1；

参数配置解释：

本命令定义了Centrex群名为test，群号为1，出群字冠为9，听二次拨号音，用户容量

为10，总机短号为8055，总机长号为3330055，群内正常振铃，群外长振铃，久叫不应、被叫忙不送话务台，话单不送话务台，删除出群字冠，模块号为1。

注意

Centrex群用户容量比实际用户数要大，以便将来扩容时不用再去修改Centrex群。

4）设定Centrex群呼叫字冠。

在业务维护系统“MML命令”导航窗口，选择“C&C08命令”→“用户管理”→“Centrex群”→“Centrex字冠”，双击“增加一个Centrex字冠”，填写相关参数。

其命令为：ADD　CXPFX：CXG = 1，PFX = K'8，CSA = CIG，MIL = 4，MAL = 4；

参数配置解释：

群号为1；由于群短号首位为8，因此增加Centrex群1的群内呼叫字冠8，否则群内短号无法拨通；业务员属性为群内；短号长度为4，因此设置群最小号长、最大号长为4。

注意

设置群内呼叫字冠时，最小号长、最大号长应一致，且必须等于该群用户的短号号长。

5）增加Centrex用户。

在业务维护系统“MML命令”导航窗口，选择“C&C08命令”→“用户管理”→“普通用户”，双击“修改一个模拟用户的属性”，填写相关参数。

其命令为：MOD　ST：D = K'3330055，CSC = 1，CF = TRUE，UTP = OPR，CXG = 1，SDN = K'8055；

参数配置解释：

将3330055用户增加到Centrex群1中。用户号码为3330055，呼叫源为1，群标志为是，用户属性为话务员，群号为1，短号为8055。在定义呼入和呼出权时，注意呼入权全选，呼出权除国际长途权外全选。

用此命令再增加3330054、3330056～3330058用户，设置其短号及用户属性（用户属性为普通）。

6）增加话务台总机。

在业务维护系统“MML命令”导航窗口，选择“C&C08命令”→“用户管理”→“Centrex群”→“Centrex话务台总机”，双击“增加话务台”，填写相关参数。

其命令为：ADD　CTRCONSOLE：CXG = 1，ACC = K'0，NO = K'8055；

参数配置解释：

增加一个话务台总机，群号为1，该群用户呼叫广域群用户时的接入码为0，分机号为8055。

注意

增加话务台总机时填入的分机号码对应用户的用户类别必须是话务员。一般是在增加话务台总机前，使用MOD ST命令将话务台总机所对应的用户类别设定为话务员。

2. 电话拨测校验

每个群内号码拨短号以及拨9后再拨长号进行通话测试，使用业务维护系统所提供的接续动态跟踪功能对指定用户进行跟踪，了解电信新业务开通后用户的工作状态。对测试结果和配置中出现的问题进行记录。测试不成功时应分析原因并排除故障。

2.3 自我测试

1. Centrex 群的出群字冠长度如果小于预收号位数，拨出群字冠时会有什么现象？

2. 增加一个 Centrex 群涉及的命令及命令的顺序是什么？

3. 现在想将一个用户加入到已经存在的 Centrex 群内，应如何操作？

4. 请增加一个 Centrex 群，其群号为 2，群内有 3 个用户，号码分别是 6660003、6660004、6660005，其短号分别为 6003、6004、6005，话务台为 6005，出群字冠为“3”，群内用户呼叫群外用户拨叫长号时不听二次拨号音，群内呼叫与群外呼叫区别振铃。

项目6　计费数据设定

数字程控交换机的局内用户和局间中继通话的实现，为电话网的扩展创造了条件。在电话网基础上开通电信新业务，又提高了电话网络资源的利用率。根据不同的电信业务制定合理的收费标准是促进交换技术和电信网络发展的重要因素。

数字程控交换机计费数据配置是交换机软调的一个必需环节。本项目以电话局计费数据设定工作为核心，根据用户设备情况和收费标准，进行计费数据配置、调试校验，实现对本局和国内长途电话业务的计费。

【教学目标】

1）能叙述数字程控交换系统的计费原理。

2）能解释说明计次表话单与详细话单的区别。

3）能叙述计费数据的配置步骤。

4）能使用业务维护系统实现通话计费。

5）具有查阅相关技术资料的能力。

任务1　本局用户计费数据设定

数字程控交换机的局内用户通话已实现。计费问题属于运营中的关键问题，本局用户的一次通话过程是如何实现计费的呢？本次任务是根据用户设备情况和收费标准，来进行计费数据配置、调试校验，以完成本局电话业务的计费。

1.1　知识准备

1.1.1　计费方式

作为电信业务使用者，用户必须为每次使用向电信业务运营商支付一定的费用。所付费用与多种因素有关。例如拨打电话，每次通话的费用与通话距离有关（如长途和短途收费不同）；与通话时长有关；与通话日期和时刻有关（如正常工作日、节假日收费不同；同一天的不同时间段收费不同）。不同的电信业务有不同的收费标准，同一业务在不同的地方也可能有不同的收费标准。收费标准一般是由电信业务运营商根据当地实际情况制定的。

1. 包月制收费

在电话交换机出现早期，由于电话用户较少，计费系统也不发达，所以采用包月制这种简单的方法收费，即电话用户向交换局每月缴费若干（该费用与用户使用电话机次数、时间无关），便可使用一部电话。当时无法精确即时收费。

2. 单式计次制收费

步进制自动交换机出现以后，便可以进行自动计费了，称为单式计次制，即费用与用户拨打次数有关，每次收费若干，但与每次通话时间、距离无关。然而随着交换机的发展单式计次就被更精确的复式计次制收费代替了。

3. 复式计次制收费

复式计次制收费有两种方式：

一种是脉冲计数计费法，又称卡尔松（Karlsson）法，即自双方通话起，开始对一串脉冲计数，脉冲周期根据通话距离可调，每个脉冲代表的费用固定，话终切断时脉冲计数结束，这样，脉冲的个数就代表一定的费用，且与通话的距离和时间都有关。

另一种是目前数字程控交换机最常用的可变费率计费法，又名翰得逊（Handson）法。下面我们较为详细地介绍一下可变费率计费法。

可变费率计费法按下式计算费用：

$$通话费=次数\times费率$$

所谓费率，是根据通话距离不同而确定的单位时间内的通话费用。如甲地用户与乙地用户互相通话，费率为每分钟1.10元，甲地用户与丙地用户间通话为每分钟0.5元。费率是计费数据的重要组成部分。

上式中的“次数”，是根据通话时长（终止时刻减初始时刻）折算成的次数，即一个单位时间称为次，并不是指通话次数。计次方式有以下几种：

1）1+1制（1分/1分制）：每分钟累计一次，最后一次不足一分钟也计一次。如某次长途通话3分50秒，则应计4次。

2）3+1制（3分/1分制）：初次3分钟计3次，以后每1分钟累计一次。如某次通话3分50秒，则应计4次，通话70秒，则应计3次。

3）3+3制（3分/3分制）：前3分钟计1次，以后每3分钟计一次。如某次通话3分50秒，则应计2次。

4）6秒制：每6秒钟累计一次。6秒制是我国长话现在采用的计费方式。如某次长途通话3分50秒，则应计39次。

我国现行的固话本地网的计费方式为：首次3分钟0.22元，以后每分钟0.11元。即初次3分钟计2次，以后每1分钟累计一次，费率为0.11元。

1.1.2 计费功能和原理

所谓计费就是遵照规定，根据每次呼叫的有关信息（如距离、时长等）计算出呼叫发起者或接收者应支付的费用。针对某一用户或中继的完整计费过程是从主叫摘机或有中继入局呼叫开始，直到给出用户话费账单为止。

整个计费过程由两部分组成，即主机计费和脱机计费。

主机计费是指由数字程控交换机记录每次通话的各种信息，并根据设定的计费数据，生成相应的详细话单或计次表话单。话单在主机中形成，是以固定格式存放原始计费信息的数据单元，然后送到后台BAM中，以话单文件的形式存储起来。

脱机计费是在主机计费的基础上，设备运营商根据需要，对话单进行分析处理，并结合具体计费规定算出每个用户或中继在一段时间内的费用。这个过程在脱离数字程控交换机的情况下进行的，实时性要求不高，由专门的机器执行。

1. 主机计费过程

主机计费过程由计费分析和计费操作两个步骤组成，如图6-1所示。

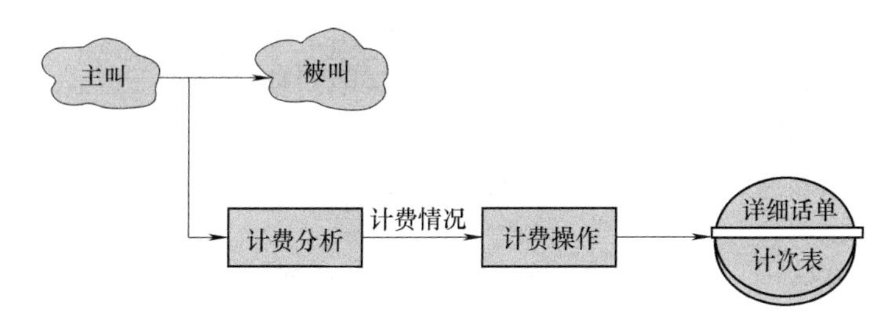

图6-1　主机计费过程示意图

计费分析是根据本次呼叫信息得到计费情况，实际上是查询几个分析表格的过程。这些表格规定了什么主叫（以主叫的计费源码表示）呼叫什么被叫（以被叫的计费源码或被叫号码表示），进行了什么类型的通话（承载业务），该如何对主叫计费（计费情况）；这些表格还规定了什么被叫（以被叫的计费源码表示）进行什么类型的通话（承载业务），该如何对被叫计费。

计费操作是在分析出计费情况的基础上，根据本次呼叫的资源占用（主要为距离、时长、信道数），按照该种计费情况的规定执行相应的动作（产生详细话单或跳计次表产生计次表话单）。

2. 计费数据

计费数据由计费情况、计费情况应用以及其他计费相关数据组成。

（1）计费情况　计费情况是对一种计费处理办法的定义，计费情况代表某种计费方案，指明了是否集中计费、付费方是谁、是出详细话单还是计次表话单、采取什么样的计费制式以及费率等信息。如对于一个市话呼叫，可以规定为“主叫付费、计次表、跳某个计次表，三分钟跳一次”。

1）详细话单。

详细话单是数字程控交换机主机计费方式之一，数字程控交换机生成以一定格式记录一次通话的主被叫、通话时长、业务属性等计费相关信息的结构，根据此结构脱机计费系统可计算本次通话的费用。一次通话的详细话单如图6-2所示。

免费标志 = 否
申告标志 = 不申告
付费方 = 对主叫计费
应答时间 = 2012-03-24 14:41:12
话终时间 = 2012-03-24 14:41:35
主叫号码 = 3330007
被叫号码 = 3330017
CENTREX群号 = 无
入中继群号 = 无
出中继群号 = 无
呼叫类型 = 局内
业务类型 = 本局
计费情况 = 1
费用 = 22

图6-2　详细话单示例

2）计次表话单。

计次表同样属于数字程控交换机主机计费方式之一，数字程控交换主机根据通话距离、通话时长、业务属性等因素将通话折算成计次数目，累计在为用户或中继配置的计数器上，即计次表上。C&C08 数字交换机为每个用户或中继群配备 10 个或 20 个计次表（各版本有异），配备多个计次表的目的是累计不同类型呼叫的计费跳表次数。计次表中的计次数每加 1 称为该计次表跳表 1 次。计次表在一定的时段内累积计次数，通常每天凌晨会为每个用户产生上一张计次表话单，输出到磁盘中，同时把其相应计次表清零。计次表话单示例如图 6-3 所示。

用户号码 = 3330007
计次表 1 = 2
计次表 2 = 0
计次表 3 = 0
……
计次表 10 = 0

图 6-3 计次表话单示例

（2）计费情况应用 计费情况应用属于计费分析数据即计费类别，在呼叫结束之后通过对各种不同的主、被叫的分析，得出具体的计费情况。

1）计费情况索引：按照主叫计费分组、被叫字冠对应的计费选择码、承载能力的不同来引用不同的计费情况。

2）本局分组计费：按照主叫计费分组、被叫计费分组、承载能力的不同来引用不同的计费情况。

3）Centrex 群内计费：规定 Centrex 群内呼叫如何计费。

4）被叫分组计费：规定对被叫用户如何计费。

5）新业务计费：规定用户使用新业务如何计费。

通话计费中，数字程控交换机需要确定每次通话的计费情况，查找计费情况时有很多入口，有本局分组表、计费情况索引表、Centrex 群组表。不同的呼叫有不同的入口，如 Centrex 呼叫先查 Centrex 群组表，若无匹配记录，再按普通用户处理，查本局分组表，再查计费情况索引表，此为一个通话过程结束后计费情况应用分析的次序。新业务呼叫查新业务计费表。对于任何呼叫，若被叫方设为计费，则查被叫分组表。被叫计费分析只用到被叫分组计费表。

主要的计费分析、费用计算的各表格之间的索引关系如图 6-4 所示。

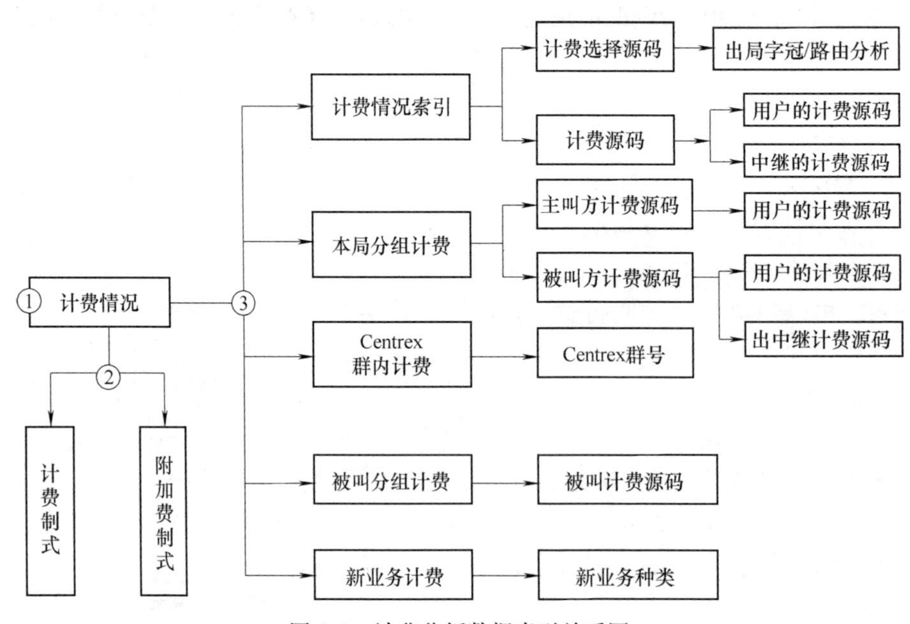

图 6-4 计费分析数据索引关系图

计费是由数字程控交换机自动进行的。实现准确计费的条件是正确设定计费数据。计费数据可根据电信业务运营商提出的计费要求由开局方设定，也可由电信业务运营商自己设定

或修改。涉及计费数据的命令很多，因此计费数据设定的重点和难点是不同命令设定顺序以及同一个命令中参数的选取。

1.1.3　计费数据的设定

计费与每次通话的时长、距离有关，与通话的日期和时刻有关。因此，了解计费数据设定的逻辑顺序是比较重要的。配置计费数据，必须先设定计费情况，然后再设置计费情况应用。

1. 设定计费情况

（1）增加计费情况　新增计费情况用来设定某类呼叫处理的计费分析情况编号，说明计费方案类别，设置是否集中付费、付费方是谁、计费方法是计次表还是详细话单等信息。

采用命令 LST CHGANA、MOD CHGANA 、ADD CHGANA 来进行查询、修改、增加计费情况。

（2）修改与计费情况对应的计费制式　在新增计费情况后，计费情况必须有其一一对应的计费制式，如果没有指定计费制式，必须要增加分配给计费情况使用的计费制式。

修改计费制式使用命令：MOD CHGMODE。

（3）修改附加费制式　修改指定计费情况的附加费制式根据实际情况而定。

修改附加计费制式使用命令：MOD PLUSMODE。

2. 设置计费情况应用

计费情况应用是指如何调用各种计费情况来实现对一次呼叫的计费。它包括计费情况索引、本局分组计费、被叫分组计费、Centrex 群内计费、新业务计费方式。数字程控交换机通过号码分析后，根据分析结果中的计费方式查找到相应的计费情况，再进行计费处理。

（1）计费情况索引　计费情况索引是对本局所有用户呼叫的所有号码做出规定，包括计费选择码、主叫计费源码、传输能力、计费情况四个参数。

计费情况索引中计费选择码表示被叫号码的分组，主叫计费源码表示主叫用户的分组，传输能力表示通话类型。计费情况索引根据被叫字冠、主叫方计费源码和承载能力来引用计费情况，从而可实现针对不同被叫字冠的计费。

计费情况索引用于目的码计费。对于本局用户发起的出局呼叫，可通过目的码计费来实现。

计费情况索引的命令包括增加（ADD CHGIDX）、删除（RMV CHGIDX）、修改（MOD CHGIDX）、查询（LST CHGIDX）。

（2）被叫分组计费　对被叫进行的计费，与主叫所在地点无关。也就是说，对于被叫计费的用户，不管是长途还是本地来话，对被叫的计费均采用相同的费率。

如果由被叫用户承担本次呼叫费用，则设置被叫分组计费。被叫分组计费有被叫计费源码、传输能力、计费情况三个参数，表示以指定的被叫计费源码代表的被叫用户进行指定的传输能力呼叫时的计费情况。

被叫分组计费的命令有增加（ADD CHGCLD）、删除（RMV CHGCLD）、查询（LST CHGCLD）三种。

（3）本局分组计费　本局分组计费通常为用于本局用户之间呼叫的计费。

本局分组计费有主叫方计费源码、被叫方计费源码、传输能力、计费情况四个参数，指定主叫与被叫通话时，应使用的计费方法。

本局分组计费的命令有增加（ADD CHGLOC）、删除（RMV CHGLOC）、修改（MOD CHGLOC）、查询（LST CHGLOC）四种。

（4）Centrex 群内计费　由于 Centrex 群用户既有公网用户号码的属性，又有作为群内用户的属性，因此对 Centrex 群内用户的计费可以有两种计费方式：如果对群内用户区分主叫、被叫和承载能力，则应对群内呼叫做区分计费，即通过设置本局分组计费或计费情况索引来实现；如果对群内所有呼叫情形不再做细分，则通过设置 Centrex 群内计费来实现。

Centrex 群内用户计费有如下命令：增加（ADD CHGCX）、删除（RMV CHGCX）、查询（LST CHGCX）。

（5）新业务计费　新业务计费按使用次数计费，与本次呼叫的通话时长、距离等没有关系。其计费方法是脉冲计次。每登记一次或使用一次，将对应用户的计次表跳固定的脉冲次数。

新业务计费有新业务应用类型、计费源码、计次表名、脉冲次数四个参数。新业务应用类型指定需要计费的新业务类别，计费源码指定哪些用户需要进行新业务计费，而计次表名和脉冲次数指定新业务进行计费的计次表和跳表次数，从而确定使用新业务的费用。

新业务计费中命令有增加（ADD CHGNSV）、删除（RMV CHGNSV）、查询（LST CHG-NSV）三种。

> ⚠注意
>
> Centrex 群计费应用在群内用户互相通话时的计费，本局分组计费用于本局的用户互相拨打时的计费，计费情况索引是根据呼叫的目的码进行计费。对于这几种计费情况，计费情况索引的应用范围最广，可以为本局所有呼叫进行计费；本局分组计费的应用范围局限于主叫和被叫都为本局用户或中继的情况；Centrex 群计费应用范围最小，仅限于主叫和被叫都在同一 Centrex 群内。当三种计费方式发生冲突时，优先级别为：Centrex 群计费优先级最高，本局分组计费次之，计费情况索引优先级最低。

3. 设置用户计费属性或中继计费属性

通过设置用户计费属性或中继计费属性使前面所设置的计费情况、计费情况应用根据用户需求真正用于电话局用户或中继的计费操作。

增加用户计费属性使用命令：MOD ST 或 MOD ST。

增加中继计费属性使用命令：七号信令使用 ADD N7TG，一号信令使用 ADD N1TG。

1.2　工作任务单

1.2.1　任务描述

数字程控交换机的局内用户通话业已实现（独立局用户的号码为 3330000 ~ 3330063）。现要求技术人员根据收费标准（采用计次表方式，计费制式为前 3 分钟 0.22 元，以后每分钟 0.11 元），配置计费数据，实现对本局电话业务的计费。

1.2.2　任务实施

1. 数据规划

本局用户之间的通话计费是通过定义本局分组计费来实现的。其计费数据设置需要经过的步骤和需要设置的参数如图6-5所示。

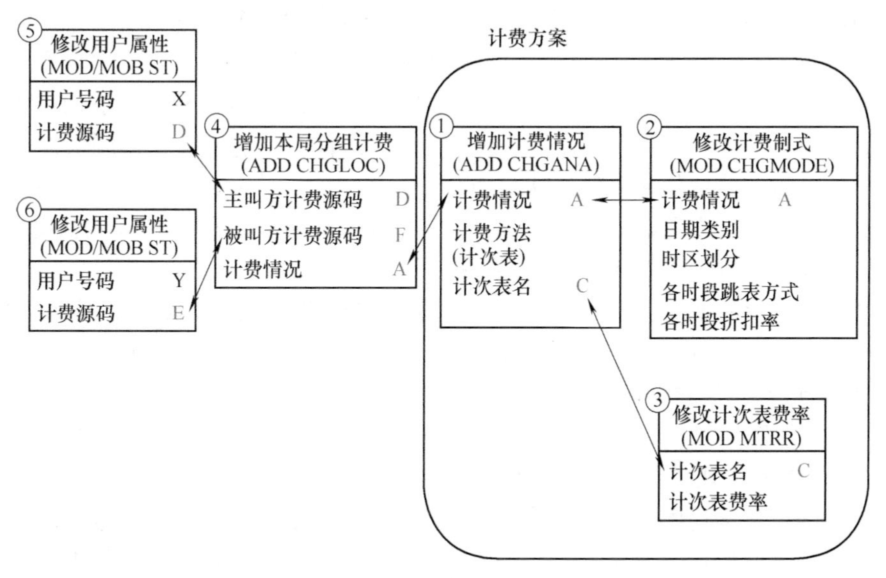

图6-5　本局分组计费数据配置步骤

(1) 计费情况　计费情况是计费处理因素的集合，它可自行编号，供其他命令引用。

本次任务中局内通话计费情况的编号取1。

(2) 计费方法　计费方法是指计算话费的形式，包括“计次表”、“详细话单”以及“计次表和详细话单”三种类型。

根据要求本次任务采用“计次表”方式。

(3) 计次表名　计次表名是指采用“计次表”方式计费时所使用的计次表名称(C&C08交换机因版本不同而为每个用户或中继群配备10个或20个计次表)。

本次任务选取计次表1。

(4) 日期类别　不同的日期与是否在节假日进行折扣收费有关，因此需要把日期划分成不同的种类别。日期类别规定每月的每一天的日期类别，默认值为正常工作日。

针对一个计费情况，可以为不同的日期定义不同的计次制式。

(5) 时区划分与各时段跳表方式　由于同一天的不同时段可能规定不同的费率，因而把一天划分为几个时间段，每个时间段称为一个时区。

通过设定时区切换点可将一天划分为不同的时区，切换点格式为“HH&MM”，取值范围是“00&00”~“23&59”。最多可将一天划分为3个时区。

1) 只定义1个时区（即不分时区）时，可将所有时区切换点取相同的值或不设时区切换点。

2) 定义2个时区时，需设置第一、二时区切换点。第一时区切换点之前与第二时区切换点之后为第一时区，采用第一时区计次制式和折扣；第一时区切换点到第二时区切换点之间为第二时区，采用二时区计次制式和折扣。例如：7：00~24：00通话全价，其余时段打

6折，则划分两个时区切换点为：7：00和23：59。

3）定义3个时区时，需设置第一、二、三时区切换点。第一时区切换点之前与第三时区切换点之后为第一时区；第一时区切换点到第二时区切换点之间为第二时区；第二时区切换点到第三时区切换点之间为第三时区。

跳表方式即计费制式，根据要求计费制式为前3分钟0.22元，以后每分钟0.11元，则局内通话的前3分钟产生2个计费脉冲，以后每1分钟产生1个计费脉冲。

（6）费用与时间的关系　某一时区内的费用与时间的关系由“起始时间”、“起始脉冲”、“后续时间”和“后续脉冲”四个参数加以描述。其具体含义是：最初“起始时间”内产生“起始脉冲”个计费脉冲，以后每个“后续时间”内产生“后续脉冲”个计费脉冲。时间单位是秒，计费脉冲单位是脉冲个数。

在本次任务中，局内通话的前3分钟产生2个计费脉冲，收取0.22元的话费；以后每1分钟产生1个计费脉冲，收取0.11元的话费。

（7）费率　费率的单位是“分/计费脉冲”。系统初始化时，所有计次表的费率均被置为10。

在本次任务中费率设为11，表示每个计费脉冲将收取11分（0.11元）的话费。

（8）主叫计费源码与被叫计费源码　计费源码是本局内具有相同计费属性的用户或中继群所构成小组的组号，它定义在用户或中继群数据上。所谓相同计费属性是指呼叫过程中用户或中继群采用的计费方式和费率相同。计费源码在本地网内统一编号，以便于集中维护。

主叫计费源码是本局内具有相同计费属性的主叫用户所构成小组的组号。计费源码不同的用户可以采用不同的计费方式。本次任务对用户计费，将主叫计费源码设为1。

被叫计费源码是本局具有相同计费属性的被叫用户所构成小组的组号。本局局内用户通话，对主叫计费，被叫用户与主叫用户属于同一电话局内，被叫计费源码设为1。

本局用户计费数据规划结果见表6-1。

表6-1　本局用户计费数据规划

计费情况	主叫计费源码	计费方法	计次表名	计费制式	费率
1	1	计次表	计次表1	前3分钟计2次，以后每分钟计1次	11

2. 计费数据配置

（1）增加计费情况　在业务维护系统“MML命令”导航窗口中，选择“C&C08命令”→“局数据配置”→“计费数据”→“计费情况”，双击“增加计费情况”，填写相关参数（红色是必填参数）：

计费情况：1；计费局：非集中计费；付费方式：主叫；计费方法：计次表；计次表名：计次表1；最短计费时长：0。

其命令为：ADD CHGANA：CHA = 1，CHO = NOCENACC，PAY = CALLER，CHGT = PLSACC，MID = METER1，MICS = 0；

> **提示**
>
> 最短计费时长是指当通话时间小于最短计费时长时，不进行计费，单位为秒。这里设为0是指通话时间小于0时不计费。

（2）修改计费制式　在业务维护系统“MML命令”导航窗口中，选择“C&C08命

令”→“局数据配置”→“计费数据”→“计费情况”，双击“修改计费制式”，填写相关参数。

计费情况：1；日期类别：正常工作日；第一时区切换点：00&00；起给时间：180；起始脉冲：2；后续时间：60；后续脉冲：1；第二时区切换点：00&00。

其命令为：MOD CHGMODE：CHA = 1，DAT = NORMAL，TS1 = "00&00"，TA1 = 180，PA1 = 2，TB1 = 60，PB1 = 1，TS2 = "00&00"；

> **提示**
>
> 根据起始时间、起始脉冲、后续时间、后续脉冲的含义，这里按任务要求的前3分钟跳2次计次表，以后每分钟跳1次计次表来设置。

（3）修改计次表费率　在业务维护系统“MML命令”导航窗口，选择“C&C08命令”→“局数据配置”→“计费数据”→“日期、附加费与计次表”→“计次表费率”，双击“修改计次表费率”，填写相关参数：

计次表名：计次表1；计次表费率：11。

其命令为：MOD MTRR：MID = METER1，RAT = 11；

（4）增加本局分组计费　在业务维护系统“MML命令”导航窗口中，选择“C&C08命令”→“局数据配置”→“计费数据”→“计费情况应用”→“本局分组计费”，双击“增加本局分组计费”，填写相关参数：

主叫方计费源码：1；被叫方计费源码：1；承载能力：所有业务；计费情况：1。

其命令为：ADD CHGLOC：RCHS = 1，DHCS = 1，LOAD = ALLSVR，CHA = 1；

（5）修改用户计费属性　在业务维护系统“MML命令”导航窗口中，选择“C&C08命令”→“用户管理”→“普通用户”，双击“修改一批模拟用户属性”，填写相关参数。

起始电话号码：3330000；终止电话号码：3330063；计费源码：1：

其命令为：MOB ST：SDN = K'3330000，EDN = K'3330063，RCHS = 1；

3. 拨测校验

以3330003为主叫用户通话为例。在3330003用户摘机呼叫，通话完毕后（假设通信时长1分01秒），使用LST BILMTR命令查询BAM上主叫计次表话单的内容来进行计费测试。

在业务维护系统“MML命令”导航窗口，选择“C&C08命令”→“话单管理”→“话单查询”，双击“主叫计次查询”，填写参数：

跳表类型：STM用户，用户号码：3330003。

其命令为：LST BILMTR：JT = STM，D = K'3330003；

命令执行后，查看输出结果中的计次表1的内容，如下：

号首集：0，用户号码：3330003

表名	呼叫次数	跳表次数	计次表累加
表1	1	2	2
表2	0	0	0
表3	0	0	0
表4	0	0	0
表5	0	0	0

表6	0	0	0
表7	0	0	0
表8	0	0	0
表9	0	0	0
表10	0	0	0

也可使用LST AMA命令查询BAM上后台话单文件的内容来进行计费测试。

在业务维护系统“MML命令”导航窗口，选择“C&C08命令”→“话单管理”→“话单查询”，双击“查询后台话单文件”，填写相关参数。

查询方式：用户计次表；主叫号码：3330003；起始日期：2012&09&28；结束日期：默认为当天。

其命令为:LST ATA:TP = USRMTR,D = K'3330003,SD = 2012&09&28;

命令执行后，查看输出结果中计次表1的内容，如下：

有效标记 = 是
计费对象 = 用户
计次表产生日期时间 = 2012-09-28 10：25：02
号首集 = 0
电话号码 = 3330003
中继群号 = 无
模块号 = 1
计次表1值 = 2
计次表2值 = 0
计次表3值 = 0
计次表4值 = 0
计次表5值 = 0
计次表6值 = 0
计次表7值 = 0
计次表8值 = 0
计次表9值 = 0
计次表10值 = 0
计次表1呼叫数 = 1
计次表2呼叫数 = 0
计次表3呼叫数 = 0
计次表4呼叫数 = 0
计次表5呼叫数 = 0
计次表6呼叫数 = 0
计次表7呼叫数 = 0
计次表8呼叫数 = 0
计次表9呼叫数 = 0
计次表10呼叫数 = 0

从上述结果中可以得出，3330003用户呼叫1次，计次表1跳表2次，计费设置成功。

如果计费不成功，应对话单查询结果和计费配置中出现的问题进行记录，分析错误原因并排除故障。

4. 话单跟踪

在计费数据配置测试时，为帮助使用者查找计费数据和话单处理中的错误，数字程控交换系统提供了话单跟踪功能，该操作用于启动对某一计费对象的计费话单跟踪，启动跟踪后，被跟踪计费对象（用户、中继）在通话结束后，在维护系统MML命令行输入窗口的结果输出区会显示通话的话单，包括详细话单和计次表话单。每一个模块最多可同时启动10个跟踪，当跟踪登记过多时，可用停止话单跟踪命令撤消不再需要的跟踪。

（1）启动话单跟踪　可使用“ACT BILLTRAC”命令启动话单跟踪。

在业务维护系统“MML命令”导航窗口中，选择“C&C08命令”→“话单管理令”→“话单跟踪”，双击“启动话单跟踪”，填写相关参数，如图6-6所示。

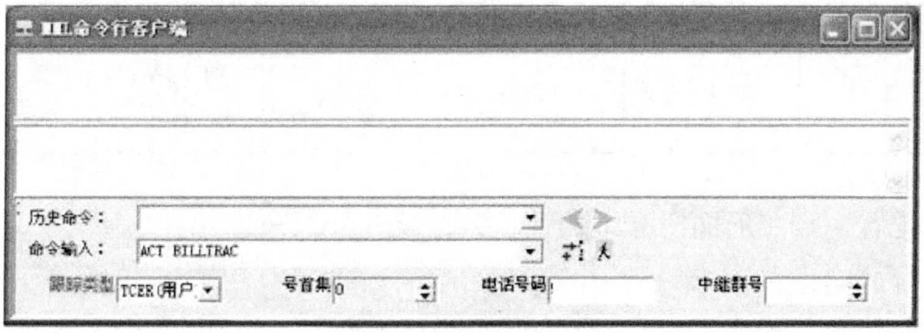

图6-6　启动话单跟踪

跟踪类型可以是“主叫用户”、“被叫用户”或“中继群”。如果跟踪类型为主叫用户或被叫用户，则电话号码和号首集分别指主叫或被叫的电话号码及所属号首集。此时，中继群号不作用。如果跟踪类型为中继群，则需要指定中继群号。这时，号首集和电话号码不起作用。

（2）停止话单跟踪　可使用“STP BILLTRAC”命令停止话单跟踪。

在业务维护系统“MML命令”导航窗口中，选择“C&C08命令”→“话单管理”→“话单跟踪”，双击“停止话单跟踪”，填写相关参数，如图6-7所示。

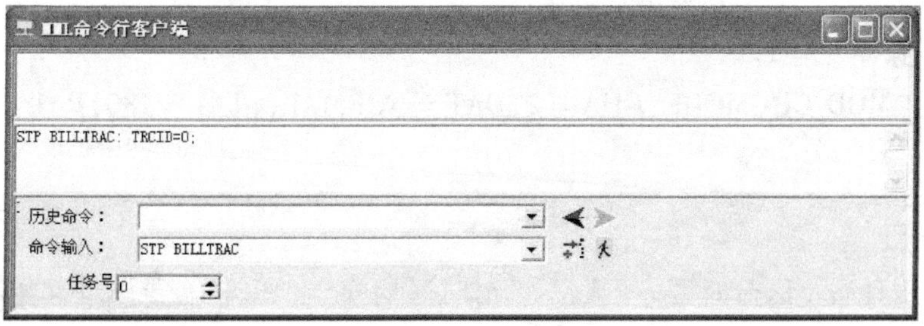

图6-7　停止话单跟踪

任务号是话单跟踪任务的编号，用于启动多个话单跟踪时区分不同的跟踪任务。若不填写任务号，则停止所有话单跟踪。

1.3 拓展与提高

1. 任务描述

C&C08 交换机的局内用户通话业已实现。设本局用户为 3330000 ~ 3330063，使用计次表方式计费，计费制式为前 3 分钟 0.22 元，以后每分钟 0.11 元。要求采用计费索引方式来实现本局用户计费。

2. 任务实施

（1）数据规划

数据规划结果见表 6-2。

表 6-2　本局用户跳计次表计费数据规划

计费情况	主叫计费源码	计费选择码	计费方法	计次表名	计费制式	费　率
2	2	1	计次表	计次表 2	前 3 分钟计 2 次， 以后每分钟计 1 次	11

（2）数据配置　按照前面所介绍的计费数据配置步骤来进行。

1）增加计费情况。

在业务维护系统“MML 命令”导航窗口中，选择“C&C08 命令”→“局数据配置”→“计费数据”→“计费情况”，双击“增加计费情况”，填写相关参数：

计费情况为 2，计费局为非集中计费，付费方为主叫付费，计费方法为计次表，计次表名为计次表 2，最短计费时长为 0。

其命令为：ADD CHGANA：CHA = 2，CHO = NOCENACC，PAY = CALLER，CHGT = PLSACC，MID = METER2，MICS = 0；

2）修改计费制式。

在业务维护系统“MML 命令”导航窗口中，选择“C&C08 命令”→“局数据配置”→“计费数据”→“计费情况”，双击“修改计费制式”，填写相关参数：

计费情况为 2，日期类别为正常工作日，起始时间 1 为 180，起始脉冲 1 为 2，后续时间 1 为 60，后续脉冲 1 为 1。

其命令为：MOD CHGMODE：CHA = 2，DAT = NORMAL，，TA1 = 180，PA1 = 2，TB1 = 60，PB1 = 1；

> 提示
>
> 本任务中计费不区分时区，可以不填写时区切换点，但是需要填写起始时间、起始脉冲、后续时间与后续脉冲，这里填写的是第一时区切换点后的起始时间、起始脉冲、后续时间与后续脉冲。

3）修改计次表费率。

在业务维护系统“MML 命令”导航窗口中，选择“C&C08 命令”→“局数据配置”→

“计费数据”→“日期、附加费与计次表费率”→“计次表费率”，双击“修改计次表费率”，填写相关参数：

计次表名为计次表2，费率为11。

命令为:MOD MTRR:MID = METER2,RAT = 11;

4）增加计费情况索引。

在业务维护系统“MML命令”导航窗口中，选择“C&C08命令”→“局数据配置”→“计费数据”→“计费情况应用”→“计费情况索引”，双击“增加计费情况索引”，填写相关参数：

计费选择码为1，计费源码为2，承载能力为所有业务，计费情况为2。

其命令为:ADD CHGIDX:CHSC = 1,RCHS = 2,LOAD = ALLSVR,CHA = 2;

提示

计费选择码是针对呼叫字冠的，一个呼叫字冠唯一对应一个计费选择码。该参数将呼叫字冠与计费情况索引相关联，这里设为1，后面将被本局字冠引用以实现局内通话计费。

5）修改字冠333的计费选择码。

在业务维护系统“MML命令”导航窗口中，选择“C&C08命令”→“局数据配置”→“号码分析”→“基本业务字冠”，双击“修改基本业务字冠”，填写相关参数：

呼叫字冠：333，计费选择码：1。

命令为:MOD CNACLD:PFX = K'333,CHSC = 1;

6）设置用户计费属性。

在业务维护系统“MML命令”导航窗口，选择“C&C08命令”→“用户管理”→“普通用户”，双击“修改一批模拟用户的属性”，填写相关参数：

起始电话号码为3330000，终止电话号码为3330063，计费源码为2。

其命令为:MOB ST:SDN = K'3330000,EDN = K'3330063,RCHS = 2;

（3）拨测校验　拨打电话进行测试。

注意前面提及的如果计费情况索引中的记录与本局分组的相冲突，则只以本局分组的记录作为计费依据。因此要拨测校验计费索引方式的本局用户呼叫计费，需要删除本局分组计费情况才能得以实现。

在通话完毕后，使用LST BILMTR命令或LST AMA命令，通过查询BAM上主叫计次表话单的内容来进行计费测试。计费不成功时应对话单查询结果和计费配置中出现的问题进行记录，分析原因并排除故障。

1.4　自我测试

一、选择题

1. 我国现行的长途电话计费方式采用__________。

A. 1分/1分制　　B. 3分/3分制　　C. 3分/1分制　　D. 6秒制

2. 本地全自动接续电话用户一次通话（复式计次）的话费取决于__________。

A. 通话时长和距离　　B. 通话日期　　C. 月租费　　D. 立即计费

3. 数字程控交换机对一次通话的计费起点为__________。

A. 主叫摘机　　B. 被叫摘机　　C. 振铃　　D. 占用中继

4. 复式计次表计费方式中的次数应该是__________。

A. 通话的次数

B. 根据通话时长折算而得到的

C. 与通话时间长短无任何关系

D. 以上说法皆不正确

5. 我国长话现行每6秒计1次，通话3分50秒则计次表共计__________次

A. 39　　B. 38　　C. 29　　D. 28

6. 我国长途电话优费时段24：00～7：00为六折，若采用计次表方式计费，则这个时段折扣的正确填写为__________。

A. 100　　B. 60　　C. 40　　D. 0

7. C&C08交换机计费时最多可以使用几个时区？__________

A. 不分时区　　B. 2个时区　　C. 3个时区　　D. 4个时区

二、问答题

1. 3分/1分制表示什么含义？详细话单都记录了一次通话的哪些信息？

2. 我国本地网及长途通信各有哪几种计费方式？某用户通话50"、2'40"、5'20"，试计算采用3分/3分制、1分/1分制、3分/1分制时，分别计多少次？

3. 增加Centrex群计费、增加本局分组计费、增加计费情况索引三条命令各应用于什么情况？三者的关系如何？

4. 写出本局分组计费数据配置的一般步骤。

5. 设本局用户为3330000～3330063，现要求对本局用户采用“计次表和详细话单”方式计费（按现网中市话的计费制式及费率来设置）。请完成相应计费数据设定。

任务2　出局呼叫计费数据设定

数字程控交换机的本局电话业务通话计费工作设定已完成。但是对于局间中继通话的计费又如何实现呢？本次任务是根据用户设备情况和收费标准，来进行计费数据配置、调试校验，以完成出局呼叫电话的计费。

2.1　知识准备

出局呼叫通话计费是通过目的码计费实现的。通过前面的学习可知，目的码计费需要在计费情况应用时选择增加计费索引。目的码计费的计费数据设置需要经过的步骤和需要设置的参数如图6-8所示。

图6-8的计费方法可以选择计次表，也可以选择详细话单，也可二者同时都选。

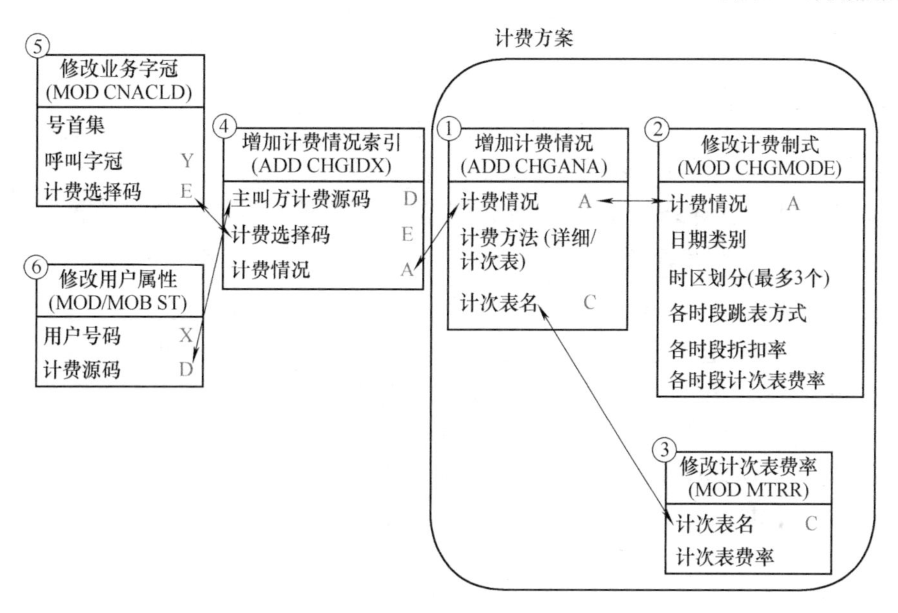

图6-8　目的码计费数据配置步骤

2.2　工作任务单

2.2.1　任务描述

C&C08交换机的本局用户、局间用户通话业已实现（独立局用户的号码为3330000～3330063）。现要求技术人员根据收费标准（本局用户拨打去往天津的长途电话即拨打长途区号022时，要求实现出局呼叫。采用详细话单方式，计费制式为6秒制，每6秒7分钱，7：00～24：00全价，其他时段打六折），配置计费数据，实现对出局呼叫电话业务的计费。

2.2.2　任务实施

1. 数据规划

与任务1相似，先进行数据规划，其数据规划结果见表6-3。

表6-3　出局呼叫计费数据规划

计费情况	计费源码	计费选择码	计费方法	计费制式	费　率
11	0	0	详细话单	6秒制	7

2. 计费数据配置

（1）增加计费情况　其参数设置如下：计费情况为11，计费局为非集中计费，付费方为主叫，计费方法为详细话单，详细话单费率为7。

命令为：ADD CHGANA：CHA = 11，CHO = NOCENACC，PAY = CALLER，CHGT = DETAIL，RAT = 7；

> ⚠注意
>
> 1）详细话单费率是采用详细话单方式计费时使用的费率，单位为分/计费脉冲，系统默认值为1。此处设为7，表示每个计费脉冲（6s）将收取0.07元的话费。
>
> 2）计费要求产生详细话单时，详细话单费率在增加计费情况时已设置，因此本实例中不用再去设置计次表费率。

（2）修改计费制式　其参数设置如下：计费情况为11，日期类别为正常工作日，第一时区切换点为07&00，起始时间1为6，起始脉冲1为1，后续时间1为6，后续脉冲1为1，第一时区折扣为100，第二时区切换点为23&59，起始时间2为6，起始脉冲2为1，后续时间2为6，后续脉冲2为1，第二时区折扣为60。

命令为：MOD CHGMODE：CHA = 11，DAT = NORMAL，TS1 = "07&00"，TA1 = 6，PA1 = 1，TB1 = 6，PB1 = 1，AGI01 = 100，TS2 = "23&59"，TA2 = 6，PA2 = 1，TB2 = 6，PB2 = 1，AGI01 = 60 ；

> ⚠注意
>
> 计费要求产生详细话单时，计费制式没有意义，但交换机要求必须定义计费制式，否则系统会出现提示“不能使用未定义计费制式的计费情况”。

（3）修改计次表费率　由于本任务要求产生详细话单（详单费率在增加计费情况时已设置），并使用非计次表方式进行计费，因此不必修改计次表费率，这一步被跳过。

（4）增加计费情况索引　其参数设置如下：计费选择码为0，计费源码为0，承载能力为所有业务，计费情况为11。

命令为：ADD CHGIDX：CHSC = 0，RCHS = 0，LOAD = ALLSVR，CHA = 11；

（5）设定计费选择码　假设号码分析中不存在呼叫字冠022，使用增加字冠命令设定计费选择码，其参数设置如下：号首集为0，呼叫字冠为022，业务类别为基本业务，业务属性为国内长途，路由选择码为2，最小号长7，最大号长11，计费选择码为0。

命令为：ADD CNACLD：P = 0，PFX = K'022，CSTP = BASE，CSA = NTT，RSC = 2，MIDL = 7，MADL = 11，CHSC = 0；

> ⚠注意
>
> 1）此处假设号码分析中不存在呼叫字冠022，如果号码分析中已存在该字冠，则需要使用修改字冠命令来设定计费选择码。
>
> 2）此处增加的呼叫字冠022，设置了相应的计费选择码。实际上为了拨测校验，采用自环方式配置局间通话，设置中继呼叫字冠。

（6）修改用户计费属性　其参数设置如下：起始电话号码为3330000，终止电话号码为3330063，计费源码为0。

命令为：MOB ST：SDN = K'3330000，EDN = K'3330063，RCHS = 0；

3. 拨测验证

（1）自环方式配置局间长途业务　为了进行计费数据测试，使用七号信令自环方式配置局间长途业务，然后再拨测校验。

1）调整本局中继板。

RMV BRD:MN=1,F=4,S=3; //删除单板

ADD BRD:MN=1,F=4,S=3,BT=ISUP; //增加单板

2）增加MTP目的信令点。

ADD N7DSP:DPX=2,DPN="天津",NPC="222222",NN=TRUE,APF=TRUE;

3）增加MTP链路集。

ADD N7LKS:LS=2,LSN="到天津",APX=2;

4）增加MTP路由。

ADD N7RT:RN="到天津",LS=2,DPX=2;

5）增加MTP链路。

ADD N7LNK:MN=1,LK=4,LKN="到天津1",SDF=SDF2,NDF=NDF2,C=79,LS=2,SLC=0,SSLC=1;

ADD N7LNK:MN=1,LK=5,LKN="到天津2",SDF=SDF2,NDF=NDF2,C=111,LS=2,SLC=1,SSLC=0;

6）增加局向。

ADD OFC:O=2,DOT=CMPX,DOL=SAME,NI=NAT,DPC="222222",ON="天津",DOA=SPC;

7）增加子路由。

ADD SRT:SR=2,DOM=2,SRT=OFC,SRN="到天津",TSM=CYC,MN1=1,MN2=255;

8）增加路由。

ADD RT:R=2,RN="到天津",RT=NRM,SRST=SEQ,SR1=2,SR2=65535;

9）增加路由分析。

ADD RTANA:RSC=2,RSSC=1,RUT=ALL,ADI=ALL,CLRIN=ALL,TRAP=ALL,TMX=0,R=2,ISUPSL=NOCHANGE;

10）增加中继群。

ADD N7TG:MN=1,TG=3,G=INOUT,SRC=2,TGN="2号子路由出中继",CSC=0,CT=ISUP,CSM=CTRL,SIGT=NO7,CCT=INC,CCV=32;

ADD N7TG:MN=1,TG=4,G=INOUT,SRC=2,TGN="2号子路由入中继",CSC=0,CT=ISUP,CSM=CTRL,SIGT=NO7,CCT=DEC,CCV=32;

11）增加中继电路。

ADD N7TKC:TG=3,SC=64,EC=95,SCIC=0,SCF=TRUE,CS=USE;

ADD N7TKC:TG=4,SC=96,EC=127,SCIC=32,SCF=FALSE,CS=USE;

12）增加中继字冠。

ADD CNACLD:P=0,PFX=K'022,CSTP=BASE,CSA=NTT,RSC=2,MIDL=7,MADL=11,CHSC=0;

注意

前面在本任务实施中已经设置了长途字冠022的计费选择码（CHSC）为0，号码分析中已存在字冠022。这里的增加中继字冠命令与前面目的码计费中的增加业务字冠命令完全相同，二者取其一即可。

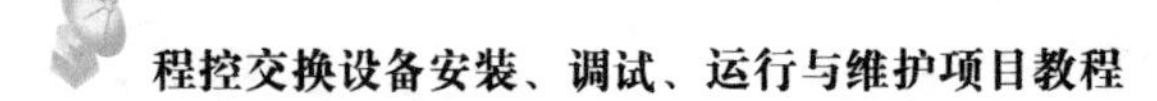

13）增加号码变换。

ADD DNC:DCX = 1,DCT = DEL,DCP = 0,DCL = 3,DAI = NONE;

14）增加号首处理。

ADD PFXPRO:PFX = K'022,CSC = 0,DDC = TRUE,DDCX = 1;

（2）拨测校验　在完成七号信令自环方式配置局间长途业务之后，进行电话拨测校验。

在通话完毕后，使用LST AMA命令，通过查询BAM上该用户在一段时间内的详细话单内容来进行计费测试。计费不成功时应对话单查询结果和计费配置中出现的问题进行记录，分析原因并排除故障。

2.3　拓展与提高

1. 任务描述

实际生活中存在用户拨打112、110、119、120之类的报警或紧急求救号码时，一般不进行计费操作。本次任务要求技术人员通过进行计费数据设置，实现用户拨打紧急求救电话时免费，但要求产生详细话单。

2. 预置条件

（1）呼叫源与号首集　呼叫源和号首集已配置，存在呼叫源0和号首集0的数据。

（2）本局用户计费情况　本局用户的计费源码相同，所有用户的计费源码为1。

3. 任务实施

（1）计费数据规划　根据任务要求对计费数据加以规划，其数据规划结果如下：

1）设定本次任务要求的计费情况设为0，即计费情况0为免费呼叫。

2）计费选择码的分配，将免费字冠的计费选择码设定为0。

（2）计费数据配置　具体配置步骤如下：

1）增加计费情况。其参数设置为：计费情况为0，计费局为非集中计费，付费方为免费，计费方式为详细话单。

命令为:ADD CHGANA:CHA = 0,CHO = NOCENACC,PAY = FREE,CHGT = DETAIL;

2）修改计费制式。其参数设置为：计费情况为0，日期类别为正常工作日，第一时区切换点为00&00，起始时间1为60，起始脉冲1为1，后续时间1为60，后续脉冲1为1，第二时区切换点为00&00。

命令为:MOD CHGMODE:CHA = 0,DAT = NORMAL,TS1 = "00&00",TA1 = 60,PA1 = 1,TB1 = 60,PB1 = 1,TS2 = "00&00";

注意

这里设置的第一时区切换点与第二时区切换点一致，表示全天24小时不划分时区。

3）增加计费情况索引。其参数设置为：计费选择码为0，计费源码为0，承载能力为所有语音业务，计费情况为0。

命令为:ADD CHGIDX:CHSC = 0,RCHS = 0,LOAD = ALLTONE,CHA = 0;

4）设定计费选择码。如果被叫号码分析表中已存在字冠110的记录，使用修改字冠命令，将其计费选择码改为0即可。

假设号码分析中不存在字冠110的记录，则使用增加字冠命令，其参数设置为：字冠为110，最小号长和最大号长为3，计费选择码为0。

其命令为:ADD CNACLD:PFX = K'110,MINL = 3,MAXL = 3,CHSC = 0;

（3）拨测校验　拨打电话进行测试。

在通话完毕后，使用LST AMA命令通过查询BAM上该用户在一段时间内的详细话单内容来进行计费测试。计费不成功时应对话单查询结果和计费配置中出现的问题进行记录，分析原因并排除故障。

2.4　自我测试

1. 什么是计费选择码？什么情况下会使用计费选择码？

2. 设本局用户的号码为3330000～3330063，现本地用户拨打本地数字移动用户，即呼叫字冠为13。要求跳计次表使用的计次表名为计次表2，每分钟跳2次表，计次表2的费率为15。请设置计费数据，实现相应计费。

3. 如果在设置Centrex群后，要想实现Centrex群内用户呼叫免费，呼叫群外用户正常计费，则该计费数据将如何设置？

项目7　交换机的运行与维护

前面几个项目完成了C&C08交换机的软硬件数据配置与调试，开通了相应电信业务。但数字程控交换机的长期带电运行不可避免地会引起设备电子元器件损坏等故障，外部环境的不确定因素、传输线路质量问题和人为无意的错误操作等都可能引起数字程控交换机故障，为保证数字程控交换机正常运行，就必须需要维护人员进行必要的设备维护工作。

本项目将通过实例来学习数字程控交换机的日常维护工作，模拟一些简单故障的处理，同时也进一步巩固加深对C&C08交换机的认识，保证数字程控交换机正常运行。

【教学目标】

1）能对C&C08交换机告警系统、测试系统进行操作。

2）能对C&C08交换机进行例行维护，正确填写维护记录单。

3）能进行一些简单的故障处理。

4）具有查阅相关技术资料的能力。

任务1　告警系统日常使用操作

C&C08交换机系统维护是进行交换机系统管理工作必不可少的一个环节，而在维护过程中一定要熟悉告警系统。本次任务就是要学习告警系统的操作，为系统维护工作奠定基础。

1.1　知识准备

1.1.1　告警系统概述

1. 告警系统的输出

告警系统按输出途径可划分为三个部分：告警信息送后台、告警信息送告警箱和行列灯驱动，这三部分相互独立。

（1）告警信息送后台　当发生故障或异常事件后，数字程控交换机将根据故障类别，查询数据库，获取该告警的配置信息，如是否送后台、告警级别等。告警信息产生后，将根

据配置信息送入相应的告警缓冲区，由传输层负责送至后台。

（2）告警信息送告警箱　数字程控交换机主机中保存了告警箱所有灯的状态。当产生故障告警与恢复告警时，就将相关灯状态实时更新，用于向告警箱重发亮灭灯信息。当告警箱复位或初次在线时，数字程控交换机所有模块都将向该告警箱重发本模块的灯态消息，另外主机还每分钟定时向告警箱重发。重发机制主要用来保证告警箱灯态与主机状态的一致。

（3）行列灯驱动　行列灯告警仅用于表示单板类故障。当数字程控交换机一个模块的单板发生故障时，主机将根据告警数据库确定该故障属于什么级别，并据此驱动行列灯。行列灯驱动与前面两部分完全独立。主机定时扫描所有单板，遇到故障，则驱动行列灯。定时扫描为每秒扫描一框，因此行列灯驱动并非严格实时，而是根据框的多少有一定延时。

当单板故障的级别为一级时，红灯亮；二、三级时，黄灯亮；四级时，绿灯亮。电源板故障也在行列告警灯中显示，在数据管理系统（一般称为数管台）中一般将电源板故障告警的级别默认为二级，相应行列告警灯为黄灯。

2. 告警系统的输入

告警系统按输入途径也可分为三部分：硬件故障告警、运行维护类告警和环境告警。

（1）硬件故障告警　硬件故障告警主要包括各类单板的异常，如用户板故障、二次电源板故障等告警。当某单板出现异常时，该信息将上报到主机并输出。

（2）运行维护类告警　运行维护类告警则用于上报数字程控交换机软件在运行时产生的各类异常或重大事件，如七号断链、消息包过载等告警。

（3）环境告警　环境告警是通过数字程控交换机提供的接口，把外部采集器收集的环境信息上报至主机，由主机做相应判断后，产生告警信息。

1.1.2　认识告警板

告警板可以看做是C&C08交换系统客户端的入口，能从告警板上打开告警台和维护系统。启动告警板时，将会显示告警板图形界面，如图7-1所示。

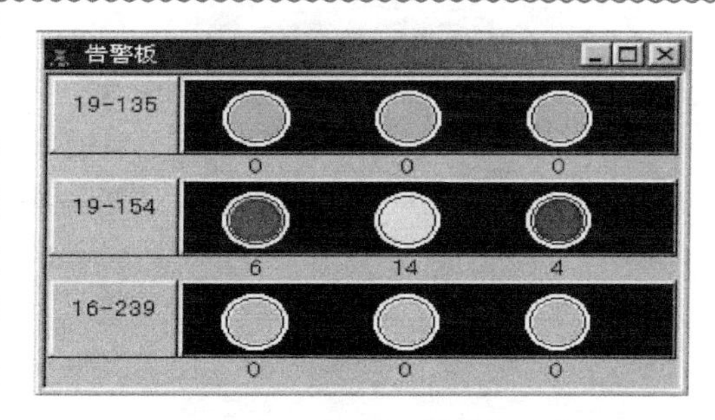

图7-1　告警板图形界面

图7-1中，告警板显示局点信息，包括局点名和三个告警指示灯。告警板上各局点均有三个指示灯，分别显示紧急故障告警（红色）、重要故障告警（黄色）、次要故障告警（蓝色）。启动告警板的同时，依次打开各局点的告警台。若告警台登录成功，相应局点的告警灯变绿，告警数置零，随后告警灯与告警个数随告警台初始查询显示的改变而改变；若登录不成功，告警灯保持灰色，但告警个数依然与告警台保持一致。

1.1.3　告警台及其操作

启动C&C08交换系统告警台，用户可以看到图7-2所示界面。

告警台的操作以菜单操作为主，包括系统、告警浏览、告警查询、告警管理、窗口、帮助六个栏目。

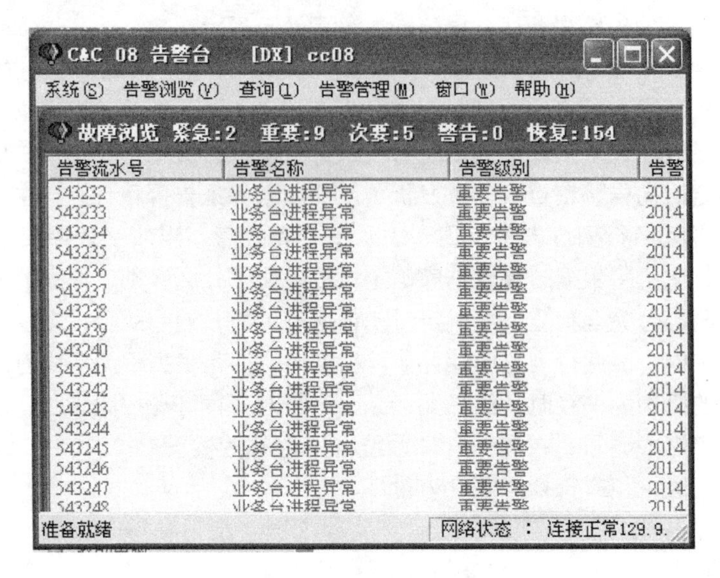

图 7-2　C&C08 交换系统告警台界面

1. 系统

单击“系统”菜单项时，弹出图 7-3 所示的菜单。从中可进行重新登录、系统设置（主要设置告警显示的颜色和记录数量）、打印预览及实时打印过滤设置、打开维护台等操作。

2. 告警浏览

单击“告警浏览”菜单项，系统弹出图 7-4 所示的菜单。

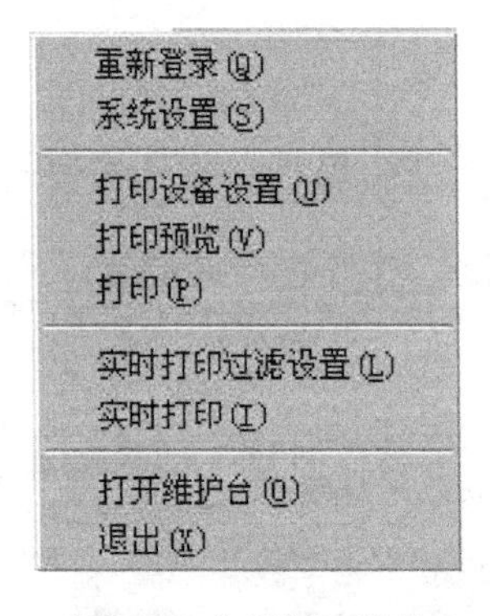

图 7-3　“系统”菜单

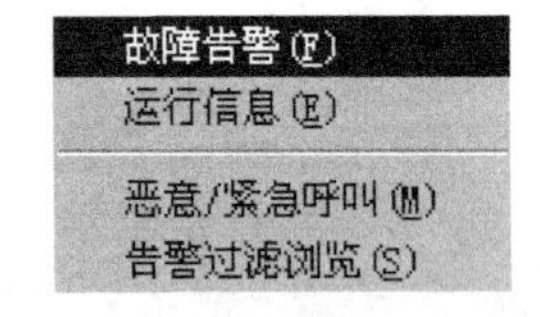

图 7-4　“告警浏览”菜单

在告警浏览菜单中，选择“故障告警”、“运行信息”、“恶意/紧急呼叫”项，系统将在故障告警浏览窗口、运行信息浏览窗口以及恶意/紧急呼叫浏览窗口中实时地显示告警的详细信息。

（1）故障告警浏览窗口　故障告警是指由于硬件设备故障或某些重要功能异常而产生的告警。故障告警浏览窗口可以实时地逐条显示已发生的各级故障告警。告警级别用于标识一条告警的严重程度和重要性、紧迫性，其分为四个级别：紧急告警、重要告警、次要告警和警告告警。初次打开时，故障告警浏览窗口显示以前一段时间内的故障告警，如图 7-2 所示。

若想查看某个告警，只需在相应的窗口中选中该记录，双击鼠标左键或按键盘

<ENTER>键，系统将弹出具体告警信息，如图7-5所示，可根据告警信息中的修复建议做相应的处理。

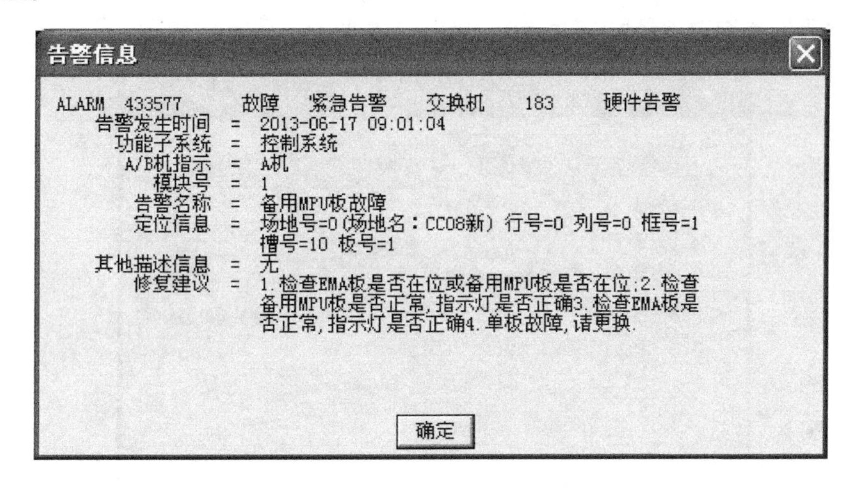

图7-5　告警信息的具体显示

在故障告警浏览窗口中单击鼠标右键，出现图7-6所示的菜单，该菜单显示了告警信息的相关操作：

1）删除告警信息：删除光标所选中的告警记录。等同于选中告警记录后按键盘<DEL>键，相应的MML命令为：RMV ALMFLT。

2）清除部分恢复告警：清除光标所选中的恢复告警记录。

3）清除全部恢复告警：清除全部的恢复告警记录。

4）刷新：重新获取告警信息。

（2）运行信息浏览窗口　运行信息浏览窗口实时地逐条显示运行过程中已发生的运行信息告警。

（3）恶意/紧急呼叫浏览窗口　恶意/紧急呼叫浏览窗口实时地记录符合设定条件的恶意呼叫，逐条显示以前一段时间内的恶意呼叫告警。若想查看某条告警只需在相应的窗口选中该记录，双击鼠标左键，即弹出具体告警信息。

在图7-4中，选择“告警过滤浏览”项，则弹出“告警浏览过滤器设置”对话框，如图7-7所示，通过设定告警过滤器，可以有选择地显示告警信息。

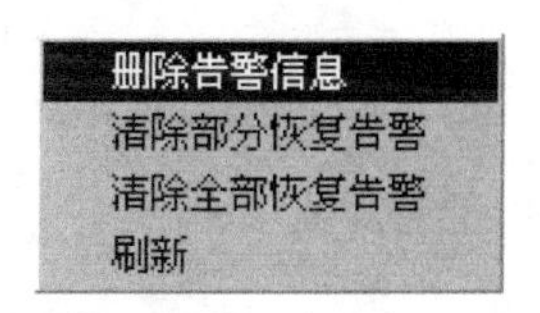

图7-6　告警信息的相关操作菜单

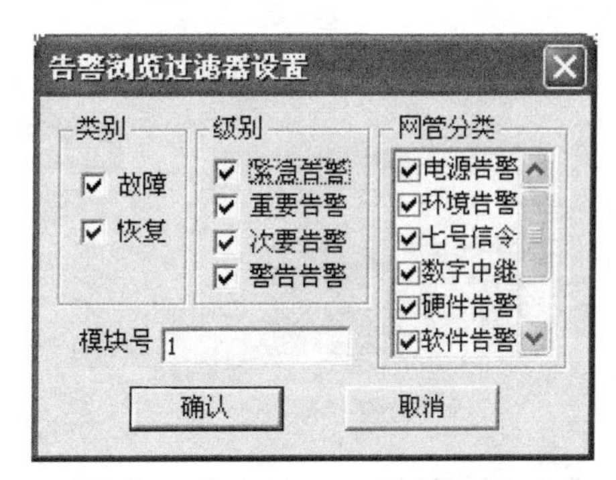

图7-7　告警浏览过滤器设置

3. 告警查询

本功能可以设定查询选项，显示所需的告警信息。单击菜单项“告警查询”中的“查询”，弹出“告警查询选项设置”对话框，如图7-8所示。

图7-8　告警查询选项设置

根据需要进行设定后，按下<确认>按钮，打开“查询告警结果”窗口，显示查询结果。

4. 告警管理

选择“告警管理”菜单项，弹出图7-9所示的菜单。

（1）清除历史告警　删除数据库中某个时间段内的告警信息，避免告警信息占用过多的硬盘资源。

相应的MML命令为：DEL　ALMLOG。

（2）告警屏蔽　当到来的告警信息很多，而某些模块或某些类型的告警相对不很重要，就可以通过设置将它们屏蔽掉，告警屏蔽设置对话框如图7-10所示。

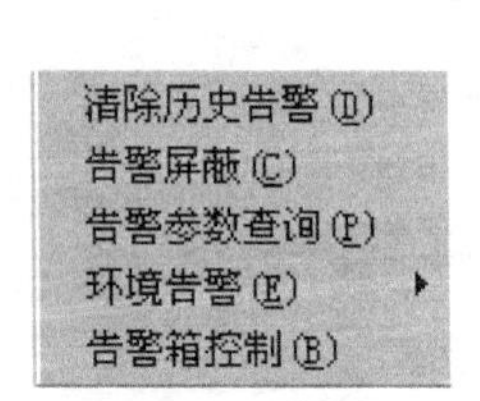

图7-9　告警管理

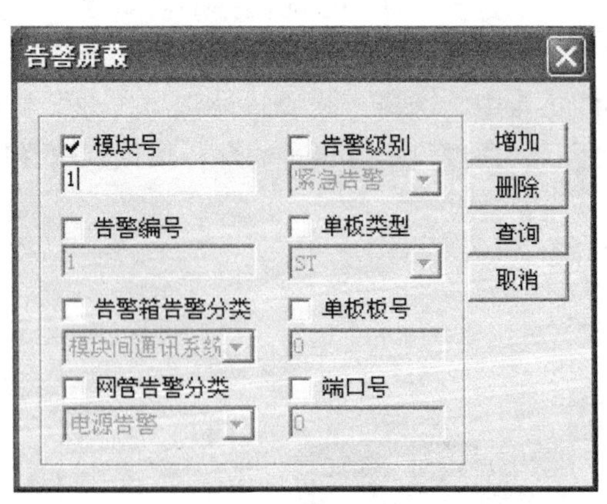

图7-10　告警屏蔽

告警屏蔽具体有以下功能：屏蔽某一模块的某一告警编号的告警；屏蔽某一模块的特定级别、特定类别的告警；屏蔽某一模块的某一单板的告警。

1.2　工作任务单

1.2.1　任务描述

C&C08 交换机的软硬件安装、调试工作均已完成。交付使用之后，交换机的维护工作就成为交换机系统管理必不可少的一个环节。现要求进行告警系统的日常操作，查看告警情况。通过工作任务的完成，学生可以加深对告警系统的认识，会进行告警情况的查看并进行简单处理。

1.2.2　任务实施

1. 启动告警板

登录终端维护系统，打开告警板，查看告警板显示的局点信息以及三个告警指示灯的情况。

2. 打开告警台

启动告警板的同时，打开局点的告警台，熟悉告警台界面，浏览告警信息，并查看某告警的具体告警信息以及修复建议。

1.3　自我测试

1. 告警系统输入包括哪几部分？
2. 告警分为哪四个级别？

任务2　测试系统操作

数字程控交换机系统维护工作是保证通信正常进行必需的一个环节。C&C08 交换机提供测试和诊断功能。一方面，各智能单板都具有自检功能，在机器运行过程中，各智能单板实时进行自检，一旦有错误或故障将自动报警或倒换；另一方面，可以通过测试子系统向主机发送命令，完成指定设备的测试与测量。本次任务就是了解认识测试系统，完成用户线测试等日常操作任务。

2.1　知识准备

测试系统由硬件测试设备、主机软件和终端软件组成。主要的测试设备包括用户电路测试板（TSS）、中继电路测试板（TST）、用户模块母板测试总线以及带有自测功能的各种智能单板。测试系统的主机软件为运行于交换模块主机软件中的 TEST 程序模块。测试系统终端软件由 BAM 上的测试服务器和工作站上的测试台组成。

C&C08 测试管理的测试包括两部分：例行测试和诊断测试。

2.1.1 例行测试

例行测试主要指机务人员或测量人员对交换设备或者用户端口进行的各项性能或指标的测试。

1. 内线测试

用户电路内线测试完成对模拟用户板内的用户电路的性能和指标的测试功能。

用户可以通过测试子系统向主机发出用户内线测试命令，可以一次指定一条用户电路进行内线测试，也可以一次指定多条用户电路进行内线测试，测试子系统将自动向主机发送测试命令。主机接收到测试命令后即通过测试通信板启动用户电路测试板，对相应用户电路进行内线测试。在硬件方面，进行用户电路内线测试时，处于测试状态电路的测试继电器将用户电路内线与外线断开，并将用户电路内线与测试板的内线测试总线相连。此时，测试板充当用户电路外线及话机的功能，从而对用户电路内线进行测试。

用户电路内线测试主要测试的用户电路功能有：摘机、拨号音、脉冲发码、回铃音、忙音、馈电、极性改变、挂机、振铃、截铃。

对于忙状态的用户电路，用户电路内线测试有三种测试方式：强行测试、用户电路退出忙状态后补测、不再补测。

2. 外线测试

用户电路外线测试完成对用户板外的用户线路的性能和指标的测试功能。

用户可以通过测试子系统向主机发出用户外线测试命令。可以一次指定一条用户电路进行外线测试，也可以一次指定多条用户电路进行外线测试，测试子系统将自动向主机发送测试命令。主机接收到测试命令后随即通过测试通信板启动用户电路测试板，对相应用户电路进行外线测试。在硬件方面，进行用户电路外线测试时，处于测试状态电路的测试继电器将用户电路内线与外线断开，并将用户电路外线与测试板的外线测试总线相连。此时，测试板充当用户电路内线的功能，从而对用户电路外线进行测试。

对于用户电路外线测试的返回结果，测试子系统进行智能定性判断。根据用户设定的边界值可判断出用户断线、单线地气、绝缘差、未挂机、未接话机、漏电、碰电力线、碰其他用户线等。

3. 系统单板测试

系统单板测试共对 23 种单板提供单板自检功能，如 MPU、EMA、BNET 板等。

当测试系统向上列单板发出测试命令后，由各单板返回的测试结果可判断各单板的运行状态，进行故障定位。

2.1.2 诊断测试

诊断测试是对指定的设备进行的诊断性测试，在怀疑某个设备故障或例行测试发现某个设备故障的情况下，可以通过相应的诊断命令来定位故障原因，以便及时排除故障。诊断测试主要包括用户设备诊断、交换设备诊断、信令设备诊断、中继设备诊断和其他的诊断测试。

2.2　工作任务单

2.2.1　任务描述

现要求技术人员进行用户线测试日常操作以及模拟用户板（ASL）单板测试、用户测试板（TSS）自检测试，完成测试任务。

2.2.2　任务实施

1. 用户线测试日常操作

用户线的测试一般包括：用户内线测试、用户外线测试、仪表测试，通常用到的就是内线和外线测试。

通过终端登录业务维护系统之后，进行相应的测试任务。

（1）外线测试　系统提供了对用户线的例行测试功能。用户外线测试即对用户电路外线测试，主要指对用户环路（外线）的各项性能或指标（如线间电容、电阻等）的测试，由此判断外线断线、短路等故障，为用户环路的维护提供参考依据。

示例：创建例行测试任务，对1号模块0至63号设备从每日21时开始进行模拟用户外线测试。

其命令为：CRE RTST：TSK = 1，SD = 2012&1&1，ED = 2013&1&1，ST = 21&0，TST = LL，MN = 1，PSN = 0&&63，UTB = RETEST，LTS = FAST；

参数说明：TSK为任务号；SD表示测试开始日期，ED表示测试结束日期；ST为测试起始时刻；TST表示测试类别，TST = LL表示模拟用户外线测试；MN为模块号；PSN为设备号，用&&表示区间，PSN = 0&&63表示0至63号设备；UTB是强拆标志，UTB = RETEST表示遇忙补测；LTS是慢测标志，LTS = FAST表示快测。

单击执行命令按钮后，若返回值为0表示创建例行测试任务成功。

（2）内线测试　用户电路内线测试完成对模拟用户板内用户电路的性能和指标的测试功能，比如摘机、拨号音、回铃音、馈电、振铃等。

用户内线立即测试示例：对3330008用户进行用户内线测试，测试内线馈电功能。

其命令为：ADD RTSTI：TST = ASLI，SDN = K'3330008，ITO = BF；

立即测试命令执行后，立即进行测试，并在维护窗口出测试报告，之后该测试任务立即删除。如果用户希望周期性地对某用户进行内线测试，可选择例行测试的方法进行测试，这样可周期性地进行测试，并出相应的测试报告。

> 提示
>
> 立即测试是一类特殊的测试任务，立即测试是对指定设备的诊断性测试，要求尽快取得结果。因此当操作员将一条配置命令加入到立即测试任务后，系统立即生成执行命令开始测试，取得测试数据后立刻在终端显示出来。

2. ASL单板测试

系统提供了对单板的例行测试功能。单板测试的对象为交换机中的各种单板，被测的单板以“模块号”“单板类型”“板号”为标识。通过单板测试判断各单板的运行状态，以进行故障定位。

示例：创建例测任务，对1号模块0至1号ASL单板从每日21时开始进行单板测试。

其命令为：CRE RTST：TSK = 2，SD = 2012&1&1，ED = 2013&1&1，ST = 21&0，TST = BOARD，MN = 1，B = 0&&1，BT = ASL；

参数说明：TSK为任务号；SD表示测试开始日期，ED表示测试结束日期；ST为测试起始时刻；TST表示测试类别，TST = BOARD表示单板测试；MN为模块号；B为单板号，用&&表示区间，B = 0&&1表示0至1号单板；BT是单板类型，BT = ASL表示ASL模拟用户板。

3. TSS自检

TSS自检也就是用户测试板的自检，为确保测试结果的可靠性，在进行其他测试之前请先进行TSS自检。

TSS自检例行测试示例：创建例测任务，对1号模块0至1号TSS板从每日21时开始进行自检。

输入命令：CRE RTST：TSK = 3，SD = 2012&1&1，ED = 2013&1&1，ST = 21&0，TST = TSD，MN = 1，TSS = 0&&1；

2.3 自我测试

1. C&C08测试管理的测试包括哪两部分？
2. 用户线测试都有哪些日常操作？

任务3 C&C08交换机故障分析与处理模拟

数字程控交换机的长期带电运行不可避免地引起设备电子元器件损坏等故障，外部环境的不确定因素、传输线路质量问题和人为无意的错误操作等都可能引起交换机故障。本次任务在了解故障处理一般流程的基础上，进行C&C08交换机故障模拟，尝试进行故障分析及处理，初步学会故障处理的思路和方法。

3.1 知识准备

3.1.1 故障处理一般流程

在数字程控交换机的日常维护中，一般情况下，设备故障的处理需经历四个阶段：信息收集→故障判断→故障定位→故障排除。

1. 信息收集

信息收集是指尽可能详尽地获取各种原始信息，任何一个故障的处理过程都是从维护人

员获得故障信息开始的，故障信息的收集直接关系到故障排除速度和准确性。

故障信息一般通过以下四种途径获得：

1）用户的故障申告。

2）相邻局维护人员的故障通告。

3）数字程控交换机告警系统的告警输出。

4）日常维护或巡检中所发现的异常信息。

在日常维护中，前三种途径所提供的故障信息量占绝大多数。随着网络规模的扩大，系统的组网情况也日趋复杂，各种内、外部因素的变化和干扰常常对数字程控交换机的正常运行产生连带影响，使交换机的故障成因日趋复杂，同时也增加了故障定位的难度。如果仅仅依靠简单的信息来分析、判断问题，而忽视进一步收集各种相关的原始信息，往往事倍功半甚至寸步难行，它不但使故障判断的范围扩大、难度增加，而且还有可能在分析思路上南辕北辙，以致贻误故障处理时机，给交换机的稳定、安全运行带来严重威胁。

如果在故障处理的初期阶段，就注重收集各种相关的原始信息，很多情况下，可以帮助维护人员大大缩小故障判断的范围，加快定位问题的速度，并提高故障定位的准确性，这对于提高故障处理的时效性，防止设备误操作，以及提高客户满意度等方面都具有积极的意义。

2. 故障判断

在获取故障信息以后，接下来需要对故障现象有一个大致的定义以确定故障的范围与种类，也就是说，需要判断故障发生在哪个范围，是属于哪一类、何种性质的问题。

（1）确定故障的范围　确定故障的范围就是确定故障处理的方向，也就是说在什么地方、顺着什么思路去查找故障的具体原因。

在交换机中，故障的范围一般是指故障发生的区域，它往往与交换机的功能模块重合，这是由交换机的模块化设计所决定的。

（2）确定故障的种类　确定故障的种类（性质）就是确定采用何种方法、何种手段分析问题、解决问题。关于故障的分类，将根据交换机不同的功能模块，按照通常的思维逻辑采取不同的分类方法进行。

3. 故障定位

尽管导致交换机故障的成因可能十分复杂，但是在统计上和实践上来说，某一时刻多种因素同时作用导致交换机故障的概率是很小的，也就是说，故障的成因在某一具体时刻具有单一性。故障定位就是从众多可能原因中找出这个“单一”原因的过程，它通过一定的方法或手段分析、比较各种可能的故障成因，不断排除非可能因素，最终确定故障发生的具体原因。准确而快速的定位不仅有利于提高故障处理的时效，而且还可以有效避免因盲目操作设备而导致故障扩大化等人为事故，为采取何种手段或措施排除故障提供指导和参考。故障定位是故障处理过程中的重要环节。

4. 故障排除

在故障原因最终定位以后，就进入了故障处理程序的最后一步即故障排除。故障排除是指采取适当的措施或步骤清除故障、恢复系统的过程，如更换故障单板、修改配置数据、倒换系统、复位单板等。

在数字程控交换机的日常维护中，对维护人员的维护建议如下：

1）维护人员要有收集相关信息的强烈意识，在遇有故障特别是重大故障时，一定要先弄清楚相关情况后再决定下一步的工作，切忌盲目处理。

2）维护人员要加强业务学习，特别是系统原理和信令知识，这样，在故障的情况下能快速联想，把思路引向问题的焦点。

3）在接听故障申告（通告）电话时，维护人员要善于引导，尽量从多方面、多角度提问或询问相关问题。

4）维护人员应加强横向、纵向的业务联系，建立与其他局所或相关业务部门维护人员的良好业务关系，这对于信息交流、技术求助等都是很有帮助的。

3.1.2 故障判断与定位的常用方法

1. 原始信息分析

原始信息是指通过用户故障申告、其他局所故障通告、维护中所发现的异常等所反映出来的故障信息，以及维护人员在故障初期通过各种渠道和方法收集到的其他相关信息的总和，是进行故障判断与分析的重要原始资料。

原始信息分析主要用来判断故障的范围、确定故障的种类，在故障处理的初期阶段，为缩小故障判断范围、初步定位问题提供判据。如果维护经验丰富，甚至还可以直接定位故障。原始信息分析不仅可以用在用户故障的处理上，也可用在其他故障特别是中继故障的处理上。在中继故障处理时，由于需要与传输系统对接以及存在信令配合方面的问题，比如传输系统运行是否正常、对端局是否改动过数据、某些信令参数的定义等，原始信息的收集就更具有举足轻重的作用。

2. 告警信息分析

告警信息是指交换机告警系统输出的信息，通常以声音、灯光、LED 显示、屏幕输出等形式提供给维护人员，具有简单、明了的特点，其中告警维护台输出的告警信息，包含故障或异常现象的具体描述、可能的发生原因、有哪些修复建议等，涉及硬件、链路、中继、计费、CPU 负荷等交换机的各个方面，信息量大且全，是进行故障分析和定位的重要依据之一。

告警信息分析主要用于查找故障的具体部位或原因，由于 C&C08 告警台输出的告警信息丰富、全面，因此常常可以用来直接定位故障的原因，或配合其他方法共同定位故障的原因，是故障分析的主要手段之一。

【实例】 C&C08 交换机告警系统通过告警台提示系统发生紧急告警，在告警台上可得到“备用 MPU 板故障”的相关告警信息，如图 7-11 所示。

根据该信息框的提示信息及修复建议，维护人员可迅速对备用 MPU 板进行观察，以判断其是否发生故障，从而大大缩短故障定位的时间。

3. 指示灯状态分析

C&C08 交换机的每块单板上都有相应的运行、状态指示灯，有的还有功能或特性指示灯，这些指示灯除了直接反映相应单板的工作状况以外，大部分还可反映诸如电路、链路、光路、节点、主备用等的工作状态，是进行故障分析和定位的重要依据之一。

指示灯状态分析主要用于快速查找大致的故障部位或原因，为下一步的处理提供思路。由于指示灯所包含的信息量相对不足，因此，它常常与告警信息分析配合使用。

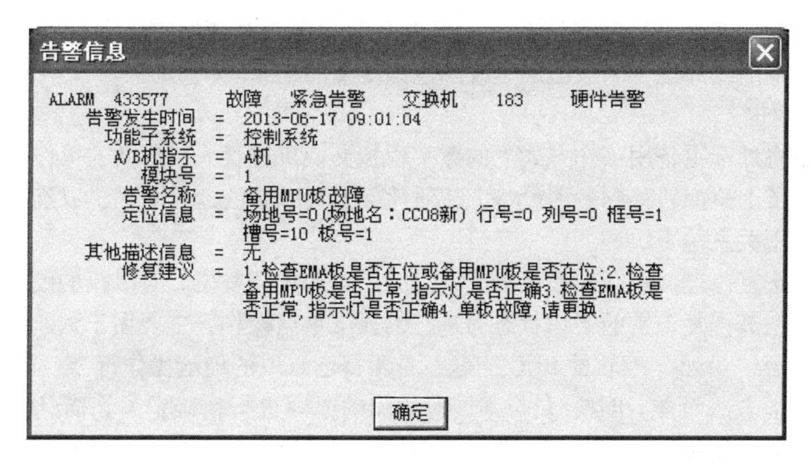

图7-11　告警台输出的告警信息

4. 电话拨测辅助分析

在数字程控交换机所提供的所有业务中，语音占很大部分，与数字程控交换机有关的大部分故障原因，往往会直接或间接地影响到用户的正常呼叫功能。因此，利用电话拨测这一最直接的方法来判断交换机的呼叫处理功能和相关模块是否正常，是一种简单、快捷的方法，常常被用来判断用户外线、数字交换网络、中继系统、计费系统等是否正常。

5. 仪器、仪表辅助分析

应用仪器、仪表进行故障分析与定位，是数字程控交换机故障处理常用的技术手段。它以直观、量化的数据直接反映故障的本质，在外线分析、电源测试、信令分析、波形分析、误码检测等方面有着广泛的应用。

6. 接续、信令跟踪

接续、信令跟踪在分析用户呼叫接续、局间信令配合等过程的失败原因方面有着重要的应用。利用跟踪的结果，常常可以直接得到呼叫失败的原因，找出问题的症结所在，或者从中得到启发，为后续分析提供宝贵的思路。

7. 测试/环回

测试主要是指借助于仪器仪表、软件测试工具等手段，对可能处于故障状态的用户线路、传输信道、中继设备等进行相关技术参数的测量，根据测量的结果判断设备是否已经故障或者正处于故障的边缘。

环回主要是指采用硬件或软件的方法，对某一传输设备或传输信道采取自发自收（自环）的方法，通过判断自环后传输设备、传输信道、业务状况、信令配合等情况的正常与否，来确定相关硬件设备的状况、软件参数的设置是否正常。环回是定位传输问题、中继参数设置是否准确等的最常用方法之一。

8. 对比/互换

对比是指将故障的部件或现象与正常的部件或现象进行比较分析，查出不同点，从而找出问题的所在，一般适用于故障范围单一的场合。

互换是指用备件进行更换操作后，仍然不能确定故障的范围或部位时，将处于正常状态的部件（如单板、光纤等）与可能故障的部件对调，比较对调后二者运行状况的变化，以此判断故障的范围或部位，一般适用于故障范围复杂的场合。

9. 倒换/复位

倒换是指将处于主备用工作方式下的数字程控交换机进行人工切换的操作，也就是说将业务从主用设备上全部转移到备用设备上，对比倒换后系统的运行状况，以确定主用设备是否异常或主备用关系是否协调。

复位是指按复位键，重新插拨单板或直接关闭电源重新复位，对单板的硬件、软件进行逻辑初始化，使其恢复正常的工作状态而进行的人工重启操作，主要用于判断软件运行是否混乱、程序是否“吊死”等软件 BUG 问题，是不得已采取的极端操作行为。

相对于其他方法而言，倒换/复位不能对故障的原因进行精确定位，而且由于软件运行的随机性，倒换或复位后故障现象一般难以在短期内重现，从而容易掩盖故障的本质，给数字程控交换机的安全、稳定运行带来隐患。因此，该方法只能作为一种临时应急措施，在迫不得已的情况下谨慎使用。

3.2 工作任务单

3.2.1 任务描述

C&C08 交换机的软硬件安装、调试工作均已完成。对于该交换机，人为设置一些故障，进行故障模拟，请学生作为技术人员排查故障，填写故障处理记录单。通过工作任务的完成，使学生了解交换机故障处理流程，初步学会故障处理的思路和方法。

C&C08 交换机故障处理记录表

交换局名：

<table>
<tr><td colspan="2">发生时间：</td><td colspan="2">解决时间：</td></tr>
<tr><td>值班人：</td><td></td><td>处理人：</td><td></td></tr>
<tr><td colspan="4">故障类别：
□主控系统　　□主节点通信系统
□七号信令系统　　□时钟系统
□用户电路系统　　□测试系统
□中继系统　　□软件运行
□传输系统　　□前后台通信系统
□终端系统　　□其他</td></tr>
<tr><td colspan="4">故障来源：
□用户投诉　　□告警系统
□日常例行维护中发现　　□其他来源</td></tr>
<tr><td colspan="4">故障描述：</td></tr>
<tr><td colspan="4">处理方法及结果：</td></tr>
</table>

3.2.2　任务实施

故障1：用户申告，只能拨出电话无法呼入，请尝试故障处理。

【故障现象】

用户申告，家中电话只能拨出电话，外面电话无法打入。工程师进行咨询。

用户甲：我家电话有问题，请帮忙查一下。

工程师乙：具体情况怎样？

用户甲：家中电话只能拨出，外面电话无法打入。在家用手机都试过了，手机上听到接通了，但是电话就是不响铃，怎么回事啊？

工程师乙：那你用手机试的时候，有没有试着接听过电话，听得到声音吗？

用户甲：试过，接起电话听到“嘟～”的长音，没法通电话。

工程师乙：嗯，可能您的电话被设了呼叫无条件前转，请拨号码“#57#”取消一下试试，好吗？

问题得到解决。

【故障分析】

该用户话机上做过呼叫无条件前转，未及时撤消，导致所有呼入电话转到别处。

【处理过程】

用户在话机上拨#57#，撤消原先登记的呼叫无条件前转业务，问题解决。

故障2：有一框用户全部没有拨号音、有馈电，请尝试进行故障处理。

【故障现象】

有一框用户全部没有拨号音、有馈电。

【处理过程】

1）由于是整框用户故障，故障原因确定在公共部分故障。

2）检查配置数据，没有错误。

3）观察所有用户板指示灯快闪，更换 DRV 板后故障仍存在。

4）检查母板没有发现短路、碰针等现象。

5）怀疑 HW 线有问题，更换 HW 线后故障仍存在。

6）开始考虑最小配置，打算将所有用户板拔出，当拔到其中一块用户板时，所有单板开工。所有用户拨号音正常，拨测多次仍正常。将用户板插入，故障重现，将其他槽位的用户板插到此槽位，故障没有重现，排除槽位问题，将用户板插到其他槽位，故障重现。

【故障小结】

在发现普通性故障时，例如整框用户故障，一般先检查公共部分的问题，在所有公共部分排除后，问题如果还未解决，可以考虑使用最小配置的方法，有可能会发现问题所在。

故障3：本局用户出局计费（按计费情况索引计费）时不按要求产生详细话单。

【故障现象】

本局用户出局计费（按计费情况索引计费）时不按要求产生详细话单。

【处理思路】

1）没有按照既定的数据来产生计费情况，一定是计费数据出了差错。

2）仔细检查计费数据，发现中继群的计费源码与本局用户的计费源码相同，而本局计费使用了本局计费分组，产生计次表。

3）当用户出局呼叫时，用户作为主叫方，中继群作为被叫方，出现了本局分组计费拦截目的码计费的情况。

【处理过程】

修改中继群的计费源码，使之与用户的计费源码不同，故障消失。

3.3 自我测试

1. 请简述数字程控交换设备故障的处理需经历哪四个阶段。
2. 请简述故障信息的获取途径。

任务 4 C&C08 交换机日常运行维护

C&C08 交换机日常运行维护是进行交换机系统维护工作必不可少的一个环节。本次任务以 C&C08 交换机日常的运行维护工作为核心，完成交换设备的日常运行维护与保养。

4.1 知识准备

4.1.1 交换机的性能指标

1. 话务量

通话时必然要占用电话局交换设备，用户通话次数多少和每次通话时间长短都从数量上说明用户使用电话的程度，也说明交换设备被占用的程度，是衡量交换机服务质量的一项标准，通常用话务量来表示。

话务量指在特定时间内呼叫次数与每次呼叫平均占用时间的乘积。

最早从事话务量研究的是丹麦的学者 A. K. 爱尔兰（A. K. Erlang）。他在 1909 年发表的有关话务量的理论著作，至今仍然被认为是话务理论的经典。为了纪念话务理论的创始人 A. K. Erlang，国际通用的话务量单位是原国际电报电话咨询委员会（CCITT）建议使用的单位，叫做“爱尔兰（Erl）”。

话务量的计算公式为

$$A = Ct \tag{7-1}$$

式中，A 表示话务量，单位为 Erl；C 表示呼叫次数；t 表示每次呼叫平均占用时长，单位是小时。一般话务量又称小时呼，统计的时间范围是 1h。

1Erl 就是一条电路可能处理的最大话务量。如果观测 1h，这条电路被连续不断地占用了 1h，话务量就是 1Erl，也可以称作 1 小时呼。

通俗的讲，话务量就是一条电话线一个小时内被占用的时长。如果一条电话线被占用一个小时，话务量就是 1Erl；如果一条电话线被占用（统计）时长为 0.5h，话务量是 0.5Erl。

一般来说，一条电话线不可能被一个人占用一个小时，于是人们有时以“分钟”为观测时间长度，则话务量的单位叫做“分钟呼”；或以“百秒”为观测时间长度，此时话务量的单位称为“百秒呼”，用CCS表示，36CCS = 1Erl。

交换机话务量是指该交换机上所有用户线路话务量之和。比如用户线的话务量为0.13Erl，如果此时这个交换机有1000个用户，则该交换机的话务量为130Erl。

决定话务量的三个因素为：

1）考察时间长短：观察时间越长，在这段时间内发生的呼叫次数越多，因而话务量越大。

2）单位时间发生的呼叫次数：发生的呼叫次数越多，话务量越大。

3）平均每次呼叫占用时长：每次呼叫的占用时间越长，话务量越大。

2. 忙时试呼次数BHCA

评价一台数字程控交换机性能如何，除了话务量这一质量指标外，还有一个重要指标就是控制系统的呼叫处理能力。BHCA是忙时试呼次数的缩写，是数字程控交换机控制系统呼叫处理能力的重要指标。

BHCA是指在一天中最繁忙的几个小时（高峰时期）电话呼叫的请求总次数，BHCA请求次数越大，对数字程控交换机的压力也就越大。

数字程控交换机的控制系统对呼叫处理能力通常用一个线性模型来粗略地计算。根据这个模型，单位时间内处理机用于呼叫处理的时间开销为

$$t = a + bN \tag{7-2}$$

式（7-2）中，a为与呼叫处理次数（话务量）无关的固有开销，它与系统结构、系统容量、设备数量等参数有关；b为处理一次呼叫的平均开销，为非固有开销；N为单位时间内所处理的呼叫总数，即处理能力值（BHCA）。

例1：假设某处理机忙时占用率为0.85（即处理机忙时用于呼叫处理的时间开销平均为0.85），固有开销$a = 0.29$，平均处理一个呼叫需时32ms，求其BHCA为多少？

根据式（7-2），　$0.85 = 0.29 + (32 \times 10^{-3}/3600)N$

$$N = 63000 \text{（次/小时）}$$

也就是该处理机忙时的呼叫处理能力可达63000次/小时，即BHCA = 63000次/小时。

要获得BHCA的实际计算值必须先给出各种开销所占的百分比和处理一次呼叫平均所需的时间，但实际中这些参数是随机的。工程上测试BHCA时一般采用模拟呼叫器，通过大话量的测试得到其测试值。BHCA值的测试公式为

$$\text{BHCA} = \frac{\text{每用户话务量} \times \text{用户数}}{\text{每次呼叫平均占用时长}} + \frac{\text{入中继线话务量} \times \text{入中继数}}{\text{每次呼叫平均占用时长}}$$

在测试BHCA时，规定了以下几点：

1）一次试呼处理是指一次完整的呼叫接续，对不成功的呼叫不予考虑。

2）话务量取最大值计算。根据交换设备总技术规范书，我国规定每条中继线入中继话务量最大为0.7Erl，每用户发话话务量最大为0.1Erl。

3）每次呼叫平均占用时长对用户规定为60s，对中继线规定为90s。

根据规定，处理机对每一个用户的BHCA为

$$\text{BHCA} = \frac{0.1}{60/3600}\text{次/小时} = 6\text{次/小时}$$

根据规定，处理机对每一条中继线的 BHCA 为

$$\mathrm{BHCA}=\frac{0.7}{90/3600}\text{次/小时}=28\ \text{次/小时}$$

例 2：设某局安装的数字程控交换机容量为 18000 门，每用户线忙时话务量为 0.2Erl，其中发话话务量为 0.1Erl，每中继线入线话务量为 0.7Erl，来话中继电路数为 1200 条，请核算该交换机具有的忙时话务处理能力即 BHCA 值。

$\mathrm{BHCA}=18000\times0.1\times3600/60$ 次/小时 $+1200\times0.7\times3600/90$ 次/小时 $=141.6\times10^{3}$ 次/小时

影响 BHCA 值的因素很多，主要是系统的容量、系统结构、处理机能力、软件结构和软件编程语言等。

3. 可用度与不可用度

可靠性是产品在规定时间内和规定的条件下完成规定功能的能力，而把在规定时间内和规定条件下完成功能的成功概率定义为可靠度。可靠度是一个定量指标。

数字程控交换机的可靠度指标是衡量交换机维持良好服务质量持久能力的指标。程控交换系统的可靠度通常用可用度和不可用度来衡量。

（1）可用度　可用度 A 是反映控制系统对电话服务不间断的值。

为了表示系统的可用度，定义了两个时间参数：

MTBF——平均故障间隔时间，表示系统的正常运行时间。

MTTR——平均故障修复时间，表示系统因故障而停止运行的时间。

$$A=\frac{\mathrm{MTBF}}{\mathrm{MTBF}+\mathrm{MTTR}} \tag{7-3}$$

（2）不可用度　在实际应用中，通常计算的是系统的不可用度 U。不可用度是因系统故障使整个接续阻断，呼叫受到影响的值（停机时间）。

$$U=1-A=\frac{\mathrm{MTTR}}{\mathrm{MTBF}+\mathrm{MTTR}} \tag{7-4}$$

国标要求 20 年内系统中断时间不超过 1 小时，即每年不超过 3 分钟，相当于可用度 A 不小于 99.9994%。

4.1.2 交换机日常运行维护操作

1. 日常环境监控维护

通过维护操作来检查整个交换机系统的运行环境状态，及时掌握各项参数，从而排除隐患，保证系统运行在一个安全环境中，以降低设备的故障率，延长设备的使用周期。

操作指导参考如下：

维护项目	操作指导	参考指标
C&C08 交换机机房温度	可用 MML 命令实现	15～30℃
C&C08 交换机机房湿度	可用 MML 命令实现	40%～65%
远端模块 RSM、RSMII、SMII、RSA 运行环境检查	可用 MML 命令实现（如远端无值班人员，则以月为周期进行检查）	室内温度 15～30℃ 湿度 40%～65%

2. 各模块日常运行维护

检查交换设备的总体运行状态、模块间的通信情况和各模块运行状况。

操作指导参考如下：

维护项目	操作指导	参考标准
查询模块软件版本	在业务维护系统的命令行输入“DSP EX-VER”，查询模块软件版本	正常情况下，在查询结果窗口中显示各模块的软件版本生成日期，否则为故障态
查询模块运行状态	进入业务维护系统“维护”导航树，打开“硬件配置状态面板”，在窗口中观察每个模块中各单板的运行状态	硬件配置状态面板中应显示各单板的实际定义名称，单板运行正常时颜色为绿色、蓝色或灰色；单板故障时其颜色为红色、黄色或紫色
查询SM模块CPU占用状态	在业务维护系统的命令行输入“DSP CPUR”，查询CPU占用状态	正常情况时，该命令执行结果应正确反映CPU的占用情况
用户板、中继板的运行状态	进入业务维护系统“维护”导航树，打开“硬件配置状态面板”，选择要查询的单板后单击右键，在弹出的菜单中选择“查询单板”，查询用户板、中继板的运行状态	要求对每个用户框、中继框的单板进行抽测。查询结果单板正常状态应显示空闲或正忙，其他状态为非正常状态
检查时钟参考源状态	对32模C&C08交换机，如果有外部时钟框时，查看CKS时钟板的指示灯F0状态	正常情况下，F0灯应为常灭，否则表示时钟参考源未接入或有故障
查询SM模块交换网板时钟同步状态	进入业务维护系统“维护”导航树，打开“硬件配置状态面板”，选择要查询的单板后单击右键，在弹出的菜单中选择“查询单板”，查询网板时钟锁相状态	在查询结果窗口应显示交换网板的查询结果。正常时BNET板锁光路时钟且锁相状态为锁定

3. 计费、话单系统日常维护

检查计费告警及话单系统的异常情况。

操作指导参考如下：

维护项目	操作指导	参考标准
查看主机话单池信息	在业务维护系统的命令行输入“LST BIL-POL”，执行该命令查询各模块主机话单池信息	有计费需求的模块都应有话单产生，并且可根据平时维护的经验值判断各模块话单数量是否正常
检查BAM取出话单的正确性	在业务维护系统的命令行执行“LST AMA”，执行该命令从各模块主机话单池取出话单	按要求对每个计费模块的当天话单进行随机抽检，所抽检的详细话单的主被叫号码、终止时间、通话时长均应正常；计次表的主叫号码、计次次数均应正常
查询BAM上话单文件状态	在维护终端工作站上通过“网上邻居”进入BAM中D:/BILL目录，查看各计费模块当天的话单文件*.bil的容量；查看是否存在*.err文件及该文件的大小	将*.bil文件与上周同一天的*.bil文件相比较，正常情况下二者的容量差别不应过大；如发出有*.err文件，其容量也应很小
检查BAM硬盘剩余空间	在维护终端工作站上通过“网上邻居”进入BAM，检查BAM剩余空间	BAM的D盘和F盘剩余空间要在500MB以上

4. 中继电路及信令链路日常维护

检查各模块七号信令链路及其中继电路的运行状态。

操作指导参考如下：

维护项目	操作指导	参考指标
检查七号信令链路状态	在业务维护系统的命令行中输入相应命令，按目的信令点查询链路，分别选择各选项进行查询	查询结果显示七号信令链路正常时应为激活状态，不应有链路故障、阻断、拥塞等情况
查询七号信令接口中所有的2Mbit/s PCM系统状态	在业务维护系统的命令行中输入相应命令，查询七号中继电路电路状态，选择七号中继系统的起止电路后进行查询	查询结果正常时，电路状态应为空闲或忙

4.2 工作任务单

4.2.1 任务描述

C&C08交换机的软硬件安装、调试工作均已完成，交付使用。现要求机房维护人员完成该交换设备的日常运行维护操作任务，填写值班日志、周维护记录、月维护记录。

1. C&C08交换机值班日志

交换局名：　　　　　　　　　　　　　　　　日期：　　年　　月　　日

值班时间：　时 至　　时	值班人：	接班人：		
维护类别	维护项目	检查结果	备注	操作人
环境监控	供电系统火警烟尘			
	母局机房温湿度			
各模块运行状况	前台软件版本查询			
	模块单板运行状态查询			
	RSA下的单板运行状态			
告警管理系统	告警箱面板告警查询			
	维护台中告警查询和处理			
计费系统	计费错误告警检查			
	查看话单池信息			
	抽查BAM取出话单的正确性			
	查看各模块话单数量			
数据库管理系统	日志查看			
中继及信令系统	七号信令接口中所有2Mbit/s的PCM系统状态查询			
	跟踪一号中继所有2Mbit/s的PCM系统的状态			
工具仪表及资料情况				
故障情况及其处理				
遗留问题				
班长核查				

2. C&C08 交换机每周维护记录

交换局名：　　　　　　　　　　　　维护周期：　年　月　日至　年　月　日

维护时间：	年　月　日　时	检查人：		
维护类别	维护项目	检查结果	备注	操作人
运行状况	检查交换时间			
计费系统	BAM 的 D 盘和 E 盘剩余空间检查			
话务统计系统	建立中继来话话务统计任务			
	查看话务统计结果			
故障情况及其处理				
遗留问题				
班长核查				

3. C&C08 交换机月度维护记录

交换局名：　　　　　　　　　　　　维护周期：　年　月　日至　年　月　日

维护时间：	年　月　日　时	检查人：		
维护类别	维护项目	检查结果	备注	操作人
文件备份	数据备份、转储			
	话单备份、转储			
月度计费结算	提供正确计费话单			
BAM 维护	查杀病毒			
	BAM 的磁盘空间整理（根据当地情况决定是每月还是每季度维护一次）			
设备运行环境	远端模块 RSM、RSMI、SMII、RSA 运行环境检查			
运行状况	MPU 主控板的备份状态查询			
	半永久连接状态			
数据正确性	数据核对检查			
故障情况及其处理				
遗留问题				
班长核查				

4.2.2 任务实施

1. 查询机房的环境

维护人员应每天查询一次环境监控信息，了解被监控机房的当前运行环境，及时处理各种环境突发事件。

环境监控信息可以通过“环境监控台”查询，也可以通过维护台以命令的方式查询。这里主要介绍命令查询方式，使用命令 DSP ENVSTA 来查询一个场地环境量的当前状态值。

示例：查询1号场地的环境状态。在业务维护系统“MML 命令”导航窗口，选择“C&C08 命令”→“环境监控”→“基本操作”，双击“显示环境状态”，填写相关参数。其命令为：

DSP ENVSTA:PLACENO=1;

参数说明：PLACENO 为场地号，每次只能查询一个场地。

命令执行后，返回1号场地的温度、湿度。

2. 查询模块软件版本

在业务维护系统“维护”导航窗口，选择“C&C08 维护工具导航”→“系统”，双击“软件版本”，弹出的对话框如图 7-12 所示。

正常情况下，在弹出的界面上会显示各模块的软件版本生成日期，若各模块的软件版本号不能正常上报则为故障态。通过该操作，也可得知系统各模块主机运行状态。图 7-12 中仅显示模块 1，说明该交换机为单模块交换机，模块 1 的主机软件版本正常上报，说明通信正常，而备份机的版本不能正常上报，说明备份机与主机之间的通信不正常，需要立即处理。

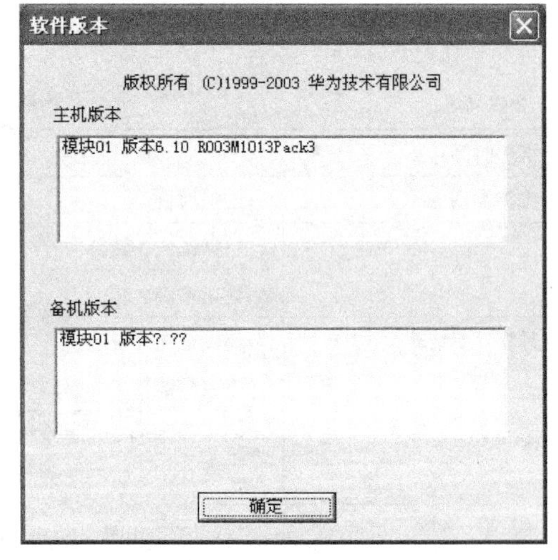

图 7-12 查询软件版本

还可以用 DSP EXVER 命令查询软件版本。

3. 查询模块运行状态

在业务维护系统“维护”导航窗口，选择“C&C08 维护工具导航”→“配置”，双击“硬件配置状态面板”，在弹出的窗口中观察每个模块中各单板的运行状态，如图 7-13 所示。

硬件配置状态面板中应显示各单板的实际定义名称。单板运行正常时为绿色、蓝色或灰色，故障时红色、黄色或紫色。

4. 用户板、中继板的运行状态

在日常维护中应经常对每个用户板、中继板进行抽查，以便了解各项业务在各个模块上的分配情况。

具体操作：在业务维护系统“维护”导航窗口，选择“C&C08 维护工具导航”→“配置”，双击“硬件配置状态面板”，在弹出的窗口中选择运行正常的单板，单击右键，在弹出的菜单中选择“查询单板”，如图 7-14 所示。

单击“查询单板”后，出现结果窗口，如图 7-15 所示。

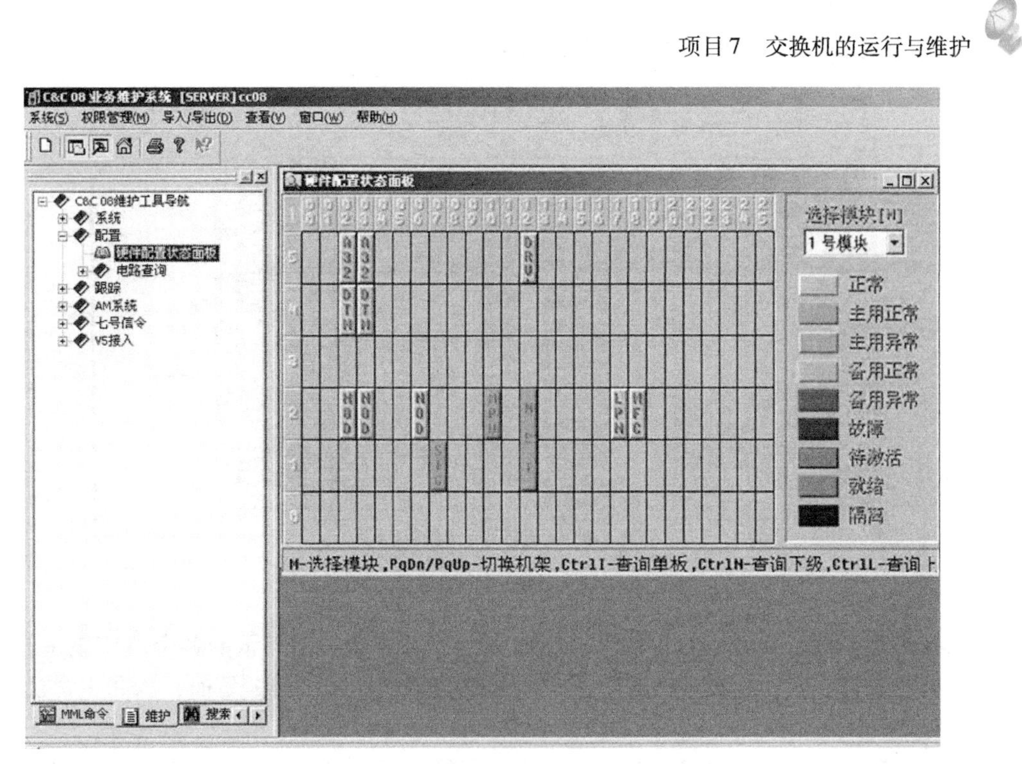

图 7-13　硬件配置状态面板

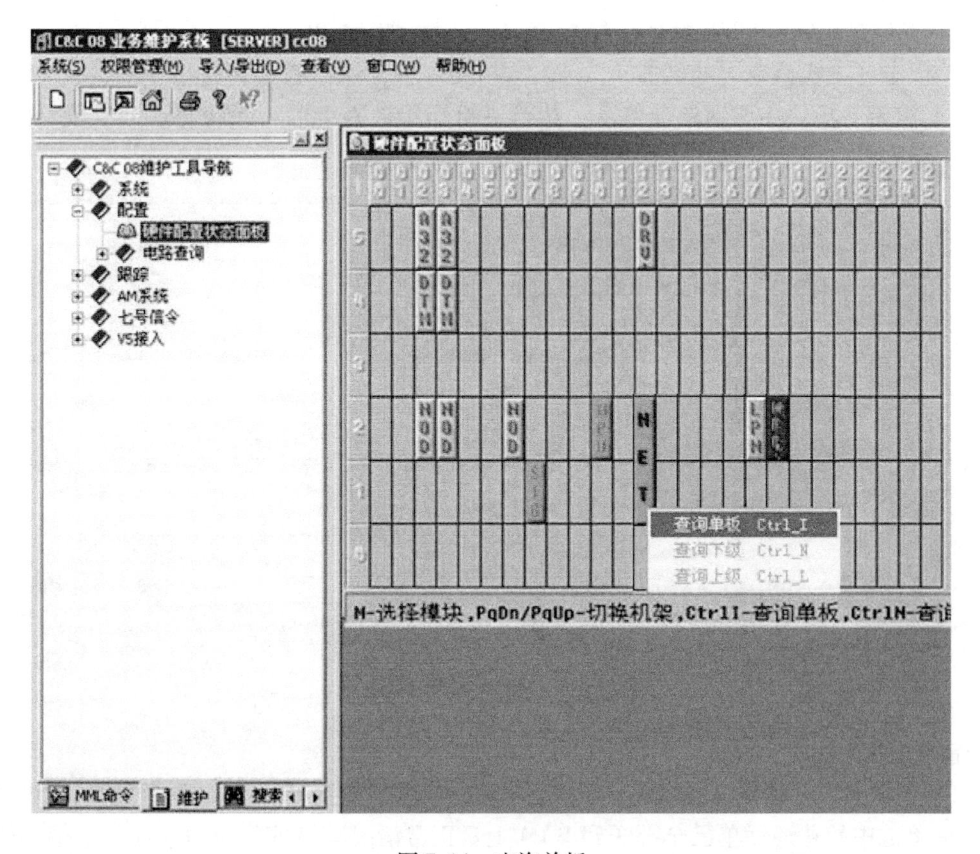

图 7-14　查询单板

框号:5 槽号:2 板类:A32 板号:0 板状态:正常 电路数:32 版本号:27 A_正常...

用户类型	用户序号	号首集	电话号码	状态	占用HW	占用TS
有线用户	0	0	3330000	空闲	未占用	未占用
有线用户	1	0	3330001	空闲	未占用	未占用
有线用户	2	0	3330002	空闲	未占用	未占用
有线用户	3	0	3330003	空闲	未占用	未占用
有线用户	4	0	3330004	空闲	未占用	未占用
有线用户	5	0	3330005	空闲	未占用	未占用
有线用户	6	0	3330006	空闲	未占用	未占用
有线用户	7	0	3330007	空闲	未占用	未占用
有线用户	8	0	3330008	空闲	未占用	未占用
有线用户	9	0	3330009	空闲	未占用	未占用
有线用户	10	0	3330010	空闲	未占用	未占用
有线用户	11	0	3330011	空闲	未占用	未占用
有线用户	12	0	3330012	空闲	未占用	未占用
有线用户	13	0	3330013	空闲	未占用	未占用
有线用户	14	0	3330014	空闲	未占用	未占用
有线用户	15	0	3330015	空闲	未占用	未占用
有线用户	16	0	3330016	空闲	未占用	未占用
有线用户	17	0	3330017	空闲	未占用	未占用
有线用户	18	0	3330018	空闲	未占用	未占用

图 7-15　查询用户单板显示结果

对每个用户框、中继框的单板进行抽测，在查询结果窗口显示的各个值应该正常上报。单板正常状态应显示：空闲或正忙；当显示其他状态如故障、锁定等时，为非正常状态。

5. 查看话单池信息

通过查询主机话单池可了解话单的产生和存储情况，包括是否有新话单产生，主备机之间话单备份是否完成等。

在业务维护系统“MML 命令”导航窗口，选择“C&C08 命令”→“话单管理”→“话单查询”，双击“主机话单缓冲区查询”，填写相关参数，执行查询主机话单缓冲区命令 LST BILPOL，查询各模块主机话单池信息，执行主机话单池查询后，系统将返回查询结果，如图 7-16 所示。

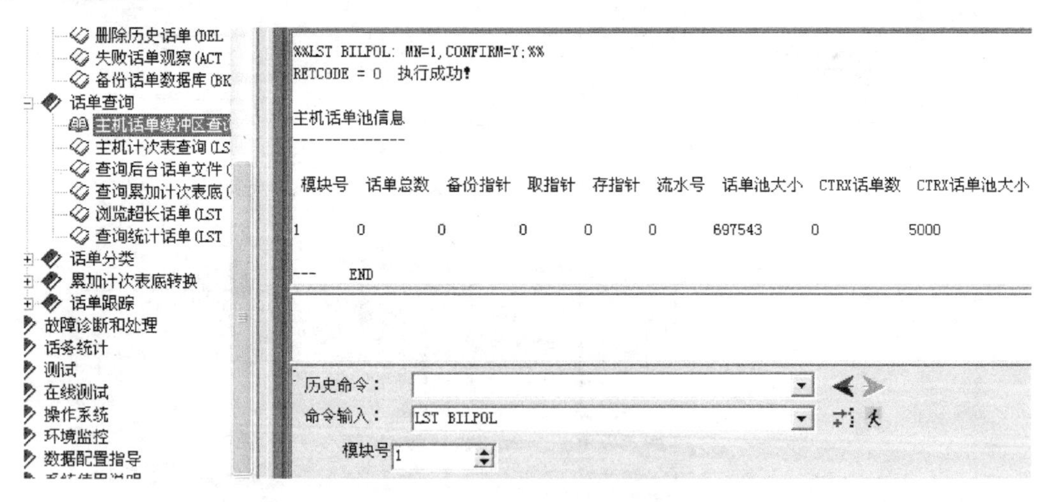

图 7-16　查询主机话单池信息

查询结果说明：

（1）话单总数　话单总数指明了主机话单池中尚未发送到 BAM 上的话单数量，话单数 = 0 表示话单池中的普通话单已全部送到 BAM 上。正常情况下该数值应为 0 或一个很小的数，如果为一个很大的数（如接近存指针与取指针之差），则说明话单传送系统发生了异常，需

要立即检查和处理。

（2）存指针、取指针与备份指针　主机话单池是一个环形队列结构，使用存指针、取指针和备份指针标识当前话单的存、取和备份位置，如图 7-17 所示。

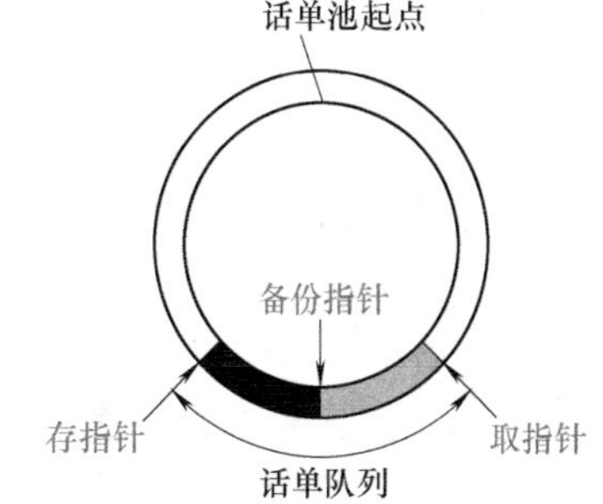

图 7-17　主机话单池环形队列结构

取指针指向队列头，指示即将向 BAM 发送的话单的位置。存指针指向队列尾，指示放置新话单的位置。初始状态，取指针 = 存指针 = 0。主机生成的新话单加到队列尾部，存指针后移，数值增加；主机向 BAM 发送话单，取指针后移，数值增加。指针移动的单位是话单张数。取指针和存指针增加到超过话单池容量时，指针重新置 0。

主机话单池中的话单被定时分批被备份到备份机上，备份指针指明了当前话单备份进行的位置。若备份指针等于取指针，则表明话单队列没有开始备份；若备份指针等于存指针，则表明话单队列已经全部备份；若备份指针位于取指针和存指针之间，则表明话单队列已经部分备份。

（3）流水号　流水号表明从 SM 模块自上一次加电启动以来该模块向 BAM 发送的话单总量，该数量为累加值。

（4）话单池大小　话单池大小表示用于存储普通话单的话单池的容量大小，交换机将话单按各个交接模块分别存放、统计。

（5）CTRX 话单数　CTRX 话单数是指 Centrex 话单池现有多少张话单没有发送到 BAM。CTRX 话单数 = 0 表示 Centrex 话单池中目前没有缓存的话单。与普通话单数相似，正常情况下该数值应为 0 或一个很小的数，如果为一个很大的数（如接近 Centrex 话单池大小），则说明话单传送系统发生了异常，需要立即检查和处理。

（6）CTRX 话单池大小　CTRX 话单池大小表示用于存储 Centrex 话单的话单池的容量大小。

从图 7-16 返回信息中可以了解到：模块 1 的普通话单池容量为 697543 张话单，Centrex 话单池容量为 5000 张话单。普通话单池中没有话单未送到 BAM 上，Centrex 话单池中目前没有缓存的话单。

6. 抽检取话单的正确性

在日常的维护中需要经常对当天的话单进行随机抽检。

具体操作如下：

在业务维护系统的 MML 命令行中执行命令：LST AMA，该命令可查询已取到后台 BAM 服务器上的话单文件。

示例：查询用户 3330055 在 2012/04/19 日所发生的详细话单，输入命令：

LST AMA:TP = NRM,SD = 2012&04&19,ED = 2012&04&19,CID = K'3330055;

查询结果中详细话单的主被叫号码、终止时间、通话时长均应正常；计次表的主叫号码、计次次数均应正常。

7. 取话单操作

取话单操作是指将主机话单池中存储的话单复制到 BAM 硬盘上的过程，分为自动取话单和手工取话单两种。

BAM 从主机上取话单的过程是完全自动进行的，一般无需人工干预。但在某些情况下，如测试的需要、升级前的准备或者自动取话单功能失效等，则需要人工取话单。这里主要介绍手工取话单。

在开始手工取话单之前，应首先更新计次表，保证所有话单的完整性。

（1）更新计次表　在业务维护系统的 MML 命令行中执行命令 RST BILPOL 来更新计次表。

示例：更新计次表话单。

在业务维护系统“MML 命令”导航窗口，选择“C&C08 命令”→“话单管理”→“话单操作”，双击“计次数、统计话单更新”，填写相关参数，其命令为

RST BILPOL:FLT = METER;

参数“FLT = METER”表示更新计次表。

该命令执行结果如下所示：

```
+ + +      HW-CC08          2012-04-19 14:20:22
O&M        #1664
%%RST BILPOL:FLT = METER,CONFIRM = Y;%%
RETCODE =0   执行成功
模块 1 计次表更新成功
- - -      END
```

（2）开始取话单　更新计次表后即可执行取话单操作。通过执行命令 STR BILIF 来实现。

示例：立即开始取所有模块的所有话单。

在业务维护系统“MML 命令”导航窗口，选择“C&C08 命令”→“话单管理”→“话单操作”，双击“立即取话单”，填写相关参数，其命令为

STR BILIF:MN = 1,CF = Yes;

参数“MN = 1”表示模块 1、“CF = YES”表示取话务台话单。

查询结果如下所示：

```
+++      HW-CC08          2012-04-19 14:23:32
O&M      #1665
%%STR BILIF:MN = 1,CF = Yes,CONFIRM = Y;%%
RETCODE =0   执行成功
- - -    END
```

在 STR BILIF 命令返回成功后并不表示取话单成功，只是表示开始取话单。要观察话单是否全部取完，可利用命令 LST BILPOL 查看主机话单池是否已经被取空，当所有的模块均上报取话单结束时，表示取话单结束。

8. 查询计费告警信息

话单是用户话费交纳、网间话费结算以及运营成本核算等运营行为的重要原始依据，确保计费、话单系统正常是系统正常运营的前提。因此，话单作为日常维护的重要内容，维护

人员应高度关注计费告警，应每天定时查询系统的告警信息，检查是否存在计费告警，一旦发现计费告警，应及时采取措施予以处理，以避免或减轻计费损失。

查询计费告警的具体操作方法如下：在告警台的主菜单中选择“告警查询”中的“查询”，在弹出“告警查询选项设置”对话框中选择“告警类别”为“故障”，并选中“告警箱告警分类”左边的复选框，然后在其下的列表框中只选择“话单告警”，最后单击“确认”按钮。

9. 数据备份

数据备份是C&C08交换机每日的例行操作，它为BAM和整个交换机系统从灾难事故中恢复提供了可靠的原始数据，也为系统的回退提供了一个选择范围，是系统安全保障的最后一道防线。

（1）新业务数据备份和加载　新业务数据备份和加载是一种保护新业务数据安全的措施。

新业务数据是存在主机内存的动态数据，如果MPU复位或MPU主备倒换会导致新业务数据丢失。新业务数据备份就是将主机的新业务数据转存到BAM的SQL Server数据库中，MPU复位或MPU主备倒换之后，会从BAM加载新业务数据，这样可避免用户登记的新业务数据丢失。

新业务备份的方式有两种：定时自动备份和手工备份。

1）定时自动备份：设定某一时间（暂定凌晨2:30），由BAM发起对所有模块的所有需要备份的新业务数据进行备份，并且保证每一天都进行新业务数据备份。

2）手工备份：命令行方式的手工操作可选择模块，即对某一模块所有需要备份的新业务数据进行备份。具体操作为：在业务维护系统“MML命令”导航窗口中，选择“C&C08命令”→“操作系统”→“数据库管理”，双击“备份主机新业务数据”，填写相关参数，执行BKP NSV命令来备份新业务。

（2）备份BAM数据库　为保证交换机数据安全，需要对BAM数据库加以备份。

数据库备份操作有两种方式：

1）自动备份：数管台每天凌晨4:30自动将当前BAM数据库和注册表自动备份到E:\CC08\目录下，默认的文件名是bam日期.dat，如bam20130101.dat。正常情况下，BAM每天自动备份数据库，并保留最近三天的数据。

2）手工备份：当遇到特殊升级或BAM终端系统无法正常运行等特殊情况时，用户必须自行手工备份BAM数据库。

手动备份有两种方法：①命令方式，在业务维护系统“MML命令”导航窗口中，选择“C&C08命令”→“操作系统”→“数据库管理”，双击“备份BAM数据库和注册表”，执行命令BKP DB即可将当前BAM数据库和注册表备份到E:\CC08\目录下；②利用SQL Server的Enterprise Manager来实现。

注意

手工备份生成的文件是以日期命名的，如果一天内需要进行多次备份，必须手工修改上次备份的文件名，不和默认文件名相同即可。

10. 查询命令的使用日志信息

系统管理员会经常关心一段时间内，在后台终端系统都进行了哪些操作，是由哪个工作站在什么时间执行了什么的操作，以上这些都可以通过查询命令的使用日志来实现。业务维护系统提供日志管理命令，方便系统管理员进行查询和对日志的管理。

具体操作过程如下：

在业务维护系统“MML 命令”导航窗口，选择“C&C08 命令”→“操作系统”→“日志管理”，双击“查询命令日志信息”，执行命令“LST LOG;”，如图 7-18 所示。

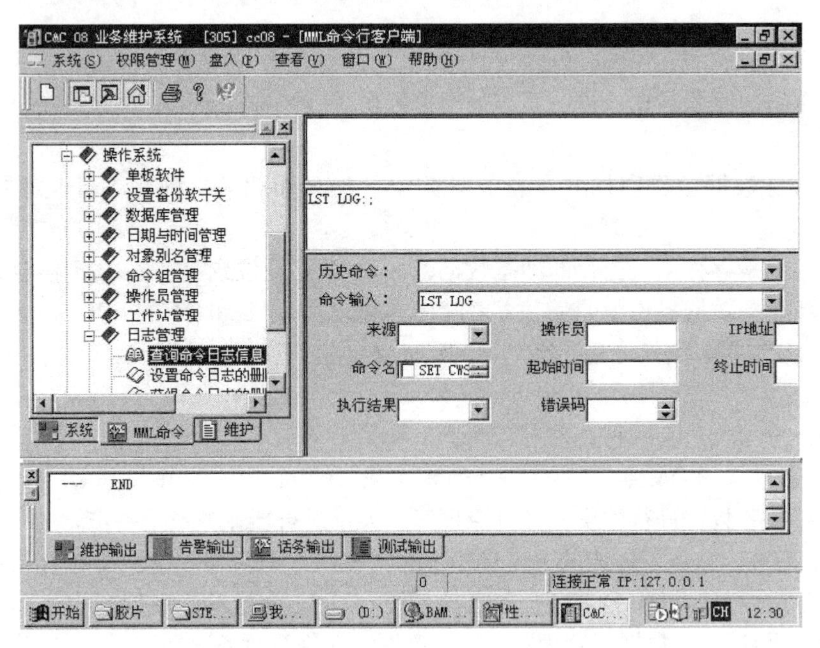

图 7-18　查询命令日志信息

执行查询命令日志信息时需注意：

1）时间表示要合法，时间输入必须输入年，接下来按照月、日、时、分、秒顺序输入，也可不输入时、分、秒，未输入时按 0 对待。

2）如果没有输入任何查询条件，则返回当前一天内的各维护终端工作站发出的所有命令。

3）若查询命令日志信息的结果产生某个错误码，说明某维护终端工作站执行某个命令的结果为失败。

正常情况下参数输入正确应能正确显示查询结果，否则系统会提示参数输入错误。

11. 查询七号信令链路状态

维护人员必须每天检查各模块七号信令链路的运行状态，及时发现并处理信令链路的异常情况，以确保局间通信正常进行。

具体操作过程：在业务维护系统的“维护”导航窗口中，选择“C&C08 维护工具导航”→“七号信令”，双击“按目的信令点查询链路”，弹出图 7-19 所示的窗口。

用户可选择相应的目的信令点名称编码，单击“确定”后，系统将返回查询结果，如图 7-20 所示。从图中可看到到达该目的信令点编码的七号链路状态。

12. 查询七号中继电路状态

维护人员必须每天检查各模块七号中继电路的运行状态，及时发现电路的闭塞、锁定、故障等异常状态，以确保局间中继电路通畅。

图7-19　按目的信令点查询链路

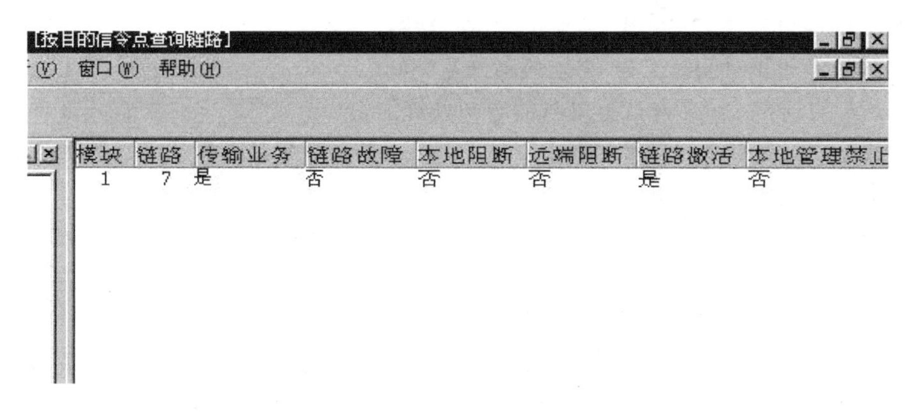

图7-20　按目的信令点查询链路结果

具体操作过程有以下2种方法：

（1）按局向查询系统及电路状态　在业务维护系统的“维护”导航窗口中，选择“C&C08维护工具导航”→“七号信令”，双击“按局向查询系统及电路状态”，方法类似于按目的信令点查询链路，其查询结果正常状态应为空闲或忙。

（2）七号电路查询　七号电路查询的功能类似按局向查询系统及电路状态，分为：查询电路和查询系统，与按局向查询系统及电路状态相比，其优点在于可以实现根据模块号、电路号（起始电路~终止电路）、电路类型来查询某单电路或某群电路的状态。

具体操作如下：在业务维护系统的“维护”导航窗口中，选择“C&C08维护工具导航”→“七号信令”，双击“七号电路查询”，弹出图7-21所示的窗口，用户可根据自己的需要设置相应的查询电路。单击“确定”后，系统将返回查询结果。正常时电路状态应为空闲或忙。

图7-21　七号电路查询

4.3 自我测试

一、单项选择题

1. 衡量数字程控交换机控制系统处理能力的是__________。

A. 话务量　　B. BHCA　　C. MTTR　　D. MTBF

2. BHCA 的含义是__________。

A. 最大话务量　　B. 最大忙时试呼次数

C. 平均故障间隔时间　　D. 平均故障修复时间

3. BHCA 值越大，说明呼叫处理机的呼叫处理能力__________。

A. 越弱　　B. 越强　　C. 受系统容量影响　　D. 受系统结构影响

4. 国标要求交换系统中断时间每年不超过__________。

A. 2 小时　　B. 1 小时　　C. 15 分钟　　D. 3 分钟

二、问答题

1. 恢复和备份 BAM 数据库的方法有哪些？

2. 查询用户板、中继板的运行状态，什么状态是正常状态？什么状态是故障状态？

3. 某处理机忙时用于呼叫处理的时间开销平均为 0.95，固有开销为 0.25，处理一次呼叫平均开销需要 30ms，试求其 BHCA 值。

项目8　交换新技术

通过前面的学习，我们已经能进行C&C08单模块局交换机的安装、调试及设备的运行维护。但随着通信技术的不断发展，人们对通信业务的需求已不仅仅满足于电话通信业务，而是由语音通信变为集数据、图像、语音为一体的多媒体通信。软交换和光交换技术的发展为通信业务的融合提供了便利条件。

本项目主要介绍交换技术的发展方向，帮助学生认识通信在人们生活中的重要作用和对未来生活产生的重要影响，不涉及技能训练。

【教学目标】

1）能解释NGN的概念。

2）能叙述软交换的系统结构和组网应用。

3）能解释全光通信的概念。

4）能够综合分析判断通信的发展方向。

5）具有查阅相关技术资料的能力，能有效利用其他参考资料。

任务1　软交换与下一代网络

电信业务的需求正在以难以预测的速度持续不断地扩大和增长，人们对通信的需求正由语音通信转变为集语音、数据、图像为一体的多媒体通信，这种需求不仅使得语音、数据、图像等多种业务相互融合，也对网络带宽、传输速率、业务质量保证等方面提出了更高的要求。软交换技术的发展为通信业务的融合提供了便利的条件。

本次任务属于学习性任务，重点在于了解NGN产生的背景和概念、软交换技术的背景和概念，掌握基本软交换的网络架构，熟悉软交换的组网应用。

1.1　知识准备

1.1.1　下一代网络

现有通信网根据所提供的不同业务被垂直划分为几个单业务网络（电话网、数据网、CATV网、移动网等），它们都是针对某类特定业务设计的，不利于向其他类型业务的扩展。

传统的基于TDM时分复用的PSTN电话网，虽然可以提供速率为64kbit/s的业务，但业务和控制都是由数字程控交换机来完成的。这种技术虽然能保证语音有优良的品质，但对新业务的提供需要较长的周期，面对日益竞争的市场显得力不从心。

IP网络适合各种类型信息的传送，而且网络资源利用率高，同时在高性能IP网络中的语音业务将会有非常低廉的价格，然而语音传输的实时性要求是其与数据传输的最大不同之处，如何保证服务质量（QoS）对语音业务来说是一个非常复杂的问题。

于是人们希望有一个按功能进行水平分层的多用途、多业务的网络，并最终演进为一个能支持多媒体业务的综合业务网，下一代网络的概念应运而生。

什么是下一代网络？

下一代网络（Next Generation Network，NGN）是一个广义的概念，实质是一个具有松散定义的术语，泛指不同于当前一代的未来的网络体系结构。以目前通信和计算机网络的发展趋势来看，NGN是指以IP为中心，基于开放的网络结构，能够提供包括语音、数据、多媒体等多种业务，实现各种网络用户终端之间的业务互通及共享的融合网络。

下一代网络具体包括以下几个方面：

1）下一代交换网络：采用软交换或IP多媒体系统为核心架构的软交换网络。

2）下一代接入网络：指多元化的宽带接入网（DSL、WLAN、WIMAX、PON）。

3）下一代传送网络：包括新一代的MSTP、ASON等。

4）下一代移动网络：指以3G、4G等为代表的移动网络。

5）下一代互联网络：以IPv6为基础的下一代互联网（NGI）。

图8-1为下一代网络示意图。

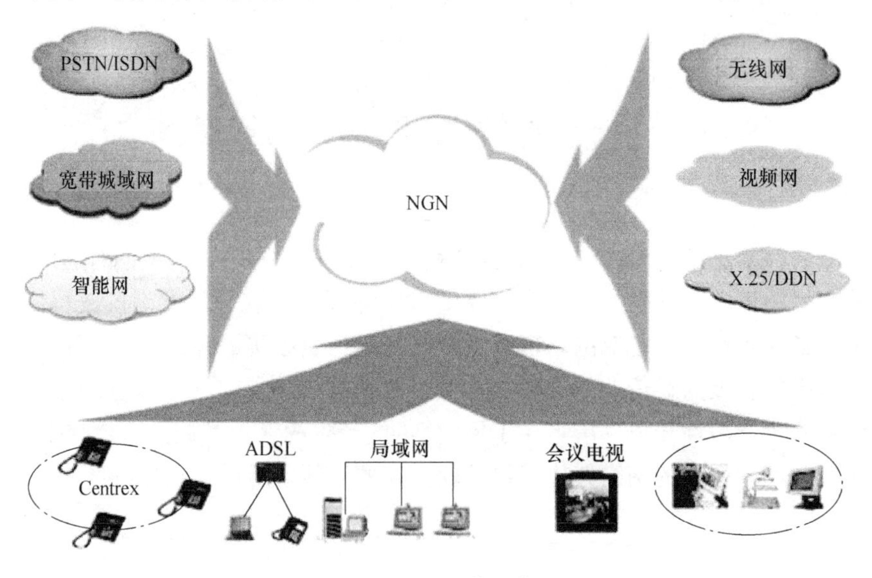

图8-1　下一代网络

1.1.2　基于软交换的NGN

1. 软交换技术

软交换（Soft Switch）技术起源于美国企业网应用。在企业网络内部，用户可以采用基

于以太网的电话，通过呼叫控制软件，实现 IP PBX 功能。传统的电路交换设备主要由通信设备厂商提供，设备复杂，价格昂贵，网络运营与维护成本高。受到 IP PBX 的启发，通信界提出了这样一种思想：将传统的交换设备软件化，分为呼叫控制和媒体处理，两者之间采用标准协议通信，呼叫控制实际上是运行于通用硬件上的纯软件，媒体处理将 TDM 转换为基于 IP 的媒体流，随后软交换技术便应运而生。

2. 基于软件交换的 NGN 的架构

NGN 是集语音、数据、传真和视频业务于一体的全新网络。NGN 的体系采用开放的网络架构，各实体间采用开放的协议和接口，从而打破了传统电信网的封闭格局，实现多种异构网间的融合。软交换是 NGN 控制功能的实现，它为 NGN 提供实时性业务的呼叫控制和连接控制功能。基于软交换技术的 NGN 是业务驱动的网络，通过呼叫控制、媒体交换及承载的分离，实现开放的分层架构，各层次网络单元通过标准协议互通，并且可以各自独立演进以适应未来技术的发展。

基于软交换技术的 NGN 架构从功能上可以分为接入层、传输层、控制层、业务层四个层次，如图 8-2 所示。

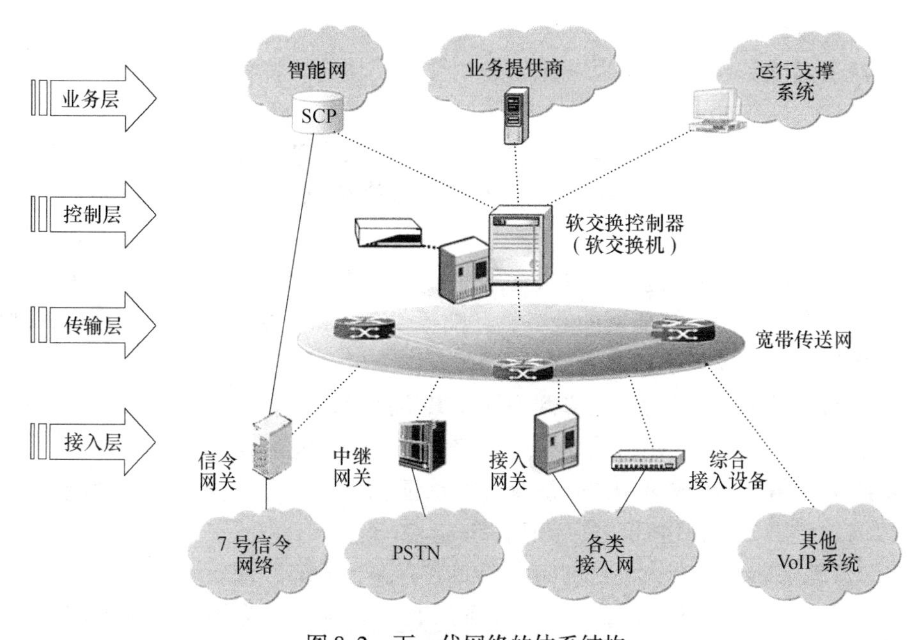

图 8-2　下一代网络的体系结构

（1）接入层　接入层主要利用各种接入设备实现不同用户的接入，并实现不同信息之间的转换。其主要设备有信令网关、媒体网关、综合接入设备等。接入层的设备没有呼叫控制功能，必须与控制层设备相配合，才能完成规定任务。

1）信令网关。

信令网关（Signaling Gateway，SG）完成电路交换网（基于 MTP）和包交换网（基于 IP）之间的 SS7 信令的转换功能。它是跨在七号信令网和 IP 宽带传送网之间的设备，负责对 SS7 信令和 IP 消息之间的翻译或转换。

2）媒体网关。

媒体网关（Media Gateway，MG）负责将各种终端和接入网络接入核心分组网络，主要实现媒体流的转换。根据网关电路侧的接口不同，又分为中继网关和接入网关。

中继网关（Trucking Gateway，TG）主要用于中继接入，用来连接 PSTN，完成电路交换网络与分组网络之间媒体流的转换，在分组网上实现语音汇接业务。

与中继网关一样，接入网关（Access Gateway，AG）也是为在分组网上传送语音而设计的，所不同的是接入网关的电路侧提供了比网关更为丰富的接口，用于终端用户/PBX/无线基站的接入，完成媒体流转换和用户信令处理等功能。

3）综合接入设备。

与接入网关相比，综合接入设备（Integrated Access Devices，IAD）是一个小型的接入层设备。综合接入设备向用户同时提供模拟端口和数据端口，用于传统用户终端设备的接入，完成用户端数据、语音等的接入功能。

（2）传输层　传输层采用 IP 的传送方式将信息格式转换为 IP 数据信息，为各种多媒体业务提供公共的传送平台。

（3）控制层　控制层主要完成呼叫控制、路由、认证和计费等。软交换位于控制层，是整个网络的核心，它体现了 NGN 的网络融合思想。

控制层的具体功能包括：

1）媒体接入功能：该功能可以被认为是一种适配功能，将各种网关及多种终端接入软交换系统。

2）呼叫控制功能：这是软交换的最主要功能，可以为基本业务、多媒体业务呼叫的建立、维持和释放提供控制功能，包括呼叫处理、连接控制、智能呼叫触发检出和资源控制等。

3）业务提供功能：该功能可以提供基本的语音业务、移动业务、多媒体业务，也可以与现有智能网配合提供现有智能网的业务，还能提供开放的、标准的 API 实现与外部应用平台的互连，提供各种媒体增值新业务。

4）互联互通功能：可以通过相应网关提供 IP 网与 PSTN、PLMN、ISDN、IN 的互通。

5）路由功能：实现地址解析功能，也可完成重定向功能。

6）认证鉴权功能：完成对用户合法身份的认证和鉴权，以防止非法用户/设备的接入，同时还可以向计费服务器提供呼叫的详细话单。

7）资源管理功能：软交换可对网络资源如带宽进行分配、管理。

（4）业务层　在呼叫控制的基础上，业务层利用各种资源为用户提供丰富多彩的应用业务，包括语音业务、移动业务、多媒体业务等，同时，也提供了开放的第三方接口，易于引入新型业务。

3. 软交换的几个重要协议

在通信系统中，控制是通过协商解决的，因此就需要有相应的协议。在 NGN 体系结构中，软交换作为控制中心，正是通过协议实现的。软交换中的协议如图 8-3 所示。

下面对软交换中的协议按功能进行分类：

媒体控制协议：MGCP、H. 248 等。

呼叫控制协议：SIP、BICC、H. 323、SS7 等。

信令传输协议：SIGTRAN。

应用支撑协议：PARLAY、RADIUS、INAP、MAP 等。

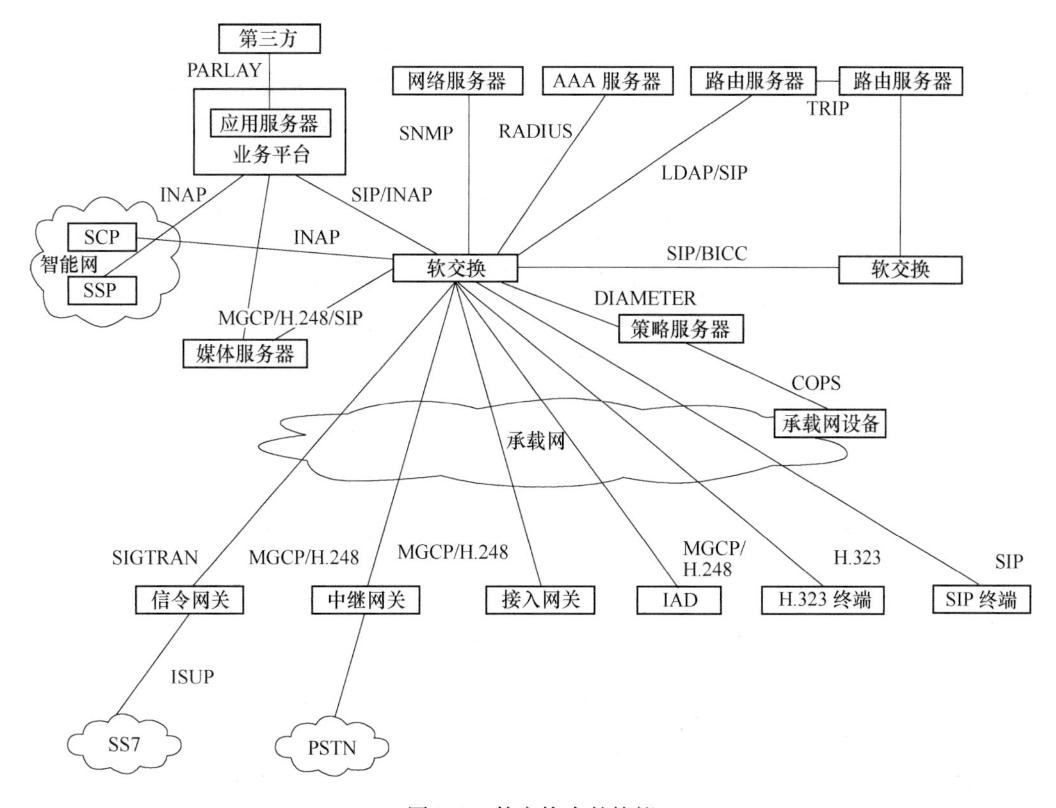

图 8-3　软交换中的协议

维护管理协议：SNMP、CORBA、COPS 等。

这里了解几个重要协议：媒体控制协议、呼叫控制协议和信令传输协议。

（1）媒体控制协议——H. 248 协议　正如提到 Internet 就会让人想到 TCP/IP 一样，一提到 NGN 便会想到 H. 248。H. 248 是庞大的 NGN 协议体系中最为重要的协议。

H. 248 协议是媒体控制协议，发生在媒体网关控制器 MGC 即软交换控制器和媒体网关 MG 之间，如图 8-4 所示。

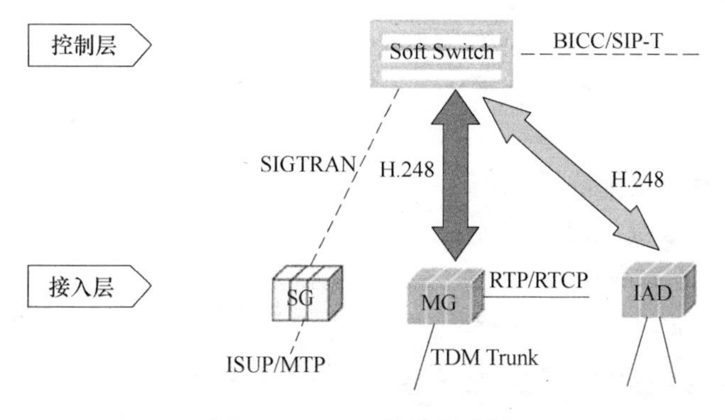

图 8-4　H. 248 协议示意图

H. 248 协议的主要作用是将呼叫控制逻辑从媒体网关分离出来，使媒体网关只保持媒体格式的转换功能。

（2）呼叫控制协议——SIP 协议　SIP（Session Initiation Protocol）为会话初始协议，又称会话协议，是一种呼叫控制协议。它是一个基于文本的应用层信令控制协议，独立于传输层，用于创建、修改和释放 IP 网上一个或多个参与者的多媒体会话，如图 8-5 所示。

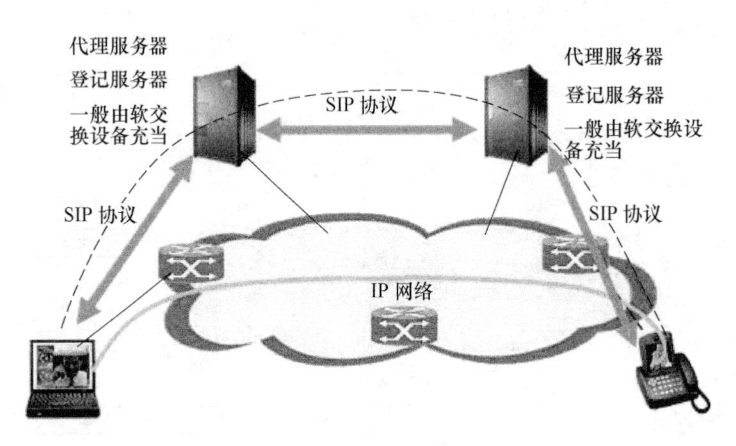

图 8-5　SIP 协议示意图

SIP 协议支持代理、重定向、登记定位用户等功能，支持用户移动，与 RTP/RTCP、SDP、RTSP、DNS 等协议配合，可支持和应用于语音、视频、数据等多媒体业务，同时可以应用于即时消息（类似于 QQ）等特色业务。

（3）呼叫控制协议——H. 323 协议　H. 323 协议是 ITU-T 制定的 IP 电话和多媒体通信协议。H. 323 基于 IP 网络平台，采用包交换技术，可以在同一平台上实现视频、语音和数据的三网合一。

（4）信令传输协议——SIGTRAN 协议　基于分组交换的软交换体系必须要与传统的 PSTN 的信令网互通，但“尽力而为”的 IP 网却无法满足电信网的高可靠性、高实时性的信令传输要求。为此，必须寻找一种办法来解决。

SIGTRAN 协议有效地解决了电信网在 IP 网中高可靠性、高实时性的传输问题，保证电路交换网中的信令（主要是七号信令）在 IP 网中的可靠传输。SIGTRAN 协议通过信令网关 SG 实现，如图 8-6 所示。

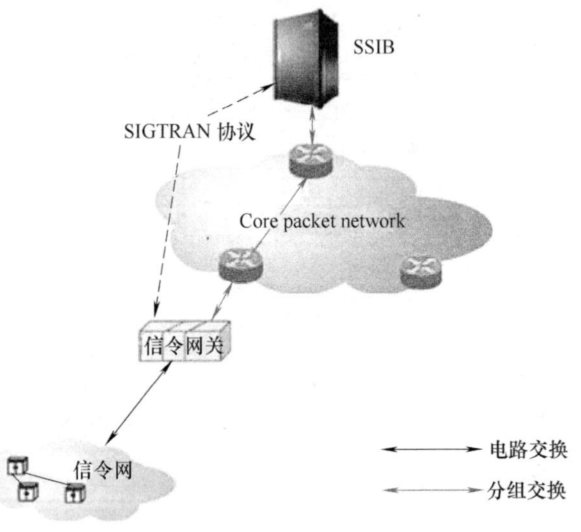

图 8-6　SIGTRAN 协议示意图

1. 1. 3　软交换在固定电话网中的应用

软交换技术可以应用于固定通信和移动通信领域的多个方面。软交换在固定电话网中应用如下：

1. 传统 PSTN 网络的长途分流改造

基于软交换的 PSTN 长途分流改造方案，如图 8-7 所示。

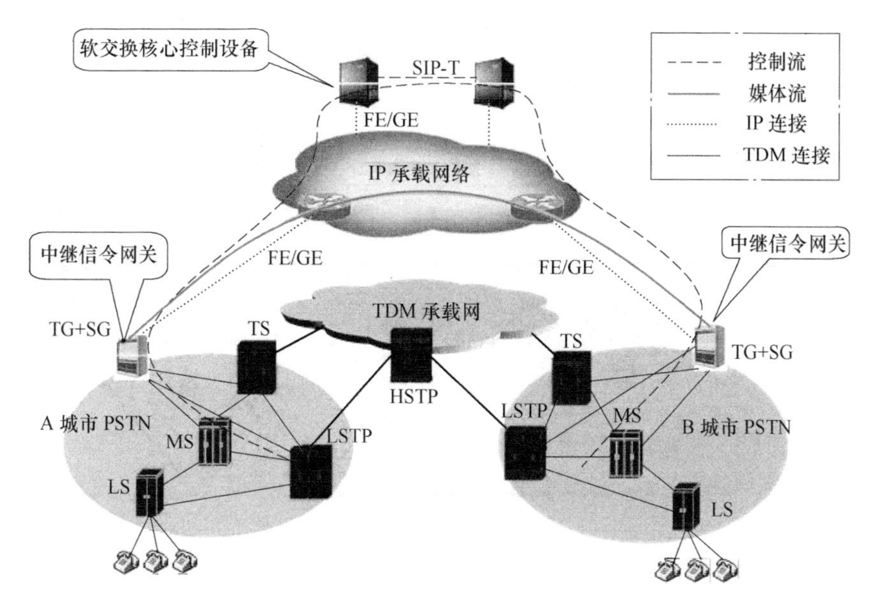

图 8-7　PSTN 长途分流改造方案

2. 传统 PSTN 网络基于端局的改造

基于软交换的 PSTN 端局改造方案，如图 8-8 所示。

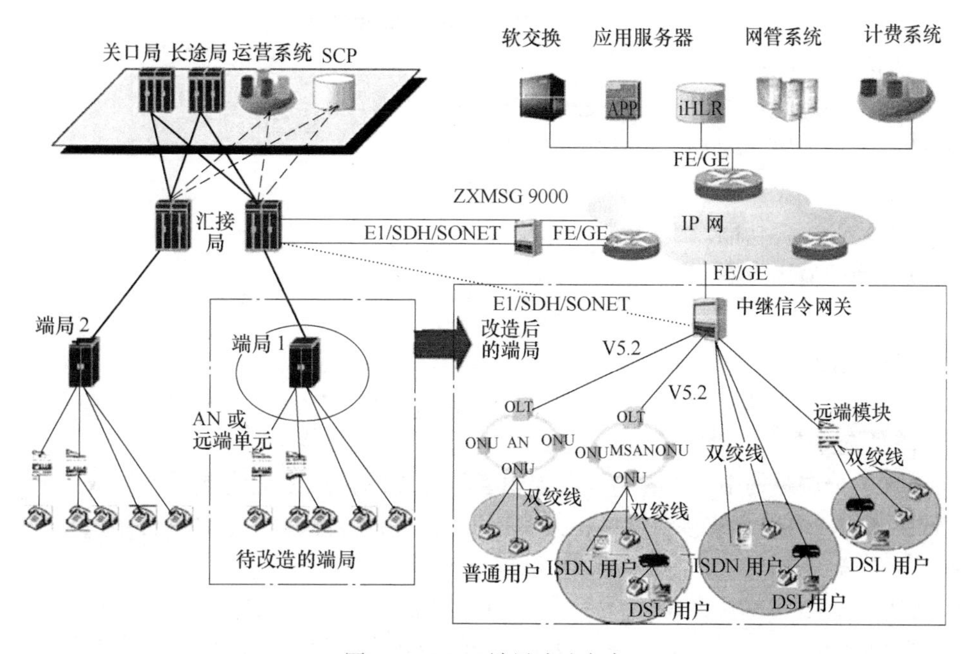

图 8-8　PSTN 端局改造方案

3. 传统 PSTN 网络基于汇接局的固网智能化改造

基于汇接局的智能化改造方案，如图 8-9 所示。

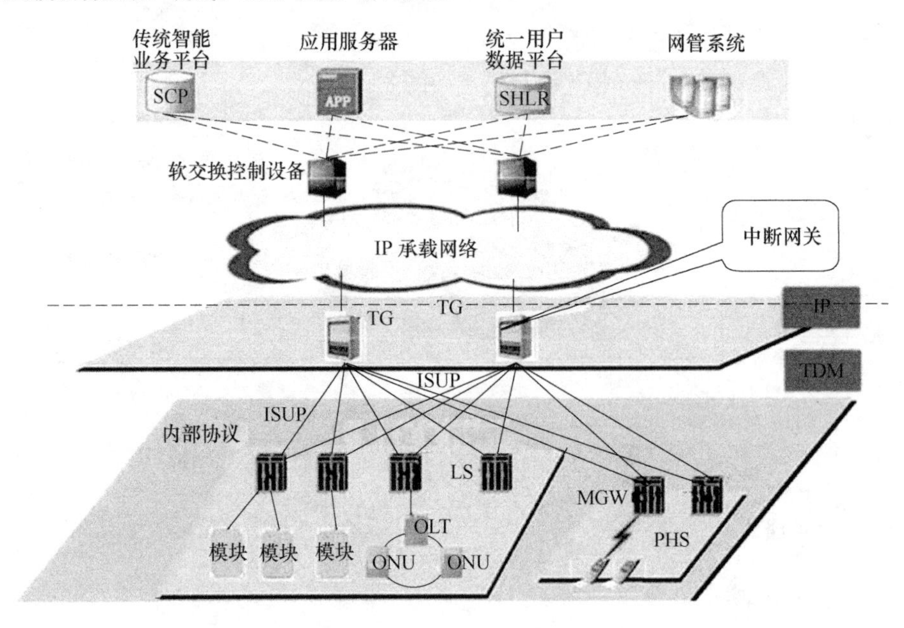

图 8-9　汇接局改造方案

1.2　学习活动页

通过查找软交换相关设备产品和资料，学生以小组为单位制作 PPT 并讲解，了解 NGN 的概念，掌握软交换的系统架构，熟悉软交换的组网应用，从而认识软交换与下一代网络在人们生活中的作用和对未来生活产生的影响，扩展学生的知识面。

请按以下方向查找资料：

1）软交换的协议：H.248、H.323、SIP、SIGTRAN。

2）软交换的系统结构及其与其他网络的对接。

3）软交换的相关产品。

4）软交换的主要功能。

5）软交换的应用方案。

1.3　自我测试

一、单项选择题

1. NGN 的分层结构中，__________层由各种媒体网关或智能终端设备组成，其功能是通过各种接入手段将用户连接至网络，并将用户信息格式转换成为能够在分组网络上传递的信息格式。

A. 接入　　B. 传输　　C. 控制　　D. 业务

2. NGN 的__________层是一个开放、综合的业务接入平台，在电信网络环境中，智能地接入各种业务，提供各种增值服务。

A. 接入　　B. 传输　　C. 控制　　D. 业务

3. Soft Switch 位于 NGN 网络的__________。

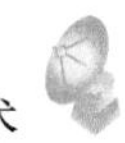

A. 业务层　B. 核心传输层　C. 接入层　D. 应用层　E. 控制层

4. SIP 协议称__________协议。

A. 会话　B. 多媒体通信　C. 媒体网关控制　D. 呼叫控制

二、问答题

1. 简述什么是下一代网络。
2. 基于软交换的下一代网络的架构分为哪几层？
3. 什么是软交换？软交换与传统的电路交换有什么区别？
4. 软交换技术中主要采用了哪些协议？这些协议应用在什么地方？

任务2　全光交换技术

下一代 NGN 以 IP 为中心，提供包括语音、数据、多媒体等多种业务，实现各种网络用户终端之间的业务互通及共享。为满足日益增长的信息容量的需求，光网络无可争辩地仍然是下一代 NGN 的核心。21 世纪是光网络取代电网络的时代。在未来的网络中全光通信网充分利用光纤的巨大带宽资源满足各种通信业务爆炸式增长的需要，具有高度生存性的全光通信网成为宽带通信网未来发展的目标，而光交换技术作为全光通信系统中的一个重要支撑技术，在全光通信系统中发挥着重要的作用。

本次任务属于学习性任务，不涉及技能训练，重点在于了解全光通信网的概念，熟悉光交换器件，掌握各种光交换网络。

2.1　知识准备

2.1.1　全光通信网

众所周知，通信网络由传输和交换两大部分组成，其中传输部分为网络的链路，交换部分为网络的节点。当前通信网络的传输链路是以光纤为主，而网络节点设备则是对电信号进行选路与连接（或转发）的各种交换设备或路由器。因此，现代通信网络的传输链路与节点设备间需要有光电转换设备进行光-电或电-光转换。

为了合理地利用光纤的潜在带宽，光纤的速率不断提高，这种速率的不断提高带来了一个新的问题：在这种超高速的传输网络中，如果网络节点仍以电信号处理信息，就会产生“电子瓶颈”。为了解决光-电转换的瓶颈，于是就产生了全光通信网。

全光通信网是指用户和用户之间的信号传输与交换全部采用光波技术，即信息从源点到目的点都是以光信号的形式呈现的，如图 8-10 所示。

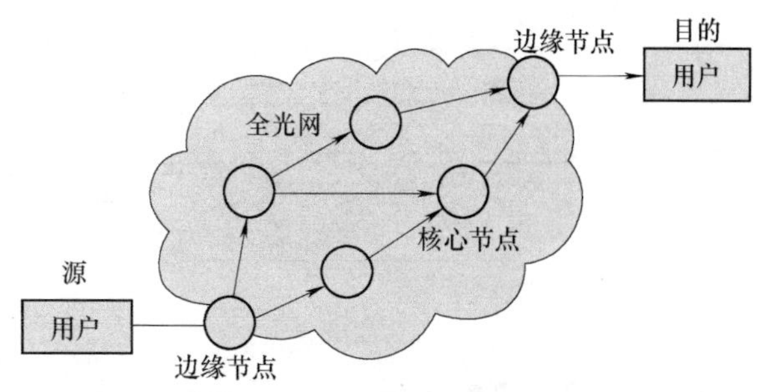

图 8-10　全光通信网示意图

全光通信是历史发展的必然。在全光通信中，减少了网络中的光-电-光转换，可以避免使用这些昂贵的转换器材，能够大大降低成本。同时，由于受电子系统的电子器件速率的影响，电子系统交换的速率随之受限，而光网络中透明的光交换使得用户速率更容易升级到未来更高的传输速率。

全光通信网的基本技术主要包括全光交换、全光中继、全光复用与解复用以及全光交叉连接等。

2.1.2 典型的交换器件

实现光交换的设备是光交换机。光交换机的光交换器件是实现全光网络的基础。光交换器件有光开关、光存储器和光波长转换器。

1. 光开关

光开关在光通信中的作用：一是将某一光纤通道中的光信号切断或开通；二是将某波长光信号由一个光纤通道转换到另一个光纤通道中去；三是在同一光纤通道中将一种波长的光信号转换成另一种波长的光信号。

依据开关实现的物理机理来分，光开关可分为机械式光开关和非机械式光开关等。

机械式光开关靠光纤或光学元器件的移动，使光路发生改变；非机械式光开关依靠电光效应、磁光效应、声光效应和热光效应来改变波导折射率，使光路发生改变。衡量各种光开关性能的指标有插入损耗、串扰、消光比（开关比）、开关响应速度和功耗。

2. 光存储器

光存储器即光缓存器，是时分光交换系统的关键器件，用来实现光信号的存储，进行光时隙的交换。

常用的光存储器有双稳态激光二极管和光纤延时线两种。

双稳态激光二极管可用作光缓存器，但是它只能按位缓存，而且还需要解决高速化和容量扩充等问题；光纤延时线是一种比较适用于时分光交换的光缓存器，它依靠光信号在光纤上传输的延迟时间来达到光信号存储的目的。以光信号在光纤延时线传输一个时隙所经历的时间长度为单位，光信号需要延时几个时隙，就让它经过几个单位长度的光纤延时线。

3. 光波长转换器

另一种用于光交换的器件是光波长转换器。最直接的波长变换是光-电-光变换，即把波长为 λ_i 的输入光信号，由光电探测器转变为电信号，然后再去驱动波长为 λ_j 的输出激光器，或者通过外调制器去调制一个波长为 λ_j 的输出激光器，如图 8-11 所示。

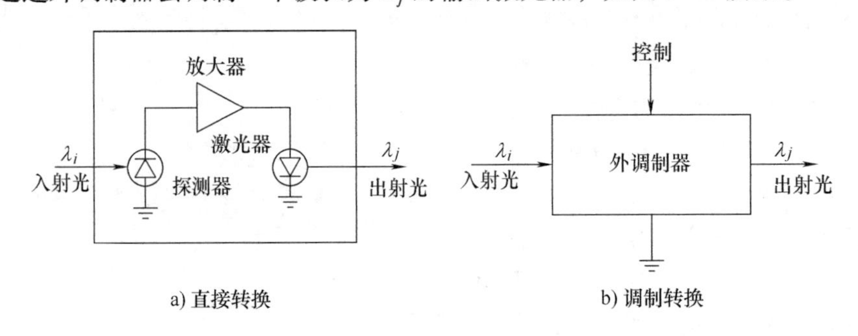

图 8-11　光波长转换器

2.1.3　光交换网络

光交换网络完成光信号在光域的直接交换，不需要通过光-电-光的变换。

根据光信号的分割复用方式，光交换技术可分为空分、时分和波分三种交换方式。若光信号同时采用两种或三种交换方式，则称为混合光交换。这里的光交换网络不是整个全光通信网，而是完成具有光交换功能的由微观的光交换器件构成的大规模器件，类似于集成电路。

1. 空分光交换网络

空分光交换网络是光交换方式中最简单的一种。空分光交换使输入端任一信道与输出端任一信道相连，完成信息交换。空分光交换网络由开关矩阵组成。最基本的空分光交换网络是2×2交换模块，如图8-12所示。

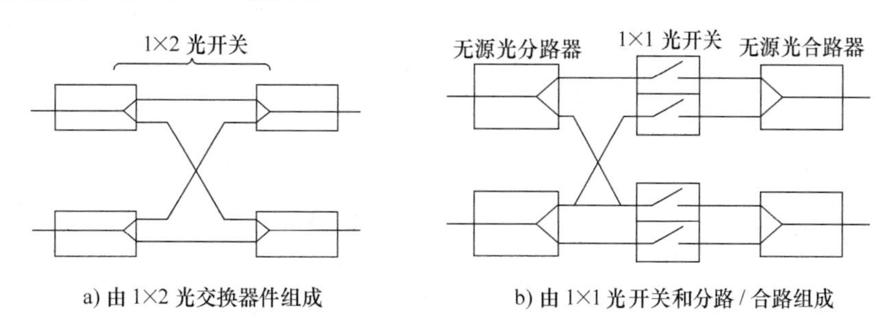

a) 由1×2光交换器件组成　　b) 由1×1光开关和分路/合路组成

图8-12　2×2交换模块

2. 时分光交换网络

时分光交换网络如图8-13所示。

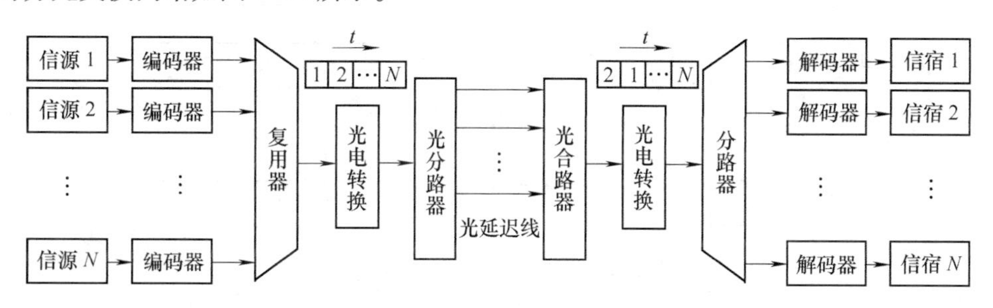

图8-13　时分光交换网络

时分光交换采用光器件或光电器件技术来完成时隙互换。

采用光延迟器件实现光时分交换的原理是：先把时分复用光信号通过光分路器分成多个单路光信号，然后让这些信号分别经过不同的光延迟器件，获得不同的时间延迟，最后再把这些信号经过光合路器重新复用起来，就完成了时分交换。

光分路器、光合路器和光延迟器件的工作都是在计算机的控制下进行的，它们可以按照交换的要求共同完成各路时隙的交换功能，也就是光时隙互换。

3. 波分光交换网络

波分复用是指采用波长互换的方法来实现交换功能。波分复用技术在光传输系统中已得到了广泛应用。

一般来说，在波分复用系统中其源端和目的端都采用相同的波长来传递信号。如果要使用不同波长的终端进行通信，那么必须在每个终端上都具有各种不同波长的光源和接收器。

为了适应光波分复用终端的相互通信而又不增加终端设备的复杂性，人们便设法在传输系统的中间节点上采用波分光交换。采用这样的技术，不仅可以满足光波分复用终端的互通，而且还能提高传输系统的资源利用率。

波分光交换是指光信号在网络节点中不经过光-电转换，直接将所携带的信息从一个波长转移到另一个波长上的交换方式。

波分光交换网络是实现波分光交换的核心器件，可调波长滤波器和波长转换器是波分光交换的基本器件。实现波分光交换有两种结构：波长互换型和波长选择型。

(1) 波长互换型　波长互换型的实现是从波分复用信号中检出所需波长的信号，并把它调制到另一波长上去，如图 8-14 所示。

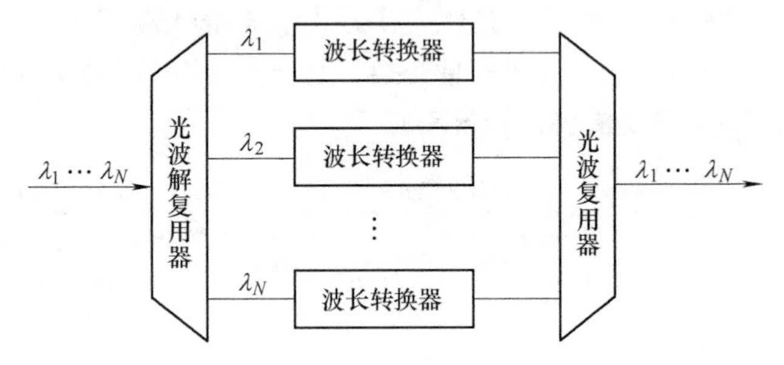

图 8-14　波长互换光交换网络

(2) 波长选择型　从各个单路的原始信号开始，先用某种方法，如时分复用或波分复用，把它们复合在一起，构成一个多路复用信号，然后再由各个输出线上的处理部件从这个多路复用信号中选出各个单路信号来，从而完成交换处理。

图 8-15 所示为波长选择型光交换网络。

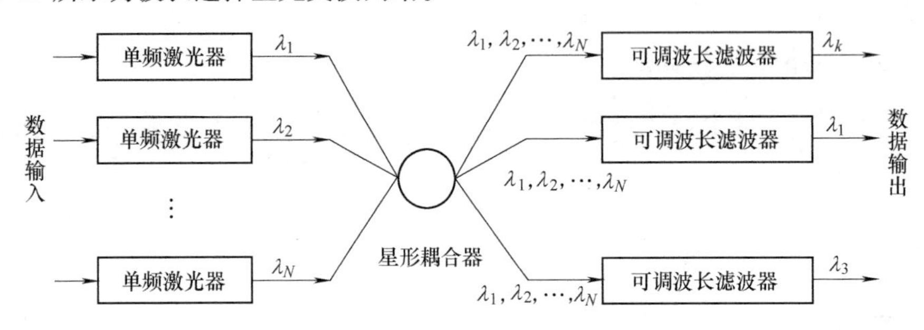

图 8-15　波长选择型光交换网络

2.2　学习活动页

通过查找全光通信、光交换相关资料，学生以小组为单位制作 PPT 并讲解，了解全光通信的概念及光交换网络的种类，认识全光通信在人们生活中的作用和对未来生活产生的影响，扩展学生的知识面。

请按以下方向查找资料：

1) 全光通信的概念。

2) 不同种类的全光网络。

3) 光交换器件。

2.3　自我测试

一、选择题

1. 能够使信号从一个波长转换到另一个波长的器件被称为__________。

A. 波长转换器　　B. 光放大器　　C. 波分复用器　　D. 光开关

2. 直接将所携带的信息从一个波长转移到另一个波长上的交换方式是__________。

A. 空分光交换　　B. 时分光交换　　C. 波分光交换　　D. 混合光交换

二、问答题

1. 什么是全光网络？它有什么优点？
2. 光交换与传统的电交换相比有什么区别？
3. 光交换网络主要有哪些种类？
4. 光交换机有哪些器件？其作用是什么？
5. 查阅资料，思考通信网的发展趋势。

附录　电信机务员国家职业标准

（自2011年11月30日起施行）

1. 职业概况

1.1　职业名称

电信机务员。

1.2　职业定义

从事电信交换、电信传输、数据通信、移动通信等设备的维护、值机、调测、检修、障碍处理及工程施工的人员。

1.3　职业等级

本职业共设五个等级，分别为：初级（国家职业资格五级）、中级（国家职业资格四级）、高级（国家职业资格三级）、技师（国家职业资格二级）、高级技师（国家职业资格一级）。

1.4　职业环境

室内，常温。

1.5　职业能力特征

具有一定的表达、理解、判断及学习能力。

1.6　基本文化程度

高中毕业（或同等学历）。

1.7　培训要求

1.7.1　培训期限

全日制高等职业学校教育，根据其培养目标和教学计划确定。晋级培训期限：初级不少于210标准学时；中级不少于180标准学时；高级不少于150标准学时；技师、高级技师不少于120标准学时。

1.7.2　培训教师

培训初、中、高级电信机务员的教师，应具有本职业技师资格证书或具有相关专业中级及以上专业技术任职资格者；培训技师和高级技师的教师，应具有本职业高级技师资格证书或具有相关专业高级专业技术任职资格者。

1.7.3　培训场地设备

培训场地应具有可容纳20名以上学员的教室和计算机网络设备，相应的教学演示设备，教具和相应的教学软件，具有学习专业技能的模拟机房和常用的仪器仪表、电工工具、消防

器材等。

1.8　鉴定要求

1.8.1　适应对象

从事或准备从事本职业的人员。

1.8.2　申报条件

——初级（具备以下条件之一者）：

（1）经本职业初级正规培训达规定标准学时数，并取得结业证书；

（2）在本职业连续工作1年以上。

——中级（具备以下条件之一者）：

（1）取得本职业初级职业资格证书后，连续从事本职业工作3年以上，经本职业中级正规培训达规定标准学时数，并取得结业证书；

（2）取得本职业初级职业资格证书后，连续从事本职业工作5年以上；

（3）连续从事本职业工作7年以上；

（4）取得经人力资源和社会保障行政部门审核认定的、以中级技能为培养目标的中等以上职业学校本职业（专业）毕业证书。

——高级（具备以下条件之一者）：

（1）取得本职业中级职业资格证书后，连续从事本职业工作4年以上，经本职业高级正规培训达规定标准学时数，并取得结业证书；

（2）取得本职业中级职业资格证书后，连续从事本职业工作6年以上；

（3）取得高级技工学校或经人力资源和社会保障行政部门审核认定的、以高级技能为培养目标的高等职业学校本职业（专业）毕业证书；

（4）大专以上本专业或相关专业毕业生，连续从事本职业工作2年以上。

——技师（具备以下条件之一者）：

（1）取得本职业高级职业资格证书后，连续从事本职业工作5年以上，经本职业技师正规培训达规定标准学时数，并取得结业证书；

（2）取得本职业高级职业资格证书后，连续从事本职业工作7年以上；

（3）取得本职业高级职业资格证书的高级技工学校本职业（专业）和大专以上本专业或相关专业的毕业生，连续从事本职业工作3年以上。

——高级技师（具备以下条件之一者）：

（1）取得本职业技师职业资格证书后，连续从事本职业工作3年以上，经本职业高级技师正规培训达规定标准学时数，并取得结业证书；

（2）取得本职业技师职业资格证书后，连续从事本职业工作5年以上。

1.8.3　鉴定方式

分为理论知识考试和技能操作考核。理论知识考试采取闭卷笔试方式，技能操作考核根据实际需要，采取操作、笔试、口试相结合的方式。理论知识考试和技能操作考核均采取百分制，成绩皆达60分及以上为合格。技师和高级技师还须通过综合评审。

1.8.4　考评人员与考生配比

理论知识考试考评人员与考生配比为1∶20，每个标准考场不少于2名考评人员；技能操作考核考评员与考生配比为1∶5，且不少于3名考评员。综合评审评审委员不少于5人。

1.8.5 鉴定时间

各等级的理论知识考试时间为不少于120分钟；各等级的技能操作考核时间不少于90分钟。综合评审时间不少于15分钟。

1.8.6 鉴定场所设备

理论知识考试在标准教室内进行；技能操作考核根据考核项目，在配备有相应的通信设备及相关工具、材料，能模拟通信设备维护和施工的场所进行。

2. 基本要求

2.1 职业道德

2.1.1 职业道德基本知识

2.1.2 职业守则

（1）爱岗敬业，忠于本职工作。

（2）勤奋学习进取，精通业务，保证服务质量。

（3）礼貌待人，尊重客户，热情服务，耐心周到。

（4）遵守通信纪律，严守通信秘密。

（5）维护企业与客户的正当利益。

（6）遵纪守法，讲求信誉，文明生产。

2.2 基础知识

2.2.1 计算机知识

（1）操作系统知识。

（2）办公应用软件知识。

（3）防病毒知识。

（4）计算机网络知识。

2.2.2 通信业务基础知识

（1）通信系统基本原理。

（2）通信业务的分类、使用。

（3）通信新技术、新业务的发展趋势。

2.2.3 质量管理知识

（1）质量管理的性质和特点。

（2）质量管理的基本方法。

2.2.4 电信机务专业知识

（1）电话交换知识。

（2）电信传输知识。

（3）数据通信知识。

（4）无线通信知识。

2.2.5 安全生产知识

（1）安全生产操作规程。

（2）安全用电常识。

（3）防火防爆知识。

(4) 有毒气体预防知识。
(5) 通信机房安全保密知识。
(6) 通信机房防雷知识。
(7) 通信保障应急预案。

2.2.6　法律法规知识

(1)《中华人民共和国劳动法》的相关知识。
(2)《中华人民共和国合同法》的相关知识。
(3)《中华人民共和国电信条例》的相关知识。

3. 工作要求

本标准对初级、中级、高级、技师、高级技师的技能要求依次递进，高级别涵盖低级别要求。

3.1　初级

职业功能	工作内容	技能要求		相关知识
一、设备安装与系统调测	(一) 施工前准备	1. 能够清理设备安装场地 2. 能够识读设备安装图纸		1. 通信建设工程安全生产操作规范 2. 通信设备图例
	(二) 硬件安装与系统调测	1. 能够焊接制作设备缆线 2. 能够按照施工图样要求安装硬件设备		1. 缆线焊接及制作方法 2. 设备安装工艺
二、值机维护	(一) 设备巡检与作业管理	1. 能对电信设备日常巡视、测试运行参数、清洁，填写维护记录等 2. 能够判断设备告警信息，按照流程申报障碍，填写报障工单等 3. 能够按照指令正确更换故障板件		1. 电信设备维护规程 2. 设备运行质量指标 3. 故障申报及处理流程 4. 报障工单的填报方法
	(二) 设备维护	交换	能够利用操作维护终端查看设备运行参数	1. 交换设备维护规程 2. 操作终端维护使用方法
		光通信	1. 能使用光功率计测量线路收发光功率 2. 能够核对光缆线序 3. 能够识别端口和跳纤	1. 光功率计使用方法 2. 光纤通信基础知识 3. 端口识别和跳纤基本方法
		无线通信	1. 能够寻找需要更换基站载频的位置 2. 能够完成基站接地系统维护	1. 基站日常及周期维护要求 2. 地阻仪、万用表使用方法
		数据通信	1. 能够使用网络维护命令判断网络运行状态 2. 能够使用和制作数据线缆	1. IP 网基本原理 2. 网络维护常用命令
	(三) 障碍分析与处理	交换	能够识别处理接入端或用户端等一般设备故障和电路故障	1. 基本业务流程 2. 故障处理流程

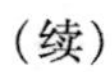
（续）

职业功能	工作内容	技能要求		相关知识
二、值机维护	（三）障碍分析与处理	光通信	1. 能使用2Mbit/s误码仪测试电路的指标 2. 能在数字配线架进行端口环回测试 3. 能在光配线架进行2Mbit/s光路调度	1. 2M表使用方法 2. 数字配线架组成结构 3. 光配线架组成结构 4. 传输基础知识
		无线通信	1. 能够分析处理室内分布系统接入端设备等的一般故障，使得设备恢复正常运行 2. 能更换备用天馈器件	1. 室内分布系统硬件功能作用 2. 天馈测试仪使用方法 3. 天线安装常识
		数据通信	1. 能够使用常用网络命令识别判断故障 2. 能够处理小范围内仅影响通信质量等的一般设备故障	1. 局端数据设备 2. 数据网络基本维护方法
三、网络优化与安全防护	（一）网络优化	交换	能根据资料查询开通设备位置	交换组网知识
		光通信	能够根据资料查询维护设备拓扑结构、电路端口位置	传输系统网络结构
		无线通信	能够进行基站拨打测试	1. 无线网络优化基本方法与流程 2. 路测内容及相关指标
		数据通信	能够对接入层数据通信设备进行调整优化	接入层设备种类及组成原理
	（二）网络安全防护	1. 能够实施电信网络安全防范措施 2. 能够防范处理常见病毒入侵		电信网络安全防护工作基本原则及等级划分

3.2 中级

职业功能	工作内容	技能要求	相关知识
一、设备安装与系统调测	（一）施工前准备	1. 能够读懂设计文件中设备表和材料预算表 2. 能够根据设计文件配置施工材料	概预算基础知识
	（二）硬件安装与系统调测	1. 能根据设计文件进行设备硬件安装及设备之间线缆连接 2. 能对设备进行系统通电测试	1. 通信系统构成 2. 施工技术规范 3. 系统性能指标 4. 常用仪器仪表的使用方法
二、值机维护	（一）设备巡检与作业管理	1. 能根据设备维护作业计划要求，对设备进行定期维护 2. 能够识别各种障碍现象并按流程进行上报	1. 维护作业计划 2. 设备运行质量指标 3. 障碍处理方法和步骤

（续）

职业功能	工作内容	技能要求		相关知识
二、值机维护	（二）设备维护	交换	1. 能对交换设备和线路系统进行维护和监测 2. 能进行指定局数据和用户数据的查看和修改 3. 能够对操作维护终端或网管终端进行常规设置及操作 4. 能够制作和复制系统备份文件 5. 能够进行话务统计分析	1. 交换机局数据和用户数据修改方法 2. 操作终端/远程终端的连接方式及使用方法 3. 电信业务知识 4. 系统备份文件制作方法 5. 话务理论
		光通信	1. 能使用光时域反射仪进行光缆中断、受损点检测 2. 能够利用仪表测量光缆长度 3. 能使用设备网管进行维护 4. 能够进行电路调度	1. 光时域反射仪使用方法、光功率计使用方法 2. 光纤通信基础知识 3. 传输网管连接及使用方法
		无线通信	1. 能更换备用基站设备配件 2. 能够使用、维护各类网管系统 3. 能够检查判断基站主设备、直放站、室内分布系统运行情况	1. 移动基站日常及周期维护要求 2. 移动基站的组成结构 3. 设备维护周期、操作规程和电路紧急处理方案
		数据通信	1. 能够利用仪器仪表对数据通信设备进行性能测试 2. 能够完成设备的定期维护，并填写维护记录 3. 能够配置以太网交换机及数据终端设备 4. 能够查看路由器的工作状态	1. TCP/IP 基本原理设备维护周期、操作规程 2. 数据通信设备维护规程 3. 以太网交换机的分类 4. IP 网的设备进网验收标准 5. 数据终端设备和数据通信设备的功能、性能和维护知识
	（三）障碍分析与处理	交换	1. 能用仪表测量传输线路的传输质量、监听语音质量 2. 能分析用户障碍、中继/信令障碍、网络障碍、时钟障碍	1. 基本业务流程 2. 告警分类及查看方法 3. 常见故障处理方法和步骤
		光通信	1. 能使用网管查询网络设备告警、性能指标 2. 能使用网管进行传输设备 SDH 端口环回测试 3. 能更换传输设备单板，能根据单板运行指示灯判断告警级别 4. 能分析处理 SDH 系统常见障碍	1. 2M 表使用方法 2. 数字通信基本原理 3. SDH 系统原理及技术性能指标 4. 光通信基础知识 5. 传输设备维护技术规程 6. SDH 系统障碍处理流程
		无线通信	1. 能维护和检修基站，并填写维护记录、故障报告等 2. 能够处理电路和设备告警等的一般障碍	设备维护周期、操作规程和电路紧急处理方案
		数据通信	1. 能够分析常见网络故障，填报故障报告等 2. 能够处理数据交换机的常见故障 3. 能够识别路由器故障	1. 数据通信网络常见障碍分析处理方法 2. 常见数据交换机配置 3. 网络测试命令及协议分析工具

（续）

职业功能	工作内容	技能要求		相关知识
三、网络优化与安全防护	（一）网络优化	交换	能进行工程建设所需的话路和信令的调通工作	传输调度知识及相关告警、数据查看方法
		光通信	1. 能够根据资料查询所维护设备的拓扑结构及具体设备在网络结构中的位置 2. 能够根据资料查询维护设备的通路组织图 3. 能够开通测试2M电路 4. 能对设备线缆与各功能单元接口进行连接调整	1. SDH系统组网知识 2. 能利用误码仪测试电路性能指标 3. 网络割接方案
		无线通信	1. 能处理用户的覆盖投诉，提出覆盖增强建议 2. 能利用路测工具进行测试，定位覆盖薄弱地区 3. 能够分析操作维护中心话务统计，确定需扩容的基站 4. 能对容量不足的基站提出扩容解决方案	1. 移动基站无线网络优化基本方法与流程 2. 覆盖优化基本解决方法 3. 移动基站容量的计算方法 4. 操作维护中心话务统计分析方法
		数据通信	1. 能对网络安全设备（如防火墙）进行安装及日常维护操作 2. 能使用漏洞扫描器进行常规安全检查并对检查结果进行分析 3. 能够使用操作命令检测系统流量	1. 防火墙产品使用方法 2. 入侵检测基本原理 3. 数据设备操作命令
	（二）网络安全防护	1. 能够对系统数据进行备份 2. 能够主动防范操作终端各种病毒入侵 3. 能够按照分级保护标准实施网络安全分级防护		1. 系统和数据的备份和恢复方法 2. 通信网络安全防护监督管理办法

3.3 高级

职业功能	工作内容	技能要求	相关知识
一、设备安装与系统调测	（一）施工前准备	1. 能编制设备割接技术方案 2. 能编制小型工程项目设计及施工概预算	1. 通信建设工程概预算定额 2. 概预算编制系统
	（二）硬件安装与系统调测	1. 能根据方案组织实施割接 2. 能对设备进行软件调测 3. 能编制小型工程竣工技术文件	1. 施工项目管理知识 2. 设备调测知识 3. 验收规范

（续）

职业功能	工作内容	技能要求		相关知识
二、值机维护	（一）设备巡检与作业管理	1. 能编制日常维护作业计划 2. 能编制设备管理技术文档 3. 能分析设备或系统运行状态，诊断和排查故障隐患 4. 能根据应急通信保障预案处置突发事件		1. 通信系统组成原理 2. 电信设备维护技术规程 3. 通信应急保障预案 4. 应急处置流程
	（二）设备维护	交换	1. 能按照规范流程进行硬件更换 2. 能够在设备上增、删、改字冠、中继、信令数据 3. 能够分析设备和线路监测报告，对异常情况或隐患提出分析结论	1. 设备硬件结构和连接关系 2. 信令系统原理和结构 3. 局数据制作规范 4. 设备维护规程
		光通信	1. 能够使用各类仪表测试密集型光波复用系统各单波光功率、中心波长及光缆线路衰耗系数等 2. 能利用网元级网管进行如下传输设备配置：网元属性、单板配置、交叉配置、时钟配置、安全/用户配置 3. 能利用网络级网管进行传输系统配置：全网电路配置、网络保护属性的配置检查等 4. 能够测试密集型光波复用设备性能 5. 能根据资料查找密集型光波复用设备波道连接关系	1. 常用光缆的结构、参数 2. SDH 基本原理及系统组成 3. SDH 网管系统组成、使用方法 4. SDH 维护技术规程 5. 密集型光波复用硬件体系结构及性能指标 6. 密集型光波复用测试仪表使用
		无线通信	1. 能够使用日常维护指令检查和修改常用数据 2. 能进行基站内部结构的调整，使基站运行正常 3. 能够完成天馈系统的调整、更换	1. 移动基站操作维护中心的基本使用方法和流程 2. 移动基站系统组成及性能指标 3. 天馈系统的基本性能指标 4. 馈线安装流程与方法
		数据通信	1. 能够对至少两种汇聚层主流路由器和数据交换机进行常规配置、使用、维护和检修 2. 能够应用网络管理操作台的常用命令进行操作和监测	1. 数据通信网络协议 2. IP 网的业务组织和管理规定 3. 相关网管系统的软硬件结构 4. 数据接口和差错控制技术

（续）

职业功能	工作内容	技能要求		相关知识
二、值机维护	（三）障碍分析与处理	交换	1. 能够根据故障现象，分析处理设备严重障碍 2. 能够根据投诉描述，分析业务流程，判断故障点 3. 能够使用系统软件及数据备份进行恢复 4. 能够用信令表截取和分析所需的信令消息 5. 能够按照应急预案处置交换网络故障	1. 主要硬件单元的功能作用 2. 信令表的使用方法 3. 常见信令流程 4. 利用备份进行恢复的方法 5. 障碍应急处理流程
		光通信	1. 能查询网元级网管的告警、性能数据并判断产生原因，把故障定位到单板 2. 能利用网络级网管查询告警、性能 3. 能进行网管系统软件重启、硬件重启 4. 能够实施网络保护倒换 5. 能够制定系统割接应急预案	1. 传输网管操作 2. 传输设备知识 3. SDH、密集型光波复用障碍处理流程及分析方法 4. 系统割接原则和流程
		无线通信	1. 能进行基站正常维护时各项指标的测试，分析处理故障 2. 能进行天馈正常维护时各项指标的测试，分析处理故障，能更换备用天馈器件 3. 能够分析处理室内分布系统设备障碍，使得设备恢复正常运行 4. 能分析操作维护中心性能指标统计，确定是否存在因参数设置不当导致的故障 5. 能对导致故障的参数进行调整，排除故障	1. 基站系统设备知识 2. 天馈线系统知识及测试仪表使用方法 3. 室内分布系统 4. 移动通信系统参数的功能 5. 系统参数调整的流程和规范
		数据通信	1. 能够使用抓包技术并进行数据分析 2. 能够处理数据交换机的严重故障 3. 能够判断并处理路由器故障 4. 能够设置常见数据设备，解决网络故障	1. 路由器、交换机、防火墙设备原理 2. 数据网络故障处理方法 3. 常见网络故障处理工具 4. 故障处理流程

（续）

<table>
<tr><th>职业功能</th><th>工作内容</th><th colspan="2">技能要求</th><th>相关知识</th></tr>
<tr><td rowspan="5">三、网络优化与安全防护</td><td rowspan="4">（一）网络优化</td><td>交换</td><td>1. 能提出交换网络及设备的优化建议和实施方案
2. 能够做好交换系统相关数据的采集，发现网络存在的隐患，进行改进和优化
3. 能够调整局向，均衡话务量</td><td>1. 交换网络及设备优化的相关知识
2. 话务统计与分析方法</td></tr>
<tr><td>光通信</td><td>1. 能够查询维护设备拓扑结构、电路端口位置
2. 能对网络传输质量进行分析，提出是否存在缺陷
3. 能够根据新业务发展，提出针对性改造方案</td><td>1. 传输系统网络知识
2. 光通信新技术</td></tr>
<tr><td>无线通信</td><td>1. 能对性能指标进行统计，确定是否存在干扰
2. 能利用测试工具进行测试，定位干扰位置
3. 能够组织实施移动通信专项优化</td><td>1. 无线网络干扰排查方法和流程
2. 移动通信网络性能指标体系
3. 应急通信保障措施与方案</td></tr>
<tr><td>数据通信</td><td>1. 能够进行主流数据通信设备系统调测和优化
2. 能够调整数字数据网、光纤接入等常用接入方式的连接
3. 能够优化网络结构，保证网络 QoS</td><td>1. 数据网络整体结构和工作原理
2. 数据通信设备结构、连接和操作
3. 数据网络接入方式知识
4. 网络 QoS 知识</td></tr>
<tr><td>（二）网络安全防护</td><td colspan="2">1. 能够根据通信网络安全防护标准，对本单位已正式投入运行的通信网络进行单元划分，并拟定分级保护措施
2. 能够根据通信网络安全防护标准的要求，对通信网络单元的重要线路、设备、系统和数据等进行备份
3. 能够发现并处理网络攻击</td><td>1. 通信网络安全防护监督管理办法
2. 网络攻击防范策略
3. 通信网络架构</td></tr>
</table>

3.4　技师

<table>
<tr><th>职业功能</th><th>工作内容</th><th>技能要求</th><th>相关知识</th></tr>
<tr><td rowspan="2">一、设备安装与系统调测</td><td>（一）施工前准备</td><td>1. 能编制小型改、扩建通信工程技术方案
2. 能编制中型工程项目概预算</td><td>通信工程质量监督管理规定</td></tr>
<tr><td>（二）硬件安装与系统调测</td><td>1. 能根据方案实施项目管理
2. 能编制中型工程竣工技术文件</td><td>1. 项目管理
2. 验收规范</td></tr>
</table>

（续）

<table>
<tr><th>职业功能</th><th>工作内容</th><th colspan="2">技能要求</th><th>相关知识</th></tr>
<tr><td rowspan="4">二、值机维护</td><td>（一）设备巡检与作业管理</td><td colspan="2">1. 能编制月度维护作业计划
2. 能识别并排查电信设备维护质量风险点
3. 能够编制并组织实施专项应急保障预案</td><td>1. 电信设备维护技术规程
2. 全面质量管理基础知识
3. 应急保障预案编制方法</td></tr>
<tr><td rowspan="3">（二）设备维护</td><td>交换</td><td>1. 能够进行设备的软件升级
2. 能够进行设备的硬件调整
3. 能够进入系统调试模式处理设备软硬件故障
4. 能够根据方案在所辖设备上完成所需业务的对应局数据和用户数据的制作
5. 能够发现局数据和用户数据中的错误并修正
6. 能进行常规局数据修改的方案制定和建议、局数据修改及资源分配</td><td>1. 设备软件结构和主要程序块
2. 设备硬件调整要求及流程
3. 设备调试工具软件及使用方法
4. 软件修改流程</td></tr>
<tr><td>光通信</td><td>1. 能利用相关仪表测试光缆的色散系数
2. 能利用光谱分析仪进行密集型光波复用系统的各监控点光功率检测
3. 能利用网管进行密集型光波复用设备配置
4. 能利用网管进行基于 SDH 的多业务传送平台设备数据业务配置
5. 能通过网管配置 SDH 系统的网络保护属性
6. 能利用网络级网管管理传输系统各类配置
7. 能利用传输网管对网络运行质量进行评估，编制报告
8. 能够对各类光通信新设备制定维护作业规范和业务应用</td><td>1. 常用光缆的结构、参数
2. 密集型光波复用设备配置内容及方法
3. 基于 SDH 的多业务传送平台关键技术
4. SDH 基本原理及系统组成
5. SDH 网络保护技术
6. SDH 网管系统组成、使用方法
7. SDH 维护技术规程
8. 光通信新技术知识</td></tr>
<tr><td>无线通信</td><td>1. 能够根据电路、设备的状态监测结果发现并处理存在的无线网络故障隐患
2. 能够制定室内分布系统方案
3. 能够按工程要求，完成塔放的安装
4. 能够分析无线信令协议</td><td>1. 移动通信系统验收测试内容和要求
2. 设备运行指标
3. 无线信令协议
4. 室内分布系统的原理与解决方案
5. 塔放的基本性能指标、安装流程与方法</td></tr>
</table>

（续）

职业功能	工作内容	技能要求		相关知识
二、值机维护	（二）设备维护	数据通信	能够对至少3种汇聚层以上主流数据通信设备进行常规配置使用、维护和检修	1. IP网络原理及协议 2. 分组交换、数字数据网、异步传输模式、帧中继的基本原理及相关协议 3. 交换、传输的相关知识 4. 主流厂家的最新设备性能和组网方案
	（三）障碍分析与处理	交换	1. 能分析处理各种重大障碍 2. 能对各种客户投诉提供技术支持 3. 能够进行设备容灾例行测试 4. 能进行网路运行质量统计与分析，并提出对策	1. 网络结构、网元功能、数据配置与业务的对应关系 2. 设备容灾例行测试的内容及步骤
		光通信	1. 能根据密集型光波复用设备的告警及信号流进行故障单板更换、倒波 2. 能通过光功率、告警、性能判断密集型光波复用设备的故障点，定位到单板/光纤，能够处理光通信系统重大障碍 3. 能找到传输网管系统发生的软硬件故障原因 4. 能判断传输网管系统相关的数据设备（以太网交换机、路由器等）发生的故障，找到故障设备/单板并能更换 5. 能收集故障处理案例，编制故障处理指导书 6. 能编制应急电路调度处理预案并组织实施 7. 能够对新技术设备故障进行分析	1. 传输网管操作 2. SDH、密集型光波复用障碍处理流程及分析方法 4. 系统割接原则和流程 5. 密集型光波复用设备故障现象、处理流程及排除方法
		无线通信	1. 能够定位移动网络核心侧与无线侧对接故障并处理 2. 能够进行无线侧设备的硬件调整 3. 能修复室内分布系统故障 4. 能进行塔放正常维护时各项指标的测试，分析判断故障	1. 移动通信原理 2. 基站系统设备知识 3. 天馈线系统知识及测试仪表使用方法 4. 室内分布系统
		数据通信	1. 能够分析网络设备和线路系统监测结果，提出分析结论 2. 能够分析处理互联网突发异常情况 3. 能够对网络疑难故障进行分析处理	1. 数据通信系统原理 2. 数据网络故障分析方法 3. 故障处理流程

（续）

职业功能	工作内容	技能要求		相关知识
三、网络优化与安全防护	（一）网络优化	交换	能制定设备割接入网方案	1. 待入网设备在网络中的位置、作用、自身软硬件需求 2. 信令网、传输网等相关网元的软硬件需求
		光通信	1. 能够根据网络运行分析数据，编制传输网络整改优化方案 2. 能够利用新技术编制网络升级方案、割接方案	传输系统新技术
		无线通信	1. 能够根据网络覆盖的需要，提出覆盖延伸解决建议（如直放站等） 2. 能利用操作维护中心进行性能统计，分析直放站对网络性能的影响 3. 能够选择基站站址 4. 能根据覆盖需要，提出天线调整方案	1. 直放站的基本原理和性能指标 2. 无线网络的组网方式 3. 基站选址流程与方法 4. 天馈系统调整流程与方法
		数据通信	1. 能对扩容、改造的设计和施工提供合理建议 2. 能够根据机房情况合理调整机房内部布线方案 3. 能够制定设备接入方案，实现合理的带宽分配 4. 能够实施数据通信设备更新改造及重大项目整治 5. 能够完成数据网管方案的制订和实施 6. 能够设计优化数据网络组网方案及安全方案 7. 能够防御无线网络攻击	1. 数据设备组网技术 2. IP 网的设备进网验收标准 3. 各种接入方式原理 4. 相关网管系统的软硬件结构 5. VPN 原理及安全解决方案 6. 无线网络原理及安全技术 7. 广域网安全数据传输知识
	（二）网络安全防护	1. 能够对通信网络进行技术性分析和测试 2. 能够对通信网络单元进行经常性的风险评估，消除重大网络安全隐患		1. 通信网络安全防护标准 2. 风险评估方法
四、培训与指导	（一）培训	1. 能够对初、中、高级员工进行技术培训 2. 能够编制专题培训讲义		1. 培训规范和流程 2. 培训讲义编写方法 3. 教学法的相关知识
	（二）指导	能对初、中、高级员工进行业务指导		案例教学法

3.5　高级技师

<table>
<tr><th>职业功能</th><th>工作内容</th><th colspan="2">技能要求</th><th>相关知识</th></tr>
<tr><td rowspan="2">一、设备安装与系统调测</td><td>（一）施工前准备</td><td colspan="2">1. 能编制中型改、扩建通信工程技术方案
2. 能编制大型工程项目概预算及经济分析报告</td><td>通信建设项目可行性研究和经济性分析方法</td></tr>
<tr><td>（二）硬件安装与系统调测</td><td colspan="2">1. 能够编制项目管理方案并组织实施
2. 能够编制大型工程竣工技术文件</td><td>1. 项目管理知识
2. 施工验收规范</td></tr>
<tr><td rowspan="6">二、值机维护</td><td>（一）设备巡检与作业管理</td><td colspan="2">1. 能编制年度维护作业计划
2. 能制定应急通信保障预案</td><td>常用应急通信手段</td></tr>
<tr><td rowspan="4">（二）设备维护</td><td>交换</td><td>1. 能够制定设备运行局数据规范和维护流程
2. 能够进行局数据重大修改的方案制定和建议，局数据修改及资源分配
3. 能够设计制作系统维护软硬件工具或方案</td><td>设备软硬件工具的配置方法和设计方法</td></tr>
<tr><td>光通信</td><td>1. 能根据设备具体特征及业务规划制定单板配置原则
2. 能设置相关参数实现不同厂家传输设备对接、基于 SDH 的多业务传送平台设备与数据设备对接
3. 能够使用 SDH 分析仪测试 SDH 设备指标
4. 能对时钟设备进行配置
5. 制定维护规程，审核维护计划，核算维护成本</td><td>1. SDH 基本原理及系统组成
2. SDH 网管系统组成、使用方法
3. SDH 维护技术规程
4. 光通信新技术知识
5. SDH 分析仪使用方法
6. 项目管理知识</td></tr>
<tr><td>无线通信</td><td>1. 能够制定无线基站的开通计划，并组织执行开通工作
2. 能够制定无线数据的重大修改方案
3. 能够配置无线网络资源</td><td>1. 基站开通的流程和方法
2. 无线通信设备知识
3. 无线网络资源知识</td></tr>
<tr><td>数据通信</td><td>能够对至少 4 种汇聚层以上主流数据通信设备进行常规配置、使用和维护</td><td>主流数据通信设备功能及技术指标</td></tr>
<tr><td>（三）障碍分析与处理</td><td>交换</td><td>1. 能根据应急预案处置通信网重大通信事故
2. 能根据预案处置通信网网间互联应急响应</td><td>1. 通信保障应急预案
2. 涉及全程全网的网络结构、网元功能等知识</td></tr>
</table>

（续）

职业功能	工作内容	技能要求		相关知识
二、值机维护	（三）障碍分析与处理	光通信	1. 能够处置传输骨干网重大故障 2. 能够进行传输网络主干光纤线路保护操作	1. 传输网管操作 2. 应急保障预案 3. SDH、密集型光波复用障碍处理流程及分析方法
		无线通信	1. 能够进行无线侧设备的软件升级 2. 能够进入系统调试模式处理设备软硬件故障 3. 能够解决系统间干扰故障问题	1. 基站系统设备知识 2. 基站设备调测知识 3. 系统间干扰解决方法
		数据通信	1. 能够分析诊断汇聚层以上主流数据通信设备故障现象，定位故障点，提出解决方案 2. 能根据应急预案处置互联网重大网络故障 3. 能根据预案处置互联网骨干网间互联应急响应	1. 数据网网络架构 2. 数据网故障分析方法 3. 数据网故障应急处理流程 4. 互联网骨干网间互联管理暂行规定
三、网络优化与安全防护	（一）网络优化	交换	1. 能够利用设备日志或网管报告对网络进行分析，提出网络优化方案 2. 能编制新业务的组网及实施方案	1. 新业务的主要功能 2. 相关网络网元的软硬件需求 3. 设备日志或网管报告的提取方法和分析方法
		光通信	1. 能根据给定的设备组网情况及要求制定网络优化方案、网络整改方案、扩容方案 2. 能根据现网设备、光缆情况制定密集型光波复用系统扩容、波道信噪比优化、光功率优化方案	1. 传输系统新技术 2. SDH 网络规划设计知识 3. 密集型光波复用系统设计知识
		无线通信	1. 能够完成基站的频率规划 2. 能够根据网络发展的需要，提出无线覆盖规划 3. 能够根据系统容量的需要，制订无线网络容量规划方案 4. 能够根据系统容量的需要，完成移动通信基站组网结构的调整	1. 各种移动通信制式的无线网络规划方法与流程 2. 系统间干扰解决方法
		数据通信	1. 能够优化网络层次结构并提升网络路由处理能力、业务支持能力和网络安全防护能力 2. 能够分析评估网络组网方案和网络改造方案 3. 能够对现网改造和新网设计提供组网方案 4. 能够跟踪网络技术发展，应用网络新技术设计网络方案 5. 能够根据网络现状提出系统优化方案	1. IPv6 及 WIMAX 技术 2. IP 网络设计规范 3. 网络规划理论 4. 安全密钥知识 5. IP 网的网络优化调整的评价指标及分析方法

（续）

职业功能	工作内容	技能要求	相关知识
三、网络优化与安全防护	（二）网络安全防护	1. 能够针对全网网络拓扑结构及网络组织情况，组织制订全面的应急保障预案 2. 能够对网络设计方案进行风险评估	1. 应急保障预案编制方法 2. 风险的评估知识 3. 安全策略和管理
四、培训与指导	（一）培训	1. 能够组织新技术培训 2. 能够编写新技术培训辅导教材	1. 电信新技术知识 2. 培训教材编写方法 3. 培训计划编制方法
	（二）指导	能对高级、技师人员进行业务指导	实践教学法

4. 比　重　表

4.1　理论知识

项　　目		初级（%）	中级（%）	高级（%）	技师（%）	高级技师（%）
基本要求	职业道德	5	5	5	5	5
	基础知识	30	30	20	10	10
相关知识（交换、传输、无线、数据）	施工前准备	5	5	5	5	5
	硬件安装与系统调测	10	10	10	10	5
	设备巡检与作业管理	10	10	10	5	5
	设备维护	20	20	20	20	20
	障碍分析与处理	10	10	15	15	15
	网络优化	5	5	10	10	15
	网络安全防护	5	5	5	10	10
培训指导	培训	—	—	—	5	5
	指导	—	—	—	5	5
合计		100	100	100	100	100

4.2　技能操作

项　　目		初级（%）	中级（%）	高级（%）	技师（%）	高级技师（%）
技能要求（交换、传输、无线、数据）	施工前准备	5	5	5	5	5
	硬件安装与系统调测	10	10	10	10	10
	设备巡检与作业管理	25	25	20	15	15
	设备维护	20	20	20	15	15
	障碍分析与处理	20	20	20	20	20
	网络优化	10	10	15	15	15
	网络安全防护	10	10	10	10	10
	培训	—	—	—	5	5
	指导	—	—	—	5	5
合计		100	100	100	100	100

参考文献

[1] 方水平，等. 交换机（华为）安装、调试与维护［M］. 北京：人民邮电出版社，2010.
[2] 姚先友，赵阔. 程控交换设备运行与维护［M］. 北京：科学出版社，2012.
[3] 贾跃. 程控交换设备运行与维护［M］. 北京：科学出版社，2010.
[4] 华为技术有限公司. C&C08 数字程控交换系统电子手册［CD］. 深圳：华为技术有限公司，2006.